JN451466

기본입자를 찾아서

기본입자를 찾아서

인 쇄 | 2020년 1월 13일
발 행 | 2020년 1월 17일

저 자 | Lincoln Wolfenstein · João P. Silva
역 자 | 이종백 · 임인택 · 이상권
발행인 | 정병석
발행처 | 전남대학교출판문화원

등록 | 1981. 5. 21. 제53호
주소 | 61186 광주광역시 북구 용봉로 77
전화 | (062) 530-0571~2 마케팅 530-0573
팩스 | (062) 530-0579
홈페이지 | http://www.cnup.co.kr
이메일 | cnup0571@hanmail.net

값 20,000원

ISBN 978-89-6849-685-1 (93420)

EXPLORING FUNDAMENTAL PARTICLES

Lincoln Wolfenstein · João P. Silva 공저
이종백 · 임인택 · 이상권 공역

기본입자를 찾아서

우주의 새로운 모습을 발견하는 것은 매우 흥미롭고 또한 매우 중요하다.
이러한 새롭고 흥미로운 사실은 몇몇의 과학자들만 공유해서는 안 되고
모든 사람과 공유해야 한다. 이것이 바로 이 책의 주된 목표이다.

전남대학교출판문화원

사사(Acknowledgements)

이 책의 파인만 다이어그램(Feynman diagrams)은 처음에는 JaxoDraw v1.3을 무료로 사용하여 그렸다. 우리의 초기 그림을 JaxoDraw의 2.0버전으로 바꾸는 프로그램을 설치해준 Lukas Theussl에게 감사드린다.

이 책 전체를 읽고 여러 도움을 준 동료인 Augusto Barroso와 Antonio Silvestre에게도 감사드린다. 아직도 부족함이 많겠지만 그 모든 책임은 전적으로 우리에게 있다고 생각한다.

Stan Wakefield는 우리의 현명한 대리인이고, Taylor & Francis의 John Navas는 우리의 편집자가 되는 것을 허락하셨다. 이분들의 친절한 충고와 안내에 대하여 진심으로 감사드린다.

Lincoln Wolfenstein은 이 책에 대하여 Darwin Chang과 많은 토론을 하였는데 아쉽게도 너무 일찍 돌아가셨지만 그에게 감사의 말씀을 전한다. 또한 이 책을 환자인 아내 Wilma, 그리고 4명의 아이들 9명의 손자들에게 바친다. João P. Silva는 그룹들의 끊임없는 지원에 감사하고 이 책을 Ana와 Sara에게 바친다.

머리말

고대로부터 과학의 근본 목표는 우주 물질을 구성하는 입자와 이들 사이 상호작용을 규명하는 것이었다. 20세기 마지막 후반기에 이 목표는 입자물리학이라는 물리학 분야의 목표가 되었다.

1930년대 초기에 3개의 입자 즉, 전자, 양성자, 중성자가 물질의 기본입자로 알려졌다. 오늘날 이들 중 양성자와 중성자는 쿼크로 구성되었음이 알려졌기 때문에 오직 전자만을 기본 입자로 생각한다. 한편 우리는 16개의 입자를 알고 있지만 이들 모두가 보통 물질들의 기본 입자들은 아니라고 생각한다. 1930년대 초기에는 두 개의 기본 상호작용 즉 중력과 전자기 상호작용만 알고 있었다. 오늘날에는 이와 더불어 두 개의 상호작용 즉, 약한 작용과 강한 상호작용을 추가로 알게 되었다. 이 책에서는 이론학자들과 실험학자들의 노력을 통하여 이러한 새로운 모습들을 설명하고자 한다.

이 책의 A 부분에서 다룰 내용은 표준 모형이다. 표준 모형의 각 부분이 발전됨에 따라 이들이 받아들이기까지는 여러 해가 걸렸다. 가끔 표준 모형의 한 부분이 되었던 새로운 이론은 실험적 검증이 안 되었기 때문에 여러 해 동안 무시되었던 적도 있었다. 그리고 때때로 서로 다른 실험 결과 때문에 혼란을 겪기도 하였다. 어떤 경우에는 새로운 이론이 너무 이상하여 받아들이기에 힘들었다.

이러한 표준 모형의 모습을 설명하는데 있어서 부딪혔던 문제는 이것이 이해하기 쉽지 않았기 때문에 독자들이 이러한 아이디어들을 받아들이기까지 여러 해가 결렸다는 것이다. 여러분이 이 책에 나오는 이론 중 일부가 어렵다고 느껴지면 이는 그 이론이 처음 창안되었을 때 대부분의 물리학자들이 느꼈던 것과 같은 것이다.

비록 우리는 20세기에 들어서 많은 것을 알게 되었지만 아직도 모든 것을 안다고 할 수는 없다. 우주 표준 모형보다는 우주의 2000 모델을 이야기해야 할 것이다. 먼저 놀랄만한 것이 있다. 즉 Geneva에서 가동되기 시작한 Large Hadron Collider(LHC)뿐 아니라 다른 여러 나라에서 수많은 작은 실험들과 새로운 천체관측이 시작되고 있다. 표준 모형의 3부분을 B, C, D에서 지난 20년 동안 발전한 것과 앞으로 있을 도전할만한 것을 이야기하고자 한다.

B 부분에서는 물질과 반물질사이 대칭성 깨짐을 CP 깨짐이라는 이름으로 기술할 것이다. 1964년 이 대칭성의 작은 깨짐이 발견되었고 30년 후에 또 다른 두 번째 깨짐이 발견되었다. 불과 지난 12년 동안에 B 중간자 붕괴를 연구하면서 큰 CP 깨짐이 발견되었다. 현재 진행되고 있는 실험과 앞으로 계획되어 있는 실험에서는 이러한 모든 CP 깨짐이 표준 모형과 일치하는지를 검증할 필요가 있다.

C 부분에서는 한때 신비하였던 중성미자에 관한 실험 결과들을 논의한다. 여기에서 중성미자는 질량을 가진다고 결론을 내리게 되었고 이는 표준 모형 이상의 어떤 것에 대한 첫 번째 직접적인 증거가 되었다. 새로운 중성미자 실험은 일본 중국 프랑스 미국에서 시작하고 있다. 더군다나 중성미자 천문학은 별과 은하에 대한 새로운 관점을 제공한다.

D 부분에서는 표준 모형의 입자 중 하나인 힉스 입자(Higgs particle)를 다룬다. 힉스 입자는 표준 모형에서 중요한 역할을 한다. 그리고 표준 모형을 검증하는데 있어서 중요하다. 과거 15년 동안 실험 분석에서는 주로 힉스 입자의 질량의 범위에 초점이 맞추어졌다. LHC 가속기의 주된 목표는 힉스 입자를 발견하는 것이다.[**역주:** 힉스 입자는 CERN의 LHC에서 이미 검출되었다]

우주의 새로운 모습을 발견하는 것은 매우 흥미롭고 중요하다. 새롭고 흥미로운 사실은 몇몇의 과학자들만 공유해서는 안 되고 모든 사람과 공유해야 한다. 이것이 바로 이 책의 주된 목표이다.

PART A

CHAPTER 3

돌고 있는 입자

CHAPTER 4

양자 전기역학의 이해

파인만 해결책

CHAPTER 5

입자 물리의 탄생

CHAPTER 6

겔만의 쿼크와 함께

PART B
CP 깨짐: 물질과 반물질 사이 비대칭

PART C
중성미자의 놀라운 이야기

PART D

신기한 힉스 탐색(The Hunt for the Mysterious Higgs)

PART A

CHAPTER 1

현대 물리의 기초
뉴턴의 전설

현대 물리의 시작은 17세기 후반 아이작 뉴턴의 업적에 의해 가장 명확하게 시작되었다. 현대 물리의 많은 틀이 뉴턴의 공식으로부터 뒤따랐다. 본 서론에서는 뉴턴의 업적이 어떻게 씨를 심었고 이 책에서 논할 수많은 이론들을 탄생시켰는지 예를 들어보겠다.

1.1. 간단한 정량적인 법칙

뉴턴의 승리는 단지 몇 개의 방정식을 사용하여 관찰에 대한 정확한 정량적인 예측이 가능하도록 한다는 것이다. 뉴턴 제 2 법칙과 만유인력의 법칙을 이용하면 태양 주위를 돌고 있는 행성들의 운동과 지구 주위를 돌고 있는 달의 운동을 계산할 수 있다. 나아가 혜성이 오는 것을 보고 그 운동을 예측할 수 있고, 지구 주위 궤도에 있는 인공위성의 운동을 계산할 수 있다. 이 모든 것을 계산하는 데는 단지 두 개의 방정식만 있으면 된다.

뉴턴의 법칙을 이용하면 어떤 물체의 현재 주어진 위치와 속도를 알면 원칙적으로 나중 위치와 속도를 정확하게 계산할 수 있다. 그러나 이 법칙은 이러한 초기 조건은 설명하지 않는다. 또한 케플러의 질문이었던 행성이 왜 6개(지금은 8개)인지, 행성들이 왜 적당한 크기의 별인 태양 주위의 특정한 궤도를 돌고 있는지도 설명하지 않는다. 이 법칙들은 또한 시간을 거슬러 올라가서 행성들이 백만년 전에는 어디에 있었는지 알 수 있게 해 준다. 그러나 이 간단한 그림에는 한계가 있다. 즉 태양계는 단지 46억년밖에 되지 않았기 때문에 단지 뉴턴 법칙만으로는 그 이상의 시간은 거슬러 올라갈 수가 없다. 유사하게 이제 45억년이 지나면 태양은 적색 거성으로 변하고 행성 너머로 팽창하리라는 것을 알고 있다. 따라서 우리는 궁극적으로 태양의 내부 구조를 이해해야 하고 태양을 단지 거대 질량의 구로만 생각해서는 안 된다.

뉴턴의 법칙을 이용하는 계산은 원칙적으로는 가능하지만 실제로 방정식의 수학적인 해는 쉬운 것이 아니다. 만일 우리가 태양 주위를 돌고 있는 단 한 개의 행성만 고려한다면 뉴턴이 정립한 미적분을 이용하여 가능한 타원 궤도를 쉽게 계산할 수 있다. 여러 개의 행성을 고려할 때는 태양이 미치는 힘 외에 각 행성이 서로서로 미치는 힘을 계산에 포함시켜야 하기 때문에 계산은 훨씬 복잡해진다. 아담스와 니비루(Adams and Levirrier)가 직면했던 천왕성(uranus)의 운동에 기인한 해왕성(neptune)의 알려지지 않는 궤도를 결정하는 문제는 훨씬 더 어렵다. 그러나 그 기본이 되는 방정식은 모두 놀랍게도 간단한 것이다.

뉴턴의 세계는 종종 역학 우주(mechanical universe)라 부른다. 모든 미래는 초기 조건으로부터 물리법칙에 의해 결정된다. 그러나 이것이 우리가 실제적으로 미래를 예측할 수 있다는 것을 의미하지는 않는다. 왜냐하면 우리가 더 자세히 알고자 할수록 미래를 더 멀리 보고자 하고 따라서 현재를 더욱 더 자세히 알아야하기 때문이다. 가장 좋은 예가 날씨 예측이다. 현대 양자 물리학자들은 이 예측성에 한계를 제공하였다. 따라서 아직 정량적 법칙으로부터의 예측은 오늘날 물리에 대한 모델로 남아있다.

뉴턴 시대 이래로 물리학자들의 목표는 이러한 정량적인 법칙을 찾아내는 것이었다. 따라서 19세기에 들어서 맥스웰(James Clerk Maxwell)은 전자기 현상을 지배하는 4개의 미분방정식을 구하였다. 또한 20세기에 슈뢰딩거(Erwin Schrödinger)는 주어진 원자의 에너지 상태를 결정하는 양자역학에 있어서 미분방정식을 구하였다. 이처럼 물리 세계가 간단한 수학적인 방정식에 의해 지배된다는 분명한 사실은 끊임없는 신비로움의 대상이었다.

1.2 기본 상호작용

뉴턴 제일법칙에 의하면 일정한 속도로 움직이는 물체는 다른 힘이 가해지지 않는 이상 계속하여 같은 방향으로 같은 속도로 움직인다. 물체의 속도를 높이고자 한다면 운동 방향으로 밀어주면 된다. 또한 방향을 바꾸고자 한다면 다른 쪽으로 밀어주면 된다.

힘이 없을 때, 우주는 일정 속도로 움직이는 모든 물체로 구성되어 있다. 무엇이 일어날까 생각하는 대상 모두 운동에 변화를 주는 힘에 의한 것이며, 이는 서로 붙잡아 두거나 서로서로 주위에서 회전하게 만들 수도 있다.

사실 우리는 입자 사이에 작용하는 힘이 있다고 믿고 있는데, 한 입자에 작용하는 힘은 다른 입자가 존재하기 때문이다. 따라서 대부분의 물리의 기본 법칙은 입자 사이에 작용하는 힘, 곧 기본 상호작용을 지배하는 법칙이다. 이와 같은 관점은 오늘날까지 계속되고 있다. 기본 입자 물리학의 주 목표는 입자 사이에 상호작용하는 법칙을 찾고자 하는 것이었다.

오늘날 4가지 기본 상호작용은 (1)중력, (2)전자기력, (3)강한 장, (4)약한 장으로 분류한다. 이러한 힘 중에 첫 번째 힘에 대한 법칙은 뉴턴에 의해서 발견되었다. 만유인력의 법칙은 모든 입자가 우주에 있는 다른 모든 입자에 그들 사이에 거리의 제곱과 두 질량의 곱에 비례한다는 것이다. 비례상수는 뉴턴의 상수로 알려져 있으며 보통 기호 G로 나타낸다. 이 힘은 사과나무에서 떨어지는 사과의 운동과 지구 주위를 돌고 있는 달의 운동을 결정한다.

중력 외에 다른 힘은 우리에게 매우 친숙한 마찰력이나 스프링과 같은 힘이다. 이들 중 어느 것도 기본 힘이라고 생각되지는 않는다. 즉 포함되어 있는 다른 물질들의 속성에 의존한다. 기본적으로 모든 이러한 힘은 원자 수준에서 작용하는 기본 힘으로부터 유도될 수 있다. 비록 실제로는 영 율(Young's modulus)이나 마찰계수와 같은 실험적으로 결정된 파라미터를 포함하는 반경험적 기술을 사용한다.

원자 수준에서 지금까지 가장 중요한 힘은 전자기력이다. 이 힘은 매우 건조한 날 머리를 빗을 때 관찰될 수 있다. 머리카락에 정전기가 발생하여, 빗은 머리카락을 끌어당기지만 머리카락들은 서로 반발한다. 이것이 정전기력과 중력사이에 가장 중요한 차이점이다. 정전기력은 반발력과 인력이 있다. 보통 두 물질사이에 정전기력을 얻기 위해서는 물체를 가지고 알짜 정전기 전하를 갖도록 해야 한다. (빗으로 머리를 빗는 것처럼) 두 가지 가능성 즉, 양의 전하 또는 음의 전하를 가질 수 있다. 법칙은 다음과 같다. 같은 전하들은 서로 반발하고 다른 전하들은 서로 끌어당긴다. 따라서 각 머리카락은 양의 전하를 띠기 때문에 서로 반발하는 반면 음의 전하를 띠는 빗은 머리카락을 끌어당긴다. 1785년에 정확한 관찰을 통하여 쿨롱(Coulomb)은 정전기력의 법칙을 정립하였다. 중력에 대한 법칙과 같이 두 정전기 부분 전하를 띤 입자에 대한 정전기력은 거리의 제곱에 반비례한다. 이 힘은 한 물체의 전하량과 다른 물체의 전하량 곱에 비례한다.

정전기력에 대한 법칙은 더 일반화된 전자기력 법칙의 한 부분이다. 전하가 움직이면 자기장이 발생한다. 뿐만 아니라 자석 사이에는 자기력이 있다. 전기력과 자기력의 완전한 이론은 1865년 맥스웰(James Clerk Maxwell)에 의해서 정립되었다.

아원자(subatomic)수준에서 전기력은 중력보다 훨씬 더 멀리까지 작용한다. 그러나 크게 보면 큰 물체는 양전하와 음전하의 수가 거의 같기 때문에 전기적 인력과 반발력은 상쇄된다. 따라서 크게 보면 큰 물체에서 모든 입자들은 다른 입자들을 끌어당기기 때문에 중력이 더 지배적이다. 아원자 수준에서는 거리에 따라 매우 빠르게 감소하는 두 가지 중요한 상호작용이 더 있다. 강한 힘은 원자핵 내에서 지배하는 힘이고 핵을 함께 묶어 두는 힘이다. 약한 상호작용은 원래 핵의 방사성붕괴를 설명하기 위해 수식화 되었지만 지금은 소립자 물리학에서 매우 중요한 역할을 한다.

1.3 장(FIELDS)

물리학에서 주된 역할을 하는 개념은 장의 개념이다. 가장 간단한 예가 지구의 중력장이다. 공간에서 한 점에서의 장은 질량을 질점이라고 가정할 때 단위 질량에 작용하는 힘으로써 정의한다. 따라서 지구 밖에서의 한 점에서의 장은 지구중심을 향하며 거리의 제곱에 따라 감소한다. 유사하게 전기장, E는 단위 양전하에 작용하는 힘으로 정의한다.

장은 처음 보면 원래 상호작용 법칙과 별반 다른 것이 없는 것처럼 보이지만 더 복잡한 상황에서는 절대적이 된다. 일련의 전하가 움직일 때 맥스웰 방정식을 통해 어떤 점에서든 전기장과 자기장을 계산할 수 있다. 가장 현저한 특징은 파와 같이 공간에서 변화하는 진동하는 전하로부터 긴 거리에서 전기장과 자기장이 공간에서 파와 같이 변하고 이 파 형태는 빛의 속도(c)로 뻗어나간다. 이것이 라디오파로부터 광파로 나아가 파장이 더 짧아지면 x-선까지 변화하는 전자기파이다.

광전효과를 분석하여 아인슈타인은 빛이 흡수되거나 방출될 때 $h\nu$ (여기서 h는 플랑크상수이며 ν 는 진동수이다)의 에너지를 가진 입자처럼 행동한다는 것을 밝혔다. 따라서 파동–입자 이중성이 나타나기 때문에 빛은 두 가지 성질을 모두 가지고 있다고 받아들였다. 입자는 광자라 부르며 어떤 점에서 입자를 발견할 확률은 장의 크기에 비례한다.

양자역학이 발전함에 따라 전자가 파와 같이 거동한다는 것이 더 명료해졌으며 전자 회절을 통해 분명히 입증되었다. 따라서 이 또한 파동–입자 이중성이지만 광자는 질량이 없는 반면 전자는 질량을 가지고 있다. 따라서 이제 전자를 파로써 기술할 필요가 있다.

전자기 상호작용을 기술하는 기본 방정식은 양자 전기역학(QED)라고 하는데 전자장(electron field)과 광자장(photon field)을 포함한다. 시간의존성 전자장이 주어지면 시간의존성 광자장(또는 전자기장)이 결정된다. 그리고 에너지가 충분하다면 광자의 방출이 일어날 수 있다. 한편 에너지가 충분하지 못하면 전자기장은 다른 전자에 영향을 미칠 수 있는데 이것을 가상 광자(virtual photon)라고 한다. 1930년대와 1940년대에 원자물리학뿐만 아니라 전자와 양전자의 방출과 소멸을 포함하는 실험에서 QED에 기초한 수많은 성공적인 예측이 있었다. 따라서 이것은 약한 및 강한 상호작용의 이론의 전개에 대한 모형이 되었다.

1.4 우주론적 원리

뉴턴과 사과의 이야기는 땅에서나 하늘에서나 똑같은 물리학의 법칙이 적용된다는 것을 의미한다. 이것은 시간이나 공간에 특별한 것이 없다. 따라서 이것을 우주론적 이론이라고 하는 말로 수식화해도 된다.

우주론적 원리 1 : 물리학의 법칙이 우주 어디에서나 똑같이 적용된다.
우주론적 원리 2 : 물리학이 법칙이 모든 시간에 똑같이 적용된다.

이것은 작동하는 가설이라고 하는 편이 더 좋겠는데 그 이유는 우리가 천문학적 우주를 이해할 수 있도록 해주기 때문이다. 지금까지는 이것이 잘 작동하였다. 첫 번째 우주론적 이론은 현대 천체물리학의 기본이다. 물리학의 법칙은 태양계 넘어서까지 잘 적용되는 것 같다. 태양계를 지배하는 중력 법칙에 따라 서로 회전하고 있는 두 별도 찾아내었다. 우리 실험실에서 볼 수 있는 똑같은 스펙트럼선이 먼 별에서 오는 스펙트럼선과 같다는 것은 원자물리학의 법칙이 똑같이 적용된다는 것을 의미한다.

그럼에도 불구하고 우리가 항상 염두 해 두어야 하는 문제가 있다. 아직 발견되지 않은 물리학의 법칙이 있을 수 있다는 것이다. 현시점에서 우주를 연구할 때는 우리가 아는 법칙을 적용하고자 하지만 또한 우주를 아직 알려지지 않은 물리학에 대한 실마리를 찾는 실험실같이 볼 수도 있다.

이것은 Kelvin의 이야기와 지구와 태양계의 나이에 의해서 매우 성공적으로 보여줄 수 있다. 일단 알려진 물리학의 법칙을 이용하여 태양의 에너지의 근원과 태양이 얼마나 오랫동안 빛을 발할 수 있는지 의문을 가졌다. 태양이 정상적으로 연소된다면 10만년 이상은 지속될 수 없다. 훨씬 더 많은 에너지의 근원은 태양이 더 큰 사이즈에서 현재 반경으로 줄어듦으로써 나타나는 중력 붕괴에 기인한다. 이럴지라도 1억년 훨씬 못 미치는 시간이 남을 것이다. 이와 같이 짧은 시간은 생물학적 및 지질학적 진화의 이론에는 맞지 않은 것 같다. 해답은 단지 핵반응과 핵에너지로부터 찾을 수 있다.

핵융합 반응의 발견으로 성간 에너지는 수소가 헬륨으로 융합될 때 나타나는 핵반응에 의해서 생성된다고 제안되었다. 태양에는 100억년 이상 빛을 발할 수 있을 만큼 충분한 에너지가 있다. 핵물리학에 의해 자연적인 방사능이 있다는 것을 밝힐 수 있었고 이를 지구와 운석의 나이를 결정할 수 있는 시계로 사용하였다. 이 시계에 따르면 태양계의 나이는 45억년이라는 것을 알 수 있다.

두 번째 원리는 우주의 기초 즉 우주의 역사를 재구성하는 것이다. 시간을 얼마나 거슬러 올라갈지에 대해서는 증거가 훨씬 부족하지만 지난 40년 동안 놀라운 발전이 있었다.

어떤 물리학자들은 물리상수가 실제로 시간에 따라 변한다고 제안하였다. 따라서 디랙(Dirac)은 뉴턴 상수, G가 상수가 아니라고 제안하였지만 달의 운동에 대한 연구는 G값의 변화한계가 연간 $1/10^{10}$ 미만이기 때문에 디랙(Dirac)의 이러한 제안을 반증하였다.

1.5 뉴턴이 틀렸는가? 새로운 이론과 구 이론의 관계

종종 아인슈타인의 이론은 뉴턴의 이론을 뒤엎는다고 말하는데 뉴턴의 이론이 모두 틀렸단 말인가? 과학 혁명의 개념은 토마스 쿤(Thomas Kuhn)의 매우 재미있는 업적에 의해서 대중화되었다. 그것은 새로운 이론은 받아들이기가 어렵다고 올바르게 기술하였지만 옛날 이론은 버려야 한다는 올바르지 않은 인식을 주었다.

뉴턴 시대로부터 이론은 단지 실험 데이터에 의해서만 증명되어야 한다는 관점이 채택되어 왔다. 그리고 운동과 중력에 대한 뉴턴의 법칙은 행성 및 달 등의 운동도 기술하였다. 그런데 어떻게 그것이 틀릴 수가 있는가?

아인슈타인의 특수 상대성 이론과 일반 상대성 이론은 뉴턴의 이론과 매우 다르게 보이는 운동과 중력의 이론을 제시하였다. 하지만 그것이 뉴턴의 법칙을 뒤엎는 것은 아니다. 새로운 이론은 어떤 한계에서는 옛날 법칙으로 귀결된다.

특수 상대성 이론에 의하면 속도가 매우 커질 때는 운동 법칙이 수정된다. 속도가 빛의 속도(3×10^8 m/s)보다 훨씬 작은 한계에서는 뉴턴 법칙으로 귀결된다. 행성의 운동을 포함하여 보통 운동에 대해서는 뉴턴 법칙이 잘 적용된다. 한편 물리학자들은 종종 빛의 속도에 거의 근접한 속도로 움직이는 전자 및 다른 입자에 대하여 고려하였다.

일반 상대성 이론은 중력이 매우 강할 때 중력의 법칙을 수정한다. 실제로 1800년대에 태양에 가장 가까운 행성인 수성의 운동을 뉴턴 법칙으로 예측할 때 약간의 오차가 있음을 발견하였다.(수성의 근일점의 세차라 부른다) 아무도 이 문제를 어떻게 해결할지 몰랐지만 뉴턴이 틀렸다고 말한 사람은 없었다. 결국 그의 이론은 매우 잘 들어맞았고 이것은 단지 작은 오차였다. 그러나 아인슈타인이 중력에 대한 상대성 이론을 전개 하였을 때 요약된 이론을 근거로 하여 수성에 있어서 이 작은 문제를 어떻게 설명할 수 있는지를 보여주었다. 태양으로부터 훨씬 더 멀리 떨어져 있는 다른 행성에 대해서는 뉴턴의 법칙이 잘 들어맞았다. 한편 우리는 소멸되는 별과 우주에 중력이 극히 큰 중심이 존재한다는 것을 믿고 있는데 여기에는 일반 상대성 이론을 사용하여야 한다. 참으로 아무리 빨리 움직이더라도 어떤 물질도 빠져나올 수 없는 "블랙 홀"이 있다.

매우 작은 거리에서는 양자역학이 중요하게 된다. 거리가 멀어질수록 그 결과는 뉴턴 고전역학의 결과와 점점 더 같아진다. 보어(Niels Bohr)는 이것을 대응 원리하고 말하였다.

오늘날 받아들여지는 새로운 이론은 옛날 이론을 내포해야 하므로 반드시 대응 원리가 있어야 한다.

1.6 확률의 역할

뉴턴 물리학과 현대 물리학 사이에 주된 차이는 역학의 세계가 보여주는 정확한 예측과 대조적으로 확률이라는 말을 쓴다. 적어도 세 가지 방법으로 확률이 들어간다.

1. **무작위 운동**: 앞에서 언급하였듯이 보통 초기조건으로부터 나오는 결과는 초기 조건을 얼마나 정확히 주었느냐에 따라 결정된다. 예를 들어 어떤 주어진 항성계에 하나의 항성을 추가한다면 붙잡힐 수도 있고 시간이 지나면 다른 항성들로부터 멀어질 수도 있다. 그러나 정확한 예측을 할 수 있을 만큼 정확하게 초기 조건을 명시할 수 없을지라도 어떤 결과로 나타날 확률을 얻을 수 있다. 혼돈이론이라고도 하는 전체 수학 이론이 이러한 목적을 위하여 개발되었다.
2. **통계 역학** : 우리는 종종 방 안에 있는 공기 분자와 같이 엄청나게 많은 입자를 다룬다. 이럴 때는 입자의 모든 초기 위치와 속도를 명시할 수 없으며 개개 분자에 대해서 알 필요도 없다. 우리가 알고자 하는 것은 단지 분자의 평균속도를 가질 확률이나 어떤 속도보다도 더 큰 속도를 갖는 분자의 확률이다. 따라서 운동이

결정론적이지만 결국 말하는 것은 확률이다. 이것이 바로 통계역학의 주제이다.

3. 양자 역학 : 원자 수준에서 기본 법칙은 결정론적이 아니다. 간단한 예로는 반감기가 하루인 방사성 원소이다. 이는 다음 24시간 동안에 붕괴할 확률이 50%라는 것을 의미한다. 하나하나 관찰하지 않고는 그 원자가 붕괴했는지의 여부를 말할 수는 없을 것이다. 그럼에도 불구하고 아주 많은 원자가 있다면 24시간 후에는 그 원소의 절반이 붕괴할 것이라고 매우 정확하게 예측할 수 있다.

CHAPTER 2

입자와 파동

우리 시대에 자연을 이해하는데 획기적인 혁명은 20세기 초에 일어났다. 빛은 입자성을 가지고 있으며, 동시에 파동성을 가질 수 있음을 배웠다. 이는 입자물리의 표준 모형에 깊이 배어들었다.

2.1 입자 대 파동

이 책에서는 모든 물질과 그들의 상호작용의 기본 골격에 대한 연구에 활기를 불어 넣는 최근의 역사를 설명하고자 한다. 물리학자들이 점 입자라고 언급할 때 기본 입자에 대해서는 전혀 언급하지 않을 것이다. 점 입자는 어떤 내부 구조를 가지고 있겠지만 그냥 점 입자라고 부르는데 그 이유는 그 내부 구조가 어떻든 간에 연구하고자 하는 현상에는 그것이 포함되어 있지 않다. 예를 들어 경사면을 구르지도 않고 마찰도 없이 미끄러져 내려가는 공을 생각해 보자. 이 실험을 진공 상태에서 수행한다면(즉, 공기를 모두 빼낸 상태에서) 공이 1인치 미끄러져간 후에 속도는 공이 만들어진 재질을 무시하고 계산할 수 있다. 속도는 공의 질량에는 무관하고 경사면의 경사각에만 의존한다.

어떻게 이러한 일이 일어나는가를 기술하는 재미있는 방법이 있다. 공을 높은 위치로 옮기면 속도를 얻기 위한 포텐셜, 즉 위치에너지를 가지고 있다고 말할 수 있다. 경사면을 내려가면서 가속을 받게 되면 위치에너지(potential energy)는 운동 에너지(kinetic energy)로 변환되는데 여기서 kinetic이라는 용어는 운동을 의미하는 그리스어 kinesis에서 유래한 것이다. 즉 공이 높은 위치에 있어서 가지고 있었던 위치 에너지는 경사면을 따라 내려감에 따라 얻게 되는 속도와 관련된 운동 에너지로 변한다.

또 다른 재미있는 양은 입자의 운동량이다. 운동량은 속도와 질량의 곱으로 나타내는데 크기를 갖고 있는 화살표(벡터)이며 입자의 운동 방향을 가지고 있다. 직관적으로 운동량은 입자가 이동 경로에 있는 다른 물질을 밀 수 있는 능력이다. 왜 이 능력이 속도와 질량에 비례해야 하는지 쉽게 이해할 수 있다. 제어할 수 없는 자동차가 여러분이 내려가고 있는 경사로 쪽으로 슬슬 미끄러져 온다고 생각해보자. 차가 작은 속도로 부딪힌다면 차가 움직이는 방향으로 밀려나고 다칠 수 있겠지만 그 정도로 그냥 괜찮을 것이다. 그러나 차가 빠른 속도로 내려온다면 아마도 여러분은 상당히 먼 거리를 튕겨나갈 것이다. 분명히 여러분은 차가 움직이는 방향으로 밀려날 것이며 그것은 차의 속도에 따라 밀려나는 정도가 더 클 것이다. 유사하게 트럭같이 아주 큰 차는 작은 차보다 훨씬 더 충격이 클 것이다. 이처럼 운동량은 질량과 속도에 비례한다.

두 기본 입자가 충돌할 때 계의 총 에너지는 일정하게 유지된다. 즉 충돌 전 각 입자의 에너지를 더한 값은 충돌 후 각 입자의 에너지의 합과 같은 것을 알 수 있다. 이것을 에너지 보존 법칙이라고 한다. 이것은 어떤 물리학자도 분리하려고 시도하지 않았던 신성불가침의 법칙이다. 유사하게 충돌 전 각 입자의 운동량에 대응하는 화살표의 합은 충돌 후 각 운동량의 합과 같다. 이것은 운동량 보존법칙으로 알려졌다.

어떤 내부 구조를 가지고 있는 두 입자를 충돌시킬 때 충돌 전후에 총 운동 에너지는 같을 수 있는데 이것은 탄성 충돌이다. 그러나 항상 충돌이 이와 같이 일어나는 것은 아니다. 에너지 보존 법칙이 성립되기 때문에 이를 설명할 수 있는 유일한 방법은 일부 에너지가 입자의 내부 구조로 재배치 된다는 것이다. 이것은 비탄성 충돌로 알려져 있다. 이러한 개념은 입자의 내부 구조를 증명하는데 사용될 수 있다. 따라서 어떤 실험 도구들은 입자 충돌기라고 알려져 있다.

지금까지 입자에 대해서 언급하였다. 이제 완전히 다른 파동으로 돌아가 보자. 파동은 물을 채워 놓은 통에서 실험해보면 직관적으로 알 수 있다. 물에 손을 담그고 위아래로 움직이면 물의 골과 마루가 손에서부터 먼 쪽으로 원을 그리면서 퍼져 나가는 것을 볼 수 있다. 이것은 연못에 돌을 던진 후 관찰하는 그림과 같다. 그 다음 통에 두 손을 간격을 두고 담갔을 때를 생각해 보자. 어떤 점에서는 한 손에 의해 생긴 파동이 다른 손에 의해서 생긴 파동을 만나게 된다. 그 때에는 복잡한 물의 운동이 생기게 되는데 한 파동은 어떤 한 방법으로 물 표면을 움직이고자 하는 반면 다른 파동은 또 다른 파동으로 움직이기 때문이다. 이것을 두 파동의 간섭이라고 한다.

간단히 두 파동이 일차원 상에서(일직선 상에서) 서로 반대 방향으로 같은 성질을 가지고 움직인다고 생각해 보자. 어떤 순간에 한 파동은 그림 2.1a처럼 보일 것이며 다른 파동은 그림 2.2b처럼 보일 것이다. 단지 처음 파장만 존재한다면 점 A에 있는 물 분자는 그림 2.1a의 화살

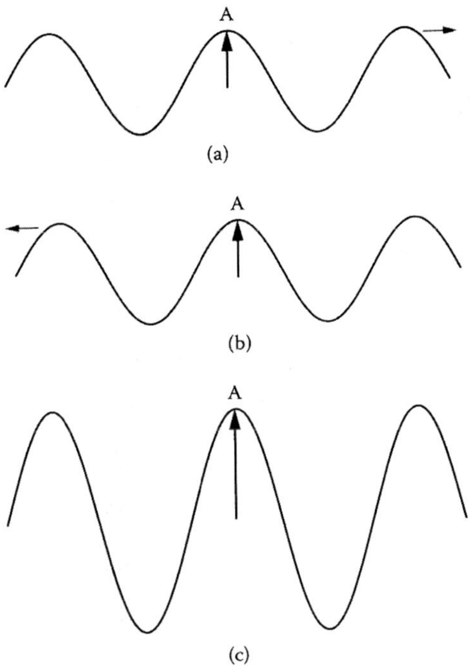

그림 2.1 어떤 순간에 물 분자 A는 (a) 오른쪽으로 이동하는 파에 의해 위쪽으로 솟구치지만, (b) 왼쪽으로 이동하는 파에 의해 솟구치기도 한다. 결과는 (c)에서 볼 수 있듯이 두 파의 합으로 나타난다. 이것이 보강 간섭이다.

표 양만큼 상승하고, 단지 두 번째 파장만 존재한다면 그림 2.1b의 양만큼 위로 움직일 것이다. 그러나 두 파동이 동시에 존재하기 때문에 물 분자는 두 화살표의 합만큼 위로 움직인다. 이는 선을 따라가는 모든 입자에 대해서 똑 같다. 그 결과 그림 2.1c와 같이 된다. 이 순간에 두 파동의 효과는 최종 효과를 증가시키고 보강 간섭이 된다.

두 파동이 반대 방향으로 움직이기 때문에 결국 그림 2.2a와 2.2b 배치가 될 것이다. 이제 점 B에서 화살표는 반대 방향이 된다. 두 화살표의 합은 0 이다. 이것은 어떤 점에서도 똑같다. 그 결과는 그림 2.2c와

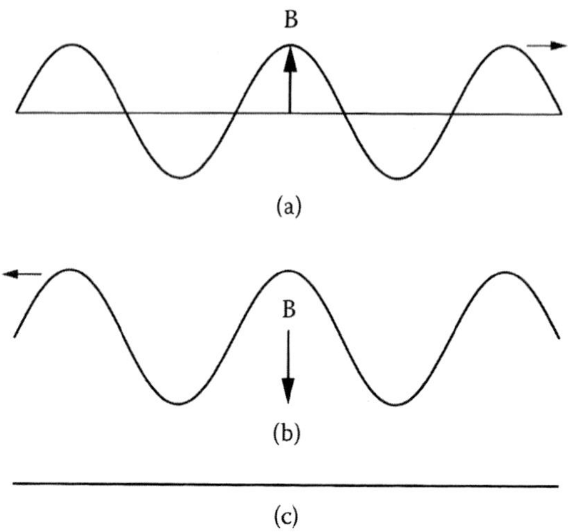

그림 2.2 어떤 순간에 물 분자 B는 (a) 에서처럼 위쪽으로 솟구치지만, (b)에서처럼 아래로 내려가기도 한다. 결과는 (c)에서 볼 수 있듯이 두 파의 합으로 나타난다. 이것이 상쇄 간섭이다.

같다. 순간적으로 물 표면은 수평선이 된다. 이는 상쇄 간섭이라고 한다. 이처럼 간섭은 파동의 기본 특성이다.

2.2 빛은 무엇인가? 빛은 파동이다

태양과 별로부터 우리에게 도달한 빛은 무한히 먼 거리에서부터 빈 공간을 지나온 것이다. 몇 세기동안 사람들은 빛의 성질이 무엇인지 알아내고자 하였다. 데카르트와 뉴턴은 빛은 입자의 흐름이라고 믿었다. 빛이 거울에서 반사되면 공이 벽에 부딪히는 것처럼 튕겨 나왔다. 뉴턴은 빛이 공기 중에서 물속으로 들어갈 때 굽어지는 현상을 입자 성질을 이용하여 설명하였다. 반면에 호이겐스(Christian Huygens)도 마찬가지로 17세기에 빛의 파동이론을 전개하였다.

1801년경 토마스 영(Thomas Young)은 빛이 파동처럼 거동한다는 것을 직접 증명하였다. 그는 두 개의 매우 좁은 평행한 틈(1mm 이하로 분리되어 있는)이 있는 스크린에 단색광을 비추었다. 이 스크린 뒤 일정 거리에 또 다른 스크린을 두었다. 두 번째 스크린에서 토마스 영은 밝고 어두운 선이 번갈아 나타나는 회절 패턴을 명확하게 보았다. 입자와 파동 사이에 근본적인 차이는 파인만(Richard Feynman)의 표현법에 따라 그림 2.3과 2.4에 예시되어 있다.

그림 2.3은 두 개의 좁은 수직 틈이 있는 벽 A를 향해 한 다발의 총알을 쏘고 있는 총을 예시한 것이다. 어떤 총알은 두 틈 중 하나를 통해 지나간다 ; 총알은 틈을 통해 직진하거나 틈의 가장자리에 부딪혀서 방향을 바꿀 수도 있다. 만일 두 틈 중 하나만 열려있다면 벽 B에 도달한 총알의 분포는 N_1 이나 N_2와 같은 곡선을 보여준다. 두 틈이 모두 열려있다면 결과는 N_{12}처럼 나타나는데 이는 단순히 N_1과 N_2의 합이다. 이것은 입자에 대해 기대되는 것과 같다.

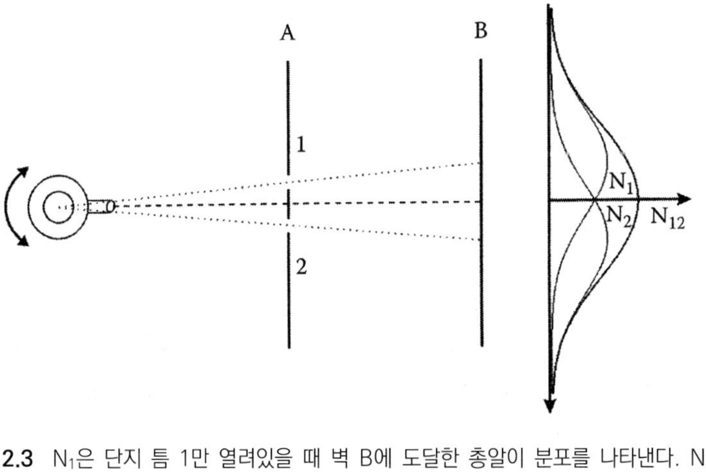

그림 2.3 N_1은 단지 틈 1만 열려있을 때 벽 B에 도달한 총알이 분포를 나타낸다. N_2는 단지 틈 2만 열려있을 때의 분포를 나타낸다. N_{12}는 틈이 모두 열려있을 때 분포를 나타낸다.

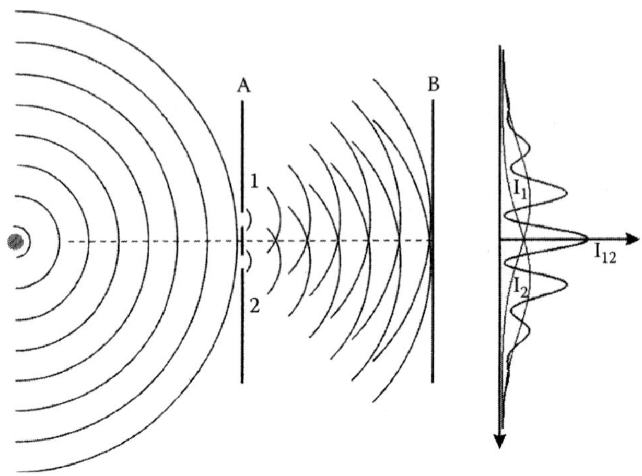

그림 2.4 영(Young)의 간섭 실험

이제 빛의 파동성에 대한 영(Young)의 실험을 생각해보자. 그 결과는 그림 2.4와 같다. 단지 틈 1만 열려있을 때는 B에서 관측되는 빛의 세기는 I_1으로 주어진다. 단지 틈 2만 열려있을 때는 B에서 관측되는 빛의 세기는 I_2로 주어진다. 두 틈이 모두 열려있을 때 관측되는 빛의 세기는 I_{12}로 주어진다. 여기서 현저하게 다른 점은 세기 I_{12} 가 I_1과 I_2의 단순 합이 아니라는 것이다. 이것은 간섭의 명백한 징표이다.

이러한 고전 실험에서는 파동과 입자는 완전히 다른 것이다.

이제 질문이 있을 수 있다. 빛이 파동이라면 무엇이 파동하고 있다는 말인가? 그에 대한 완전한 해답은 맥스웰(James Clerk Maxwell)이 전자기 상호작용에 대한 분명한 공식화를 수행한 후에야 얻어졌다. 이는 1장에서 논의한 장의 기본 개념이 필요하다. 전기장은 모든 점에서 크기와 방향을 가지고 있는 벡터로 표현할 수 있다. 그림 2.5a에서는 점전하로부터 먼 거리와 가까운 거리에서 점전하에 의한 장을 표시하였다. 만일 우리가 장의 방향에만 관심을 갖는다면 그림 2.5b에 나타내었듯이 각 점에서 장의 방향을 표시하는 선을 보여줄 수 있다.

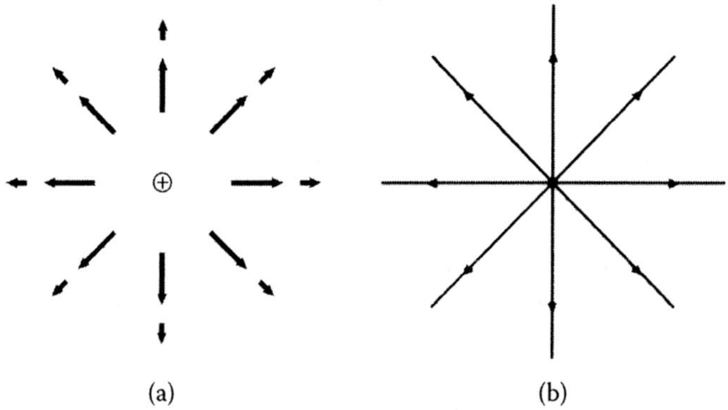

그림 2.5 (a) 점전하에 의해서 생성된 전기장을 전하에 가까운 점과 멀리 떨어진 점에 나타내었다. 화살표 방향은 장의 방향이며 길이는 크기이다. (b) 장은 동일 근원으로부터 나오는 선이다.

양전하와 음전하를 서로 가까이 하면 쌍극자(diploe)가 생기게 되고, 어느 정도까지 선으로 장을 나타내면 그림 2.6과 같다. 양전하와 음전하에 기인하는 장은 반대 방향으로 작용하기 때문에 전체적인 효과는 감소된다.

공간을 채우는 장의 개념은 시각화하면 더 현실감이 있게 된다. 이것은 19세기 초반에 선구적인 물리학자 패러데이(Michael Faraday)가 최초로 시도하였다. 그는 자석 위에 종이를 얹고 그 위에 철가루를 놓아두었다. 그리고는 종이를 부드럽게 흔들자 철가루가 자기장이라고 알려진 어떤 선을 따라 배열되는 것을 관찰하였다. 자기장의 근원은 잘 알려져 있는 막대자석과 같은 자기 쌍극자이다. 자석 주위의 자기장은 그림 2.6에서 볼 수 있는 전기장과 똑 같다. 전하를 움직이거나, 또는 전선을 따라 전류가 흐르게 되면 자기장이 생기게 된다.

그림 2.7은 움직이는 전하 주위나 종이를 가로지르는 전류에 의한 자기장 B를 보여준다. 패러데이는 전류가 자기장을 생성한다는 Ørsted

의 발견을 포함하여 현재까지 전기 및 자기 효과라고 알려져 있는 모든 실험을 몇 년에 걸쳐서 재현하였다. 1831년경 패러데이는 반대의 현상을 조사하고자 하였다: 즉, 자기장이 전기장을 생성할 수 있지 않을까? 그는 전기회로 가까이에 자석을 놓아두면 회로에서 전류가 흐르지 않게 할 수 있음을 발견하였다. 그러나 회로 주위에 자석을 움직이면 회로에 전류가 흐르게 할 수 있었다. 따라서 자기장의 시간 변화가 전기장을 생성한다고 결론을 내렸다.

맥스웰은 전기장과 자기장에 대한 모든 지식을 4개의 방정식으로 요약하였다. 전기장과 자기장 사이에 어떤 대칭성을 감지하고, 실험적으로는 그 당시에 검증할 수 없는 새로운 항을 도입하였다. 빠르게 위 아래로 움직이는 진동수 f의 하전된 입자로부터 어느 정도 떨어진 거리에서 이러한 방정식을 통하여 장을 계산하였을 때 그는 놀라운 결과를 얻었다. 공간의 한 점에서 전기장과 자기장 모두 같은 진동수 f를 가지고 시간에 따라 똑 같이 변하였다. 어떤 특정 시간에 전기장과 자기장은 파장 λ 를 가지고 움직이는 파동과 똑같이 공간에서 변화하였다. 이러

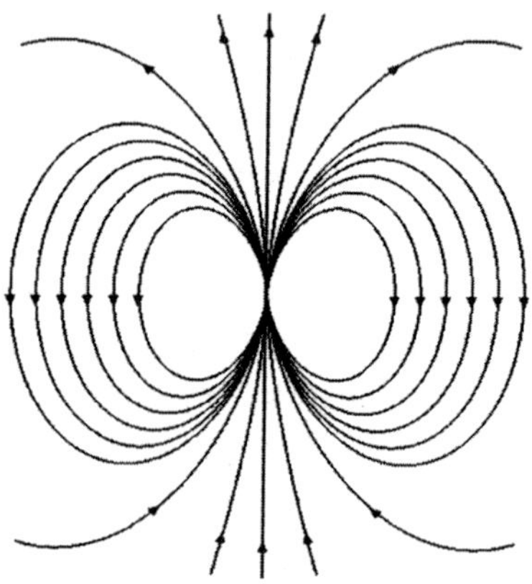

그림 2.6 쌍극자에 의해 생성된 전기장을 선으로 나타내었다.

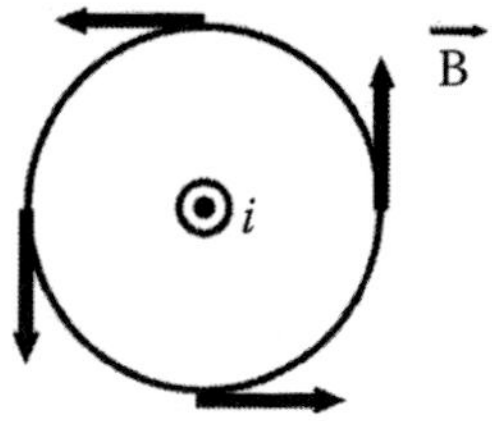

그림 2.7 지면을 가로지르는 방향으로 움직이는 전하 또는 전류의 의해 나타나는 자기장 B.

한 전체 파동 패턴은 속도 c = fλ 를 가지고 공간에서 움직인다. 이 속도는 맥스웰 방정식에서 결정된다.

시간의 오차 범위 내에서 맥스웰에 의해서 계산된 속도 c는 알려져 있는 빛의 전파 속도와 일치하였다. 빛의 속도는 대략 초당 30만 킬로미터이다. 우리는 맥스웰의 성공적인 결과를 얻기 위하여 여러 노력을 감히 상상할 수나 있을까? 그는 패러데이의 모든 실험에 대한 든든한 기초를 제공하는 데 성공하였다. 그는 새로운 항을 발명하였으며 그 항을 이용하여 정확하게 예측할 수 있었다. 그 예측에 대한 증명은 당연히 빛이었으며, 진동수는 가시광선에 대응하지 않지만 다른 성질은 일치하는 또 다른 전자기파가 있어야 한다는 것을 그 방정식에 의하여 예측하였다. 이는 실로 셰익스피어의 햄릿, 피카소의 아비뇽의 여인들, 베토벤의 제5교향곡에 견줄만한 인간의 위대한 승리이다. 많은 미국 대학에서 "Maxwell 이 가라사대:" 라고 씌어져 있는 티셔츠를 살 수 있는데 그 다음 말은 4개의 맥스웰 방정식이고, 그 다음은 "빛이 있으라!" 바로 그것이다!

말하자면 맥스웰이 이룩한 업적(전기, 자기, 빛, 검출되지 않은 전자기 방사선의 통합)은 살아있을 당시에는 충분히 보상을 받지 못하였다. 맥스웰이 죽은 후 9년 만에 독일 물리학자 헤르쯔(Heinrich Hertz)는 전자기파를 생성하고 연구할 수 있었다. 이것은 광파는 아니고 오히려 라디오파에 더 가까웠다. 그는 좁은 틈을 가로질러 나아가는 전기 스파크를 이용하여 이 파를 생성하였는데 이 파는 퍼져 나가서 연구실에 다른 쪽 끝에 있는 어떤 장치에 새로운 스파크를 만들었다. 그 실험은 이 파가 가시광선과 똑같은 특성(반사, 회절, 편광, 간섭)을 갖는다는 것을 보여주었다. 이것은 단지 진동수(또는 파장)만 달랐다. 또한 실험을 통해 이 파는 가시광선과 똑같은 속도로 전파되는 것을 보여 주었다.

전자기파에는 연속적인 진동수 영역이 있는데 표 2.1에 대략적으로 분류하여 나타내었다. 진동수로 Hz단위를 사용하였다. 이것은 초당 사이클의 단위이지만 과학자들은 그 항의 실질적인 뜻에 대한 우리의 시각을 넓혀준 사람을 기념하기 위하여 헤르츠(Hertz)라는 이름을 쓴다. 우리는 오늘날 패러데이, 맥스웰, 헤르츠가 이룩한 업적 때문에 라디오,

표 2.1 전자기 스펙트럼

Types of Electromagnetic Radiation	Frequency (Hz)	Wavelength (m)
Long waves	〈10^{4}	〉3×10^{4}
Radio Wavew (AM, FM, TV, etc.)	10^{4} to 10^{11}	3×10^{-3} to 3×10^{4}
Infrared	10^{11} to 4×10^{14}	7×10^{-7} to 3×10^{-3}
Visible spectrum (red through violet)	4×10^{14} to 7×10^{14}	4×10^{-7} to $^{7} \times 10^{-7}$
Ultraviolet	7×10^{14} to 10^{16}	3×10^{-8} to 4×10^{-7}
X-rays	10^{16} to 10^{19}	3×10^{-11} to 3×10^{-8}
Gamma rays	〉10^{19}	〈3×10^{-11}

노트: 주파수에 있어서 한계값은 대략적이다. 모든 파에 대해서 파장과 진동수의 곱은 빛의 속력 $3 \times 10^{8} m/s$ 와 같다.

텔레비전, 그리고 이동 전화를 사용할 수 있는 것이다. 각 진동수 영역에 따라 다른 이름을 사용하지만 모든 전자기파는 비슷하고 진공 속에서 똑같은 속도로 이동한다. 우리는 단지 가시광선 영역인 4×10^{14} ~ 7.5×10^{14}의 빛만 볼 수 있기 때문에 다른 전자기 상호작용은 친숙하지 않게 여겨진다. 왜 우리는 이 진동수 영역의 빛만 볼 수 있고 다른 것은 볼 수 없을까? 진화 때문이다! 즉 자연적 선택(natural selection)에 의해서 전자기 스펙트럼 중 태양이 최대로 방출하는 빛이 가시광선이기 때문에 우리가 그 빛만 볼 수 있게 된 것이다.

2.3 특수 상대성 이론의 탄생

물리적 파(physical wave)에 대해서 "도대체 무엇이 움직이고 있는가" 라고 질문할 수도 있겠다. 물결파는 물표면의 진동에 기인하며, 단단한 줄에서의 파는 줄의 각 부분의 진동에 기인한다. 빛(또는 전자기파)의 경우 맥스웰은 전기장과 자기장이 진동한다는 것을 발견하였다. 전기장과 자기장의 방향은 파의 진행 방향에 대하여 수직이며, 또한 서로 직교한다.

오랫동안 과학자들은 소위 에테르라는 매질이 존재해야 한다고 믿었으며, 광파에 대한 물질적인 뒷받침을 제공하였다. 1905년에 아인슈타인은 매질이 필요하지 않고 전자기장의 진동은 진공에서 전자기파 그 자체만으로 가능하다는 것을 깨달았다. 장이라는 정의는 이제 정립이 되었다. 아브라함 파이(Abraham Pais)는 다음과 같이 아인슈타인의 말을 인용하였다. "대 혁명은 패러데이, 맥스웰, 헤르츠라는 이름과 영원히 연결되어 있다. 이 혁명에서 가장 큰 부분은 단연 맥스웰의 자리이다. 맥스웰의 시대 이래로, 물리적인 실체는 연속된 장에 의해 표현되는 것으로 여겨졌다. 이러한 실체의 개념의 변화는 뉴턴 시대 이래 물리학 중 가장 최고의 것이다."

아인슈타인은 또한 맥스웰의 방정식으로부터 빛의 속도에 대한 계산에서 직면한 문제를 해결하였다. 물체의 속도에 대한 관념은 사람마다 다르다는 것을 알고 있다. 예를 들어, 만일 여러분이 길에 서서 차가 지나가는 것을 본다면 그 속도를 여러분의 관점에서 측정할 수 있다. 그러나 운전자의 입장에서는 차나 승객 모두 그냥 정지해 있는 상태이다. 뿐만 아니라 여러분을 포함하여 차 밖의 세상은 운전자가 볼 때 뒤로 가고 있는 것이다. 여러분이 취할 수 있는 각 관점이 기준점이 되는 것이다. 일단 기준점이 선택되면 그것에 대해 모든 속도가 결정된다. 그러나 달리고 있는 차의 예에서 보았듯이 동일한 물체라도 기준점이 다르면 속도가 달라진다고 말할 수 있다.

맥스웰 방정식을 사용하여 빛의 속도를 계산할 때, 어떤 기준점을 사용하여야 할까? 다른 기준점에 있는 사람들은 빛의 속도를 각각 다르게 측정하지 않을까? 아인슈타인은 빛의 속도는 모든 기준점에서 같다고 가정하였다. 더 좋은 기준점도 없고, 에테르도 없었다.

1905년 9월 아인슈타인은 상대성에 관한 두 번째 논문을 발표하였는데, 물리학의 가장 유명한 공식 $E = mc^2$ 이라는 식을 제시하였다. 입자가 정지해 있는 상태에서 입자의 질량과 에너지는 이 식에 의해 연관된다. 정지 상태 에너지의 의미는 방사능과 같이 입자가 소멸되거나 변환되는 과정과 비교하면 아주 명확하다. 입자가 움직이고 있는 것을 관찰하는 사람에게서 총 에너지는 정지 상태 에너지(mc^2)와 운동 에너지의 합이다. 특수 상대성이론에서 에너지, 운동량, 질량 사이의 관계는 부록 5에서 다룬다. 이것은 입자의 에너지–운동량–질량 관계식으로 알려져 있다.

2.4 빛이란 무엇인가? 빛은 입자이다

1905년은 아인슈타인의 "기적의 해"이다. 그 해 동안 아인슈타인은 특허청에 근무하면서 짬짬이 시간을 내어 물리학의 세계에 대혁명을 가져온 3편의 논문을 썼다. 첫 번째 논문은 "빛의 생성과 변환에 대한 발견적 관점(heuristic point of view)"이었다. 이 논문에서 아인슈타인 자신뿐만 아니라 누구라도 빛이 전자기파라고 알고 있었지만, 빛이 입자와 같이 거동한다고 암시하였다.

1900년에, 플랑크(Planck)는 태양과 같은 뜨거운 물체가 복사하는 에너지를 파장의 함수로 나타낸 이론을 전개하였다. 이는 흑체 복사(black-body radiation)에 대한 식으로 알려져 있다. 그림 2.8에는 특정 온도에서 뜨거운 물체의 흑체 복사를 나타내었는데 온도가 증가할수록 곡선의 피크가 단파장 쪽으로 이동한다. 따라서 이 곡선은 복사선의 원천(source)의 온도를 나타내는 징표로 볼 수 있다.

선행(previous) 고전 이론에서는 장파장(낮은 진동수)에서 데이터와 잘 들어맞았지만 단파장(높은 진동수)에서 급격한 감소는 일치하지 않았다. 플랑크는 전 영역에서 잘 들어맞는 공식을 구하였다. 이를 설명하기 위해 복사에너지는 다발로 나타나고, 각 다발은 진동수(f)와 상수(h)의 곱에 의해 주어진다고 주장하였다. 높은 진동수에 대해서는 hf 값이 원천(source)의 벽에서 평균 에너지보다 더 컸다. 따라서 hf가 증가함에 따라 에너지가 복사될 가능성이 점점 더 적어졌다. 이러한 에너지 다발을 해석할 방법은 명확하지 않았지만 아름다운 공식임에는 틀림없었다.

아인슈타인은 고체 표면에 빛을 쪼이면 전자가 튀어나오는 광전효과에 대한 논문을 발표하였다. 이것은 헤르쯔가 처음으로 확인하였는데 빛을 금속에 부딪쳐서 스파크가 발생하는 것을 관측하는 전자기파 실험도중 전자를 검출하였다. 1897년 톰슨(J. J. Thomson)은 전자를 발견한 직후 이러한 스파크가 전자의 흐름으로 구성되어 있다는 것을 보여주었다. 더 나아가 두 가지 흥미 있는 정량적인 효과를 보여주었다: (1) 빛의 세기와 상관없이 진동수가 너무 낮으면 전자가 튀어나오지 않는다. (2) 튀어 나오는 전자의 에너지는 빛의 세기에 비례하지 않고 빛의 진동수에 비례한다. 아인슈타인은 이것을 다음과 같이 설명하였다. 빛은 각각 hf 의 에너지를 가지고 있는 입자의 흐름처럼 흡수가 된다. 고체로부터 전자를 제거하기 위해서는 필요한 최소한의 에너지 W 가 있어야하며 따라서 hf 가 충분히 크지 않다면 전자가 튀어나올 수 없다는 것이다. hf 가 W 보다 더 커지게 되면 튀어 나오는 전자 에너지는 점차로 증가하게 되는데 그 값은 $hf-$W 와 같게 된다. 에너지에 대한 이러한 정량적인 식은 수년이 지난 후에야 비로소 확인이 되었다.

빛이 파동이라는 사실을 알고 있는데 빛이 입자의 흐름처럼 흡수된다는 것은 무엇을 의미하는가? 아인슈타인이 논문 제목을 발견적 관점(heuristic point of view)이라고 택한 것은 이것이 실체보다는 비유적이기 때문일 것이다. 단지 점차적으로만 빛이 파동이면서 입자라고 받아들이는 것이 가능했으리라; 왜냐하면 빛의 전파를 설명하기 위해

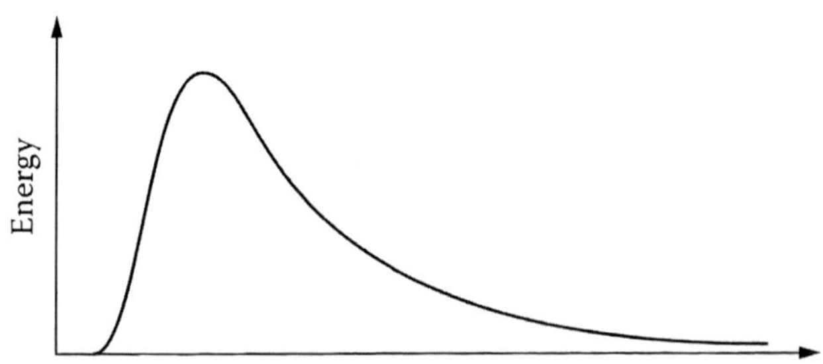

그림 2.8 진동수 함수로 복사 에너지 밀도 : 흑체 복사 곡선.

서는 파동이론을 사용하여야 하지만, 원자에 의한 빛의 흡수나 방출을 설명하기 위해서는 입자 이론을 사용하여야 하기 때문이다. 빛의 입자성은 그림 2.9에서 볼 수 있듯이 두 입자의 충돌처럼 광자가 전자를 산란시키는 콤프턴(Compton) 효과(1923년)의 발견 이후 더 많이 받아들여지게 되었다. 사실 이후 이 상황은 광자를 입자로 취급하여 운동량과 에너지의 보존법칙을 통해서 설명될 수 있었다.

빛의 입자성은 영(Young)의 이중 슬릿 실험과 어떻게 부합될 수 있는가? 대답은 꽤 흥미롭다. 이중 슬릿에 대한 입자와 파동의 행동을 비교해 보면 표 2.2 와 같은 결론에 도달할 수 있다.

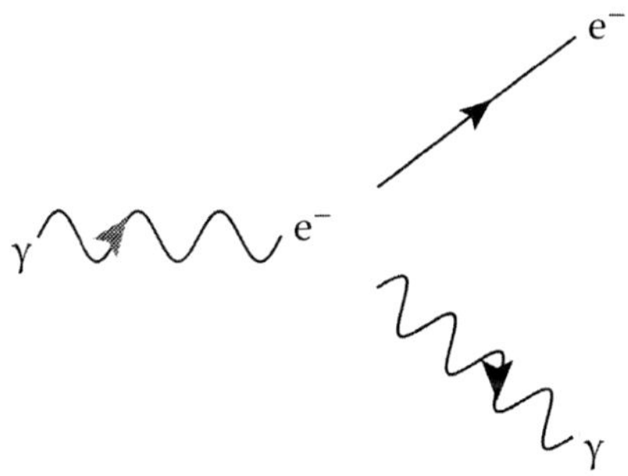

그림 2.9 콤프턴 산란에서 광자는 금속에 있는 전자를 때린다. 충돌의 결과 두 입자는 서로 다른 방향으로 진행한다.

표 2.2 영(Young)의 이중 슬릿 실험에서 입자 대 파동의 성질에 대한 고전적 분석

입자	파동
에너지는 묶음으로 진행한다 – 입자 한 개당 한 묶음	파동에서는 에너지의 최소량은 없다.
많은 전개(many events) 후, 두 슬릿이 열려 있을 때의 에너지 종단면(profile)은 슬릿 한 개가 열려 있을 때 얻어지는 종단면의 합과 같다.	많은 전개 후, 두 슬릿이 열려 있을 때의 에너지 종단면은 슬릿 한 개가 열려 있을 때 얻어지는 종단면의 합과 같지 않다. 그 이유는 각 슬릿으로부터 나오는 파도 사이의 간섭 때문이다.

광자를 전자기파와 연관시켜보면 각 항의 결론을 이끌어 낼 수 있다. 에너지는 묶음으로 행동하지만("입자"항의 처음 부분) 목표물에 대한 빛의 세기는 간섭 파동("파동"항의 두 번째 부분)으로부터 정확하게 얻어진다. 이것은 그림 2.4의 영(Young)의 실험 장치에서 광원의 세기를 감소시킴으로서 즉, 극단적으로 한 번에 단지 하나의 광자만이 목표물에 도달하도록 함으로서, 더 극적으로 만들 수 있다. 각 개개의 광자가 어디에 도달할지 예측할 수는 없다. 각 광자는 한 개당 정확히 (플랑크 상수 × 진동수) 만큼의 에너지를 운반한다. 처음 몇 개의 광자는 무작위로 분포되는 것처럼 보일 것이다. 그러나 궁극적으로 수많은 광자가 쌓이게 되면, 그림 2.4에서 I12에 의해 표시된 것처럼 에너지 종단면이 나타나기 시작한다.

빛이 입자이면서 파동일 수 있다는 것은 무엇을 의미하는 것일까? 파인만은 그의 강의에서 "빛은 이전에 우리가 보아왔던 그 어떤 것과도 다른 방식으로 행동한다. 우리가 전에 알았던 경험은 불완전한 것이다…. 나는 자연이 어떻게 행동하는지 말하고 싶다. 만일 여러분이 빛은 이와 같이 행동한다고 그냥 믿는다면, 빛은 매우 기쁨을 주는 매력적인 것임을 깨닫게 될 것이다."

다시 돌아가 광원으로부터 광자 한 개가 방출되는 것을 생각해 보자. 이 광자가 스크린 어디에 나타날지 예측할 수 없다. 광자가 어떤 슬릿을 통해 지나갔는지 물을 수는 있지만 대답할 수는 없다. 광자가 슬릿을 통과해 갔고 또 어떤 슬릿을 통과해 갔는지 검출할 수 있겠지만 그렇게 되면 완전히 다른 실험이 된다. 그 이유는 검출 자체가 광자를 섭동(perturb)시키기 때문이다. 아마도 거의 섭동을 시키지 않고 검출할 수 있을지 모르겠지만, 하이젠버그는 광자를 국한(localize)시키기 위해 요구되는 최소한의 교란이 있다고 하였고, 따라서 검출에 의해 실험 결과가 완전히 다르게 바꾸어 질 것이라는 것을 주장하였다.

이렇게 질문하고 싶을 것이다: 광원으로부터 스크린까지 어떤 경로를 통해 광자가 이동하는가? 그 경로를 결정할 수 있는 실험을 설계하지 않고는 이 질문에 답할 수 없다. 그러나 하이젠버그는 그 어떤 실험도 이 상황을 변화시키기 때문에 처음 질문에 대한 대답은 얻을 수 없다고 말하였다.

2.5 드 브로이와 슈뢰딩거 : 파동으로서의 전자

1887년 톰슨에 의해 발견된 전자가 최초로 발견된 기본 입자였다. 1913년에 전자는 보통(normal) 입자인가라는 논쟁이 일어났다. 러더퍼드(Ernest Rutherford)는 원자는 매우 작은 양으로 하전된 핵을 포함하고 있다는 것을 발견하였다. 그래서 원자는 양전하를 띠고 있는 핵과 그 주위를 마치 행성이 태양 주위를 돌고 있듯이 핵 주위를 돌고 있는 음으로 하전된 전자로 구성되었다고 이해되었다. 그런데 문제는 고전 전자기이론에 의하면 입자가 곡선 운동을 하면 계속하여 전자기파를 방출하게 되고 따라서 에너지를 잃게 되므로 결국 전자는 핵과 재빨리 충돌할 것이라고 예측되지만 실험 결과는 그와는 반대였다.

이 문제를 해결하기 위해 보어(Niels Bohr)는 단지 어떤 특성 준위(orbits)만이 전자에 허용되어 있고 또한 원자의 바닥상태라는 가장 낮은 준위가 있다고 제안하였다. 이것이 바로 원자의 양자론의 출발이 되었으며 결국 슈뢰딩거 방정식이 만들어지게 되었다.

다음 단계는 1924년 경에 일어났다. 젊은 프랑스 물리학자 루이스 드 브로이는 전자를 파동으로 생각할 수 있다는 투박한 개념으로 그의 논문을 발표하였다. 그는 전자와 광자 사이의 유사성을 도입하여 에너지와 운동량의 입자성을 파장과 진동수의 파동성과 연관시켰다. 이를 통해 보아 이론의 불연속적인 에너지 준위를 올바르게 예측할 수 있었다.

이 장 처음 부분에서 입자와 파동 사이의 고전적 차이를 논의하였고, 어떻게 영(Young)의 이중 슬릿 실험이 둘 사이의 차이를 훌륭하게 설명하는지 얘기하였다. 만일 전자가 파동과 같이 거동한다면, 적당한 거리만큼 떨어져 있는 두 슬릿을 통과하는 전자는 그림 2.4와 같이 간섭 효과를 보여주어야 할 것이다. 실험 결과는 놀랍도록 일치하였다. 전자도 광자와 같이 정확히 표 2.2의 두 항목으로부터 나타나는 성질을 보여주었다. 정말 입자성이 명확한 입자가 파동과 같이 거동하였다. 드디어 전자에 대한 영(Young)의 특별한 실험이 1961년 행해졌지만, 오래 지않아 전자의 파동성은 다른 실험들을 통해 확립되었다.

파동은 그 파장과 비슷한 크기의 물체를 만나면 영향을 받는다. 전자를 100V 정도의 밧데리를 가지고 가속시키면 대응하는 파장은 근사적으로 원자의 크기가 된다. 데빗슨과 가머(C. J. Davisson and L. H. Germer)는 결정(crystal)에 의해 산란되는 전자를 연구하였다. 그 결과 어떤 특정한 각도에서 큰 굴절이 일어나는 것을 발견하였는데, 이것은 단지 전자의 파동성으로만 설명할 수 있었다. 그들은 연구결과를 1927년에 발표하였다[1]. 같은 해에 톰슨(G. P. Thomson)은 높은 에너지를 가지고 있는(즉 파장이 짧은) 전자를 금박(gold foil)을 통과시켜 목표물(target)에 가격하였다. 목표물에 그려진 그림은 파동의 특성인 회절 패턴을 나타내었다. 이 실험을 통해 톰슨과 데빗슨은 1937년 노벨상을 수상하였다. 아버지 톰슨(J. J. Thomson)이 전자가 입자라는 것을 보여줌으로써 노벨상을 받았는데, 그의 아들 톰슨(G. P. Thomson)은 전자

1 데빗슨의 최초의 결과는 1924년에 보고되었다. 그 비슷한 시기에 드브로이가 그의 박사학위 논문을 발표하였는데, 명백한 결과는 1927년에 출판되었다.

가 파동이라는 것을 증명함으로써 노벨상을 받았다는 사실은 꽤 흥미로운 일이다. 그들은 둘 다 옳았다.

드브로이가 모든 입자는 파동의 성질을 가져야 한다고 제안하였을 때는 그러한 파동의 정확한 성질은 알려져 있지 않은 상태였다. 어느 누구도 그러한 파동을 수학적으로 기술할 수 없었다. 이것은 전자기파와는 명백히 다른 것이었다. 전자기파 방정식은 맥스웰에 의해 발견되었는데 진동하고 있는 전기장과 자기장은(제곱을 하면) 빛의 세기와 관련이 있다는 것을 기술하고 있다. 주어진 진동수에 대응하는 광자는 특정한 에너지를 갖는다. 따라서 파동의 세기는 광자의 수에 비례한다. 이 사실을 앞 절의 말미에 사용하였다.

전자기파로부터 얻은 영감은 다음 두 가지 발전을 가져왔다. 1925년 슈뢰딩거는 원자 내에서 전자가 나타내는 파동의 패턴을 기술하는 식을 발견하였다. 슈뢰딩거에 의해서 기술된 파동은 파동함수라 알려지게 되었다. 이 방정식의 물리적 의미는 닐스 보아가 아닌 막스 보른이 1926년 제공하였다. 일반적으로 어떤 위치에서 파동함수 값의 제곱은 그 위치에서 입자를 발견할 확률을 나타내었다.[2] 이것이 바로 양자 입자의 기술 즉 양자역학의 출발점이 되었다.

양자역학에서 확률이라고 하는 것은 양자론을 사용하여 정확한 예측을 할 수 없다는 것을 의미한다. 이것은 정말 오해를 불러일으키는 것이다. 많은 입자나 원자에 관한 어떤 실험에서도 결과는 매우 정확하게 예측할 수 있다. 예를 들어, 전자는 전하와 스핀을 갖고 있기 때문에(3장에서 배운다), 그것은 마치 자기 모멘트의 크기만큼의 세기를 가진 조그만 자석과 같이 거동한다. 이것은 실험적으로 놀라울 정도로 정확하

---

2 정확하게 말하면, 파동함수는 복소수이다. 우리에게 입자가 특정 시간에 특정 위치에서 발견될 확률 밀도를 나타내는 것은 그것의 절대값이다.

게 측정되었다. 적당한 단위를 쓰면, ±0.0000000000038의 적은오차를 갖는 1.0011596521859 이다. 오차는 단지 소수점 이하 12 자리나 13 자리에서 나타난다. 정말 이 사실은 가히 충격적인 것이다 : 이 양에 대한 이론적인 예측(양자역학의 매우 심오하고, 자세하고, 어려운 결과인)과 실험치는 언급한 정밀도(precision) 내에서 일치한다. 모든 양자역학적-암묵적으로 모든 물리학적-지식은 확률론적이다 라는 언급은 틀린 것이다.

노트(NOTES)

❶ 운동 에너지는 $K = mv^2/2$ 로 주어지며 위치에너지는 $U = mgh$ 로 주어진다. 여기서, m 은 입자의 질량이며, v는 속도, h 는 어떤 특정한 기준점에 대한 입자의 수직 위치이고, g 는 지구가 중력에 의해 끌어당기기 때문에 생기는 모든 물체에 대해 아래 방향으로 가속을 시키는 정도이다. 대략, g = 9.8 m/s^2 이다. 마찰과 공기 저항이 없을 때, 총에너지 K + U 는 일정하다. 즉,

$$\frac{1}{2}mv^2 + mgh$$

는 상수이다. 즉, 공을 경사면에서 굴러 내려가도록 하면, h 는 점점 작아진다. 합은 일정하게 유지되므로 유일한 가능성은 그와 동시에 속도가 증가하는 것이다.

❷ R. Feynman, R. B. Leighton, and M. L. sands, *The Feynman Lectures on Physics* (Reading, MA: Addison-Wesley Publishing C., 1963).

❸ 자기력 하에 전자 전하가 움직인다고 하자. 움직이는 전하에 주어지는 힘에 의해 각 점에서 받게 되는 자기장을 B 라 할 때, 단위 전하에 미치는 힘은 $B \times v$ 이며, 여기서 v 는 전하가 움직이는 속도이다. 힘의 방향은 자기장의 방향 및 전하의 운동 방향과 수직이다. 점전하와 유사한 것은 단극자(monopole)라고 한다. 비록 단극자를 찾고자 하는 수많은 시도

가 있었지만 우리가 아는 한 그런 입자는 존재하지 않는다.

❹ 진공 중에서 모든 전자기파는 $c = \lambda f$ 식을 만족한다. 여기서 c 는 진공 중에서의 빛의 속도이며, f 는 진동수, λ 는 파장이다. 만일 파동에 대한 순간적인 사진을 찍을 수 있다면, 그 파장은 두 마루 사이의 거리이고, 이것은 또한 구 골 사이의 거리와 정확히 일치한다. 여러 가지 전자기 복사선은 그 진동수가 다르지만, 모든 속도는 같기 때문에 파장이 다르다. 보라색의 파장은

$$\lambda = \frac{c}{f} = \frac{3 \times 10^{8}\, m/s}{7.5 \times 10^{14}/s} = 400 \times 10^{-9} m$$

이 된다. 사람의 눈은 4천억 분의 1 미터(보라색: $400 \times 10^{-9} m$)에서 7천억 분의 1 미터(빨강색: $700 \times 10^{-9} m$)까지의 빛을 구별할 수 있다. 탄소 원자의 크기는 대략 빨강색 파장보다 1,000 배 정도 작고, x–선의 파장과 비슷하다.

❺ A. Pais, *Subtle Is the Lord: The Science and the Life of Albert Einstein* (Oxford: Oxford University Press, 1982), p. 319.

❻ R. Feynman, *The Character of Physical Law* (Reading, MA: Addison–Wesley Publishing Co., 1963)

❼ C. Jönsson, *Z. Phys.*, 161, 454 (1961).

CHAPTER 3

돌고 있는 입자

3.1. 각운동량과 스핀

지금까지는 두 가지 매우 중요한 보존법칙인 에너지 보존과 운동량 보존에 대해 언급하였다. 이제 다른 보존 법칙인 각운동량 보존에 대해 얘기하고자 한다.

아이스 스케이트를 타는 사람이 아이스링크의 특정한 점에 똑바로 서서 돌기 시작한다고 생각해 보자.(이는 피겨 스케이팅에서 스크레치(scratch) 스핀 또는 업라이트(upright) 스핀이라고 알려져 있다.) 처음에 스케이터는 팔을 벌리겠지만, 스핀이 점점 빨라지면 스케이터는 팔을 몸에 더 가까이 붙이게 된다. 스케이터의 질량이 몸이 회전하고 있는 축 주위로 더 가까이 분포할수록 회전에 대한 몸의 관성은 점점 더 작아지게 된다. 그러므로 스케이터가 팔을 몸 가까이 할수록 회전에 대한 관성은 감소한다. 각운동량은 회전에 대한 관성과 스핀 속도[**역주:** 혹은 각속도]의 곱으로 정의한다. 스핀 속도는 스케이터가 일분 동안에 완전히 도는 바퀴 수에 비례한다. 이것은 운동량의 정의 즉 질량(관성을 측정한다)

곱하기 직선 속도와 비슷한 것이다. 위에서 말한 상황에서 스케이터의 각운동량은 일정하다: 스케이터가 팔을 몸에 가까이 할수록 관성의 감소는 스핀 속도의 증가에 의해 보상된다. 이것은 우리가 정확하게 관찰할 수 있다.

각운동량 보존이 작동하는 다른 예로는 태양 주위를 돌고 있는 지구와 다른 행성들의 운동에 관한 것이다. 행성이 태양 주위를 움직이고 있다는 것은 잘 알 것이다. 그러나 그들은 태양 주위에서 완벽한 원운동을 하지는 않는다. 오히려 그들은 중심에서 약간 벗어난 곳에 태양을 둔, 타원 궤도로 알려진 약간 일그러진 원운동을 한다.

1609년에 우주를 보는 우리의 관점에 혁명을 일으킨 두 가지 사건이 있었다. 갈릴레오는 그 당시 가장 강력한 천체망원경을 만들어서 달, 금성 및 화성을 관찰하였다. 그리고 케플러는 Astronomia Nova 를 발표하였는데, 여기서 그는 Tycho Brache 의 꼼꼼한 천체 관찰 결과를 이용하여 행성들이 완벽한 원이 아닌 타원 궤도로 움직이고 있다는 것을 보여주었다. 이 운동에서 행성의 태양에 대한 각운동량은 보존되었다. 결론적으로 행성이 태양 주위에 더 가까이 올 때는 속도가 증가하여야 하고, 행성이 태양으로부터 멀어져 갈 때는 속도가 감소하여야 했다. 이것은 케플러가 행성의 운동을 분석하여 추론한 것으로, 케플러의 제2법칙이라고 체계화된 것이다. 물론 케플러는 이것을 관찰 결과로부터 추론한 것이다; 이것이 각운동량의 보존을 설명하는 것이라는 것은 한참 후에야 깨닫게 되었다.

각운동량은 크기와 화살표의 방향에 의해 정의한다. 방향은 회전이 일어나고 있는 평면에 수직이 된다. 따라서 얼음 위에 있는 스케이터에 대해 각운동량은 얼음에 수직이 된다. 주어진 평면에 대해 각운동량 방향은 두 가지 가능성이 있는데, 시계방향으로 회전하느냐 반시계 방향으로 회전하느냐에 달려 있다. 이것을 그림 3.1에 화살표로 나타내었다. 여러분이 운동이 일어나고 있는 평면 앞에 서있다고 생각해 보자. 그러면 입자가 시계방향으로 움직이면 각운동량은 그림 3.1a에서 볼 수 있듯이 여러분의 반대방향으로 향하게 된다. 한편 입자가 시계 반대방향으로 움직이면 각운동량은 그림 3.1b에서 볼 수 있듯이 여러분이 서있는 방향으로 향하게 된다.

원자에 대한 보어의 이론에서는 단지 특정 궤도만이 허용되어 있다. 허용된 궤도는 각운동량에 대해 정수값(1, 2, 3, ...)을 가지는 궤도였다. 여기서 단위는 각운동량의 기본 척도인 $\hbar$(h−bar라고 읽는다[3])이다. 따

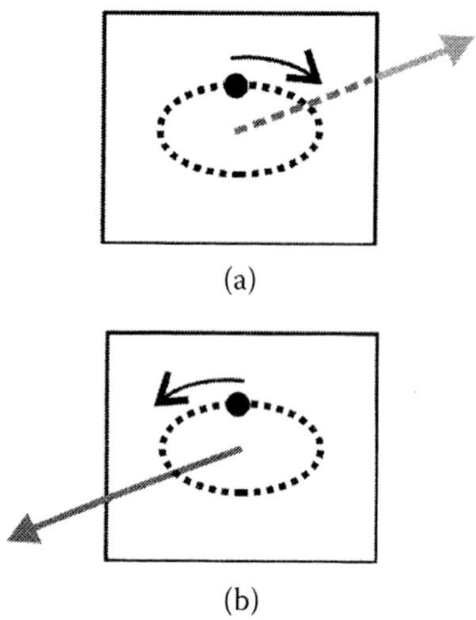

그림 3.1 구부러진 화살표는 입자가 돌고 있는 방향을 나타낸다. 직선 화살표는 대응하는 각운동량의 방향을 나타낸다. 그림 (a)는 종이 뒤쪽으로 (b)는 종이 앞쪽으로 수직이다.

[3] Planck 상수 h를 2π로 나눈 값이다. 보어 이론에서는 궤도가 핵으로부터 멀어질수록 각운동량이 더 커지는 것을 주목하기 바란다.

라서 양자역학에서 각운동량 또한 양자화 되어 있다.

원자에서 방출된 빛은 전자가 어떤 궤도에서 다른 궤도로 전이할 때 나타난다. 광자의 에너지, E(즉, 그 빛의 진동수, $f = E/h$)는 전자가 잃는 에너지에 의해서 결정된다. 핵 주위를 돌고 있는 전자는 마치 조그만 자석과 같이 거동하는데, 그 세기는 핵 주위를 돌고 있는 전자의 각운동량에 비례한다. 그러므로 자기장에서 어떤 주어진 전이로부터 나오는 광자의 에너지는 변하게 된다. 이것은 1896년에 제만(Pieter Zeeman)에 의해 처음으로 관찰되었으며, 제만 효과라고 부른다. 이 효과는 오랫동안 연구되어왔었는데, 자기장에 의한 광자 에너지의 변화는 양자론과 일치하지 않는 경우가 있었다. 이 문제의 해법은 1925년 네덜란드의 두 대학원생, George Uhlenbeck 와 Samuel Goudsmit 에 의해 제시되었다. 전자는 핵 주위를 돌고 있는 동안 스스로 자전하는 조그만 구와 같다는 것이다. 이것은 지구가 태양 주위를 돌고 있으면서 (일년을 정의한다) 그 자체적으로도 스스로 자전하는 것(하루를 정의한다)과 유사하다.[4]

그들은 각운동량이 $\hbar$의 정수배가 아니라 $\hbar/2$와 같아야 한다고 생각하였다. 특정 축에 대해(즉 z−축) 측정하였을 때, 이 스핀은 스핀 up($+\hbar/2$) 이나 스핀 down($-\hbar/2$) 으로만 나타났다.

이 고유한 각운동량은 모든 기본 입자의 특성이다. 돌고 있는 스케이터의 운동을 결정하는 각운동량과 유사하기 때문에, 이것은 스핀으로 알려져 있다. 그림 3.2에서 볼 수 있듯이 이것을 내부 회전의 일종이라고 볼 수 있다. 내부 회전의 방향은 위에서 설명한 오른손 법칙에 의한

4 젊은 미국 물리학자 크로니히(Kronig)도 비슷한 개념을 제안하였다. 이 아이디어를 저명하고 명망이 있는 물리학자인 파울리는 말도 안 되는 소리라고 평가하였다. 따라서 크로니히는 그 생각을 접었다. 여러분은 어떻게 생각하는가?

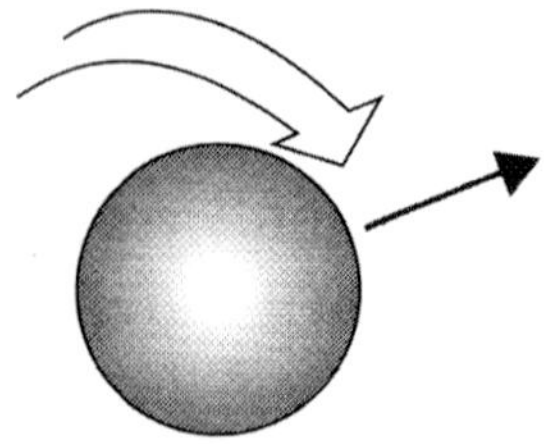

그림 3.2 상상할 수 있는 내부 회전(곡선으로 나타낸)과 입자의 스핀 방향(직선으로 나타낸) 사이의 관계

스핀의 방향과 연관된다. 이 내부 회전은 그러나 단지 머릿속으로만 생각하는 그림이라는 것을 염두에 두어야 한다. 물리적인 회전은 기본적인 점-같은 입자에 대해서는 의미가 없기 때문이다.

모든 입자는 $\hbar$ 단위의 정수나 반-정수 값을 갖는다. 이 단위에서 전자는 스핀이 1/2 이다. 반-정수 스핀을 갖는 입자는 Enrico Fermi를 기려서 페르미온으로 알려져 있다. 0 을 포함하여 정수 스핀을 갖는 입자는 인도 물리학자 Satyendra Nath Bose를 기려서 보손으로 알려져 있다. 스핀과 궤도 각운동량을 조합하면 총 각운동량이 되는데, 이 총 각운동량은 양성자, 중성자, 전자 및 광자 등을 포함하는 반응에서 보존된다.

나중에 살펴보겠지만 물질의 모든 입자(쿼크와 경입자(lepton))는 전자처럼 스핀 값이 1/2이다. 이에 반해서 기본 반응과 연관이 있는 광자와 같은 입자는 스핀 값이 1 이다. 글루온(6장에서 논의할 강한 상호작용과 연관된)과 W 및 Z 보손(8장에서 논의할 약한 상호작용과 연관된)도 스핀 1 이다. 나중에 논의할 전능(almighty) 힉스 입자는 스핀 값이 없다. 즉 스핀 값이 0 이다.

3.2 헬리시티(Helicity)

헬리시티는 운동의 진행 방향에 대한 스핀의 사영(projection)이다. 운동의 방향에 따라 측정하였을 때, 전자처럼 스핀 1/2을 갖는 스핀 값은 단지 두 가지(그림 3.3a의 +1/2과 3.3b의 -1/2)만 가능하다. 그림 3.3a에서 스핀은 운동방향 쪽으로 나타난다. 이 경우 입자는 양의 헬리시티를 갖는다고 말한다. 한편 그림 3.3b에서 스핀은 운동 방향과 반대쪽으로 나타난다. 이 경우는 입자가 음의 헬리시티를 갖는다고 말한다.[5]

헬리시티에 대해 한 가지 미묘함이 있다. 전자를 가지고 생각해 보자. 실험실 기준점에서 측정하면 전자는 어떤 질량과 속도를 가지고 있다. 이 때 양의 헬리시티를 가지고 있다고 가정하자. 다음으로 기준점을 전자가 움직이는 방향과 동일한 방향으로 더 빨리 움직인다고 생각해 보자. 그러면 전자는 오히려 뒤로 움직이는 것처럼 보일 것이다. 그러나 내부 회전은 그 때도 유지된다. 결과적으로 전자의 헬리시티는 새로운 기준점에서는 음이 된다. 따라서 헬리시티는 기준점에 의존하는

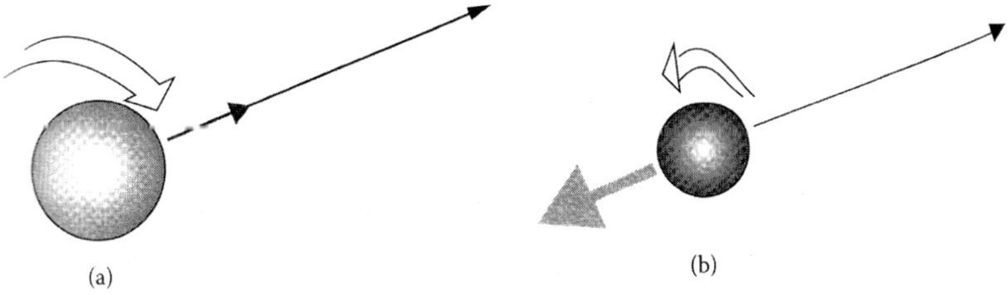

그림 3.3 스핀 1/2인 입자는 두 가지 가능한 헬리시티를 갖는다. 스핀은 회색 화살표로 나타내고 운동 방향은 검은 실선 화살표로 나타내었다. (a) 에서 입자는 양의 헬리시티를 갖는다. (b)에서 입자는 음의 헬리시티를 갖는다.

5 대부분의 물리학자들은 양의 헬리시티를 갖는 입자를 언급할 때 오른손 쪽이라고 말하고, 음의 헬리시티를 갖는 입자를 언급할 때 왼손 쪽이라고 말한다. 이것은 아래 소개할 좌우선성과 우우선성 개념과 혼동된다.

양이다. 헬리시티의 기준점 의존성은 만일 전자의 질량이 영이라면 일어나지 않을 것이다. 그 경우에는 전자가 빛의 속도로 움직이고 어떠한 기준점도 그보다 더 빠르게 이동할 수는 없을 것이다. 전자의 헬리시티는 모든 기준점에서 똑같을 것이다.

다음에 논의하겠지만 약한 상호작용은 제로–질량 페르미온이 음의 헬리시티를 갖도록 생성되는 특성을 가지고 있다. 질량이 있는 페르미온에 대한 결과는 운동량이 질량보다 훨씬 더 클 때 주로 헬리시티가 음이 된다. 그러나 이는 질량을 운동량으로 나눈 값에 비례하는 진폭을 갖는 양의 헬리시티를 가질 수 있다. 이러한 방법으로 생성된 페르미온을 좌선성(left–handed chiral) 페르미온이라고 한다.

3.3 디랙(Dirac) 전자

1928년 디랙(Dirac)은 회전하고 있는 전자를 기술하는 식을 만들었는데 이는 아인슈타인의 특수 상대성 이론과 일치하였다. 회전하고 있는 전자는 회전하고 있는 전하로 생각할 수 있기 때문에 조그만 자석과 같이 거동한다. 전자의 자기 모멘트라 부르는 자석의 세기는 고전적 비유에 의해 제안된 값의 두 배로 나타났다. 그러나 디랙 이론은 그 모멘트를 정확하게 예측하였다.

그러나 중대한 문제가 있었다. 디랙 방정식은 에너지가 양의 값을 가질 뿐만 아니라 음의 값도 갖는 상태가 필요하였다. 이것은 전자가 음의 에너지 상태로 떨어지게 되면 광자를 방출하면서 결국 원자로부터 사라진다는 것을 의미하는 것이다. 절박한 심정으로 디랙은 모든 음의 에너지 상태는 음–에너지 바다처럼 꽉 차있고 따라서 양의 에너지의 전자는 파울리 배타원리 때문에 안전하다[**역주:** 파울리 배타원리 때문에 한 에너지 상태에 두 전자가 있을 수 없어서 이미 전자가 있는 음의 에너지 상태로 전자가 들어올 수 없다]고 제안하였다.

이러한 내용이 사실이라면 고에너지 광자가 음-에너지 바다로부터 전자를 발로 차서 양의 에너지 전자로 만들고 음 에너지 바다에 구멍을 남기는 것이 가능하다. 그 구멍은 양전자, e^+로 나타난다. 따라서 결과적으로 광자에 의한 e^+-e^- 쌍의 생성이 된다. 1932년 Carl Anderson 은 우주선(cosmic ray)을 연구하는 동안 양으로 하전된 양전자(positron)를 발견하였다.

수년이 지난 후에 공식을 수정해 음-에너지 바다의 개념을 제거할 수 있음을 알게 되었고 전자와 양전자를 대칭적으로 취급하였다. 스핀 1/2 입자는 4 가지 상태를 가졌다: 두 가지 스핀 상태를 갖는 입자와 두 가지 스핀 상태를 갖는 반입자이다. 한 가지 예외가 가능하다. 단지 한 가지 스핀 상태만 갖는 질량이 없는 입자, 즉 음의 헬리시티를 갖는 입자와 양의 헬리시티를 갖는 반입자가 있을 수 있다. 이것은 Weyl 입자라 부른다. 오랫동안 중성미자가 Weyl 입자라고 믿었다.

3.4 편극과 광자 스핀

편극을 설명하기 위해서 그림 3.4 와 같은 줄을 고려해 보자. 이 줄의 한쪽 끝은 자유롭게 묶여 있지 않지만 다른 쪽 끝은 묶여 있는데, 수직 틈이 있는 나무 판을 지나고 있다. 줄의 자유로운 쪽으로 선에 수직 방향으로 충격을 주면, 교란 즉 파동이 선을 따라 전파된다. 파동이 나무판에 도달할 때 파동은 선을 위 아래로 움직이게 되고, 나무판의 틈도 수직 방향으로 뚫려 있기 때문에 이 파동은 나무판에 의해 방해를 받지 않고 통과하게 된다.

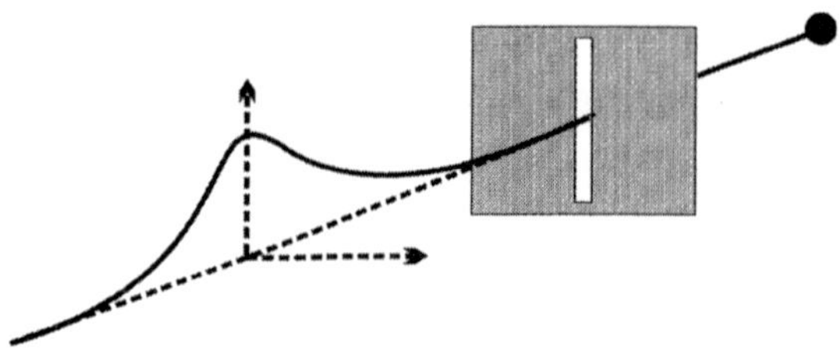

그림 3.4 수직 틈을 지나는 수직 파동

반면에, 줄에 수평 방향으로 충격을 주면 수평 방향 파동이 생기게 된다. 이때는 그림 3.5와 같이 줄이 수직 방향 틈의 방해를 받아서 파동이 틈을 통과하지 못할 것이다. 두 경우 모두 파동은 진행 방향에 대해서 수직이다. 파동은 줄의 수직 운동이거나 수평 운동이지만 전파 방향은 종단면(longitudinal)이다. 이런 특성을 갖는 파를 횡파(transverse wave)라고 부른다.

파동의 두 가지 가능성은 파의 편극이라고 알려져 있다. 그림 3.4의 파는 수직으로 편극되어 있다; 그림 3.5의 파는 수평으로 편극되어 있다.

멕스웰에 의해서 예언되고 헤르쯔에 의해서 실험적으로 확인된 바와 같이, 진공 중에서의 전자기파는 물리적 물체의 운동(줄에 나타난 파의 경우처럼)에 대응되지 않고, 오히려 전자기장의 진동에 대응된다. 그러

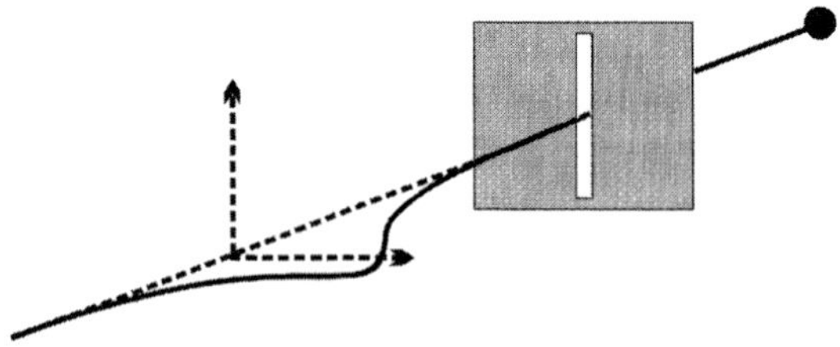

그림 3.5 수평 방향 파동은 수직 슬릿을 통과하지 못한다.

나 줄에서 파처럼 전자기파도 횡파이다. 전기장의 진동은 항상 운동 방향에 수직이다. 만일 전기장이 한쪽 방향으로 고정되어 있고 수직 방향으로 진동한다면, 빛이 수직 방향으로 편극되어 있다고 말한다.[6] 만일 전기장이 수평 방향으로 진동한다면 빛이 수평 방향으로 편극되어 있다고 말한다.

편극된 빛은 매우 쉽게 생성할 수 있다. 매우 얕은 각도로 수평면에 부딪치는 햇빛을 상상해보자. 수평으로 편극된 전기장 성분은 표면을 따라 물질의 전자를 움직이는 경향이 있다. 이것은 매우 쉽게 일어날 수 있는데 대부분의 빛은 반사된다. 이에 반해서 수직으로 편극된 전기장 성분은 전자를 물질 표면에 수직으로 물질 밖으로 움직이게 할 것이다. 이것은 일어나기가 어렵고 대부분의 빛은 흡수된다. 결과적으로 얕은 각도에서 수평면으로부터 반사된 빛은 대부분 수평으로 편극된다.

편극렌즈는 그림 3.4 및 3,5에서 나무 판에 있는 틈과 같은 효과를 갖는다. 이들 그림에서 판은 편극 선글라스(즉 수직으로 편극된 빛은 통과시키지만 수평으로 편극된 빛은 흡수하는)와 유사하다고 할 수 있다. 수평면에서 빛의 반사로부터 생기는 눈부심은 대부분 수평으로 편극된 것이고 따라서 편극선글라스에 의해서 흡수된다.

우리가 빛의 파동성으로부터 입자성으로 나아갈 때 입자 스핀과 편극사이에 환상적인 상관관계가 있음을 보게 된다. 입자인 광자는 스핀이 1 이다. 운동 방향을 축으로 설정하면, 스핀은 축에 대해 평형이거나 (+1) 반대일 (−1) 수 있다; 이는 빛에 대해서 알려진 원편광(circular polarization)의 두 가지 형태와 정확히 일치한다. 이 둘을 적당히 선형

---

6 자기장도 또한 횡파이며, 나아가 전기장에 수직 방향이다. 그림 3.4 와 3.5처럼 종단면으로 전파되는 광파를 생각해 보자. 만일 전기장이 한 쪽 방향으로 고정되어 있고 수직 방향으로 진동한다면 자기장역시 한 쪽 방향으로 고정되어 있고 수평 방향으로 진동한다, 그 역도 마찬가지이다. 편의상 편극은 전기장의 방향을 말한다.

조합하면 위에서 논의한 두 횡파에 대응된다. 모든 파가 횡파인 것은 아니다. 파가 전파되는 방향을 따라 운동하는 파는 종파라고 알려져 있다. 예를 들어, 음파는 전파되는 방향을 따라 공기 분자의 작은 진동에 대응한다; 이것은 종파이다.

제 8장에서 논의할 W 와 Z 보손(boson)처럼 거대(massive) 스핀 1 인 입자는 3 가지 편극이 가능하다; 이것은 특수 상대성이론에 의해 요구된다. 운동 방향을 축으로 설정하면, 축에 대한 스핀의 사영 +1 및 -1 뿐만 아니라 0 도 될 수 있다. 파동의 묘사에서 이것은 횡파와 종파가 모두 있다는 것을 의미한다. 바꾸어 말하면 전자기파는 횡파만 있으므로 입자성에 대한 묘사에서 영-질량 입자 즉 광자임을 의미한다.

노트(NOTES)

❶ 기술적으로, 여기서 기술한 회전에 대해, 회전에 대한 관성은 관성 모멘트로 알려져 있으며 문자 I 로 나타낸다. 반경이 R 이고 질량이 m 인 점입자에 대한 관성 모멘트는 $I = mR^2$이다. 스핀 속도는 실제 속도는 아니다. 시간에 따라 각도가 변하는 속도는 각속도라 알려져 있으며, ω(omega)로 표시한다. 각운동량은 I 와 ω의 곱 즉 $L = I\omega$이다. 만일 입자가 축에 더 가까이 접근한다면(즉 R 이 더 작아진다면) 관성 모멘트, I 는 더 작아진다. 따라서 각운동량 L 이 일정할 조건은 단지 각속도 ω가 증가하는 수밖에 없다. 따라서 스케이터가 팔을 벌리고 스핀할 때 스핀 속도가 작다. 팔을 몸에 더 바짝 붙인다면(몸이 스핀하는 축 주위로 수직 축에 더 접근할 때) 관성 모멘트가 감소하고 스핀속도는 증가하게 된다.

CHAPTER 4

양자 전기역학의 이해

파인만 해결책

전자와 광자가 모두 입자성과 파동성을 가지고 있음을 보았다. 그들은 입자도 아니고 파동도 아니며 오히려 양자(qunata)라고 생각하는 것이 더 좋다. 시간이 흐르면서 물리학자들은 상대론이 도입된 양자역학에서는 입자가 생성되거나 소멸될 수 있다는 것을 깨닫게 되었다. 이러한 모든 효과(입자성, 파동성, 입자의 생성)를 포함하는 이론이 필요해졌다.

양자를 기술하는데 사용되는 수학적 프레임은 양자장론(quantum field theory) 이라고 일려져 있으며, 이는 양자역학과 특수 상대성이론을 연결하는 이론이다. 따라서 전자(electron)에 대한 양자장(quantum field)과 광자에 대한 양자장이 있다. 각 양자장은 각각의 양자를 기술하고 이러한 양자가 시간-공간에 따라 어떻게 전파되는지를 기술한다. 양자장론은 아마도 틀림없이 20세기 물리학의 가장 중요한 개념적 업적 중 하나이다.

초기에 양자장들은 전자를 입자로서 취급하는 전자기장과 관련되어 도입되었다. 1929년 하이젠버그와 파울리는 전자장을 도입하였다. 거의 20년 후 파인만, 슈뢰딩거 및 토모나가(Tomonaga)는 우리가 오늘날 여전히 사용하는 전자 및 광자의 장과 거의 같은 양자장론을 정립하였다. 이것을 양자 전기역학(quantum electrodynamics; QED)라고 부른다.

4.1 양자장론과 파인만 다이어그램

QED에서 기본 상호작용은 전자와 광자 사이의 상호작용이다. 이 이론이 원래 수학 공식으로 표현되었지만 그것을 이해하는 간단한 방법은 그림 4.1a 처럼 파인만에 의해 소개된 다이어그램의 도움을 받으면 된다. 이 그림에서 보면 전자가 들어오고 전자와 광자가 방출된다. 3 개의 장이 만나는 점은 정점(vertex) 이라고 부른다. 상호작용의 세기는 전자의 전기전하, e 에 의해 결정된다. 이과정이 일어날 확률은 e 의 제곱에 비례한다. 그림 4.1에 나타난 과정은 자유롭게 입사 및 방출되는 입자에 대해서는 일어날 수 없다. 왜냐하면 그렇게 되면 에너지와 운동량의 보존이 이루어지지 않기 때문이다.[7] 이 과정은 원자 내에 있는 전자나 붙잡혀 있지 않은 전자가 원자의 핵을 빠르게 지나치는 경우에 가능하다. 그러므로 그림 4.1a는 원자에 있는 들뜬 상태의 전자가 광자를 방출하고 더 낮은 상태로 전이되는 것에 대응되거나, 제동복사(bremsstrahlung)로 알려져 있는 원자를 통과하는 매우 빠른 전자에 의한 광자의 방출에 대응된다. QED 법칙에 의하면 그림 4.1b처럼 입사되는 광자가 포함되는 상호작용도 가능하다. 그 예는 바로 광전효과인데 아인슈타인이 원 논문에서 표현하였듯이 입사되는 광자가 전자를 금속 밖으로 차 내는 것이다. 모든 이러한 일련의 파인만 다이어

[7] 이것을 알 수 있는 한 가지 방법은 이과정이 어떤 기준 프레임에서도 가능해야 한다는 것을 주목하는 것이다. 만일 원래 전자가 정지 상태에 있는 프레임을 선택하면 분명히 이 프레임에서의 과정은 에너지 보존에 위배된다.

그램에서 입자는 왼쪽에서 오른쪽으로 이동한다.

대신에 전자의 소멸을 포함하는 어떤 상호작용에서도 양전자가 생성될 수 있다. 제 3장에서 언급하였듯이 디랙의 고유 이론에서 음-에너지 바다에서의 전자의 소멸은 양전자의 생성으로 해석될 수 있다. QED에서 음-에너지 바다개념은 없어졌지만 여전히 양전자 생성의 가능성이 남아있다. 그림 4.2a는 그림 4.1a로부터 얻어질 수 있는데 들어오는 전자를 나가는 양전자로 치환하면 된다. 다이어그램은 결국 전자쌍의 생성이라 할 수 있다. 비슷하게 최종 상태에서 전자와 양전자의 발생 대신 한 쌍의 소멸이 일어날 수 있다. 이것은 그림 4.2b에 나타내었는데 전자쌍의 소멸이라고 부른다. 그림 4.2 과정은 모든 입자가 자유 입자일 때는 불가능하다.

들어오거나 떠나가는 자유 입자에 대해서는 한 번 이상의 상호작용을 사용될 때가 있다. 이것을 하는 방법은 분명히 파인만 다이어그램에

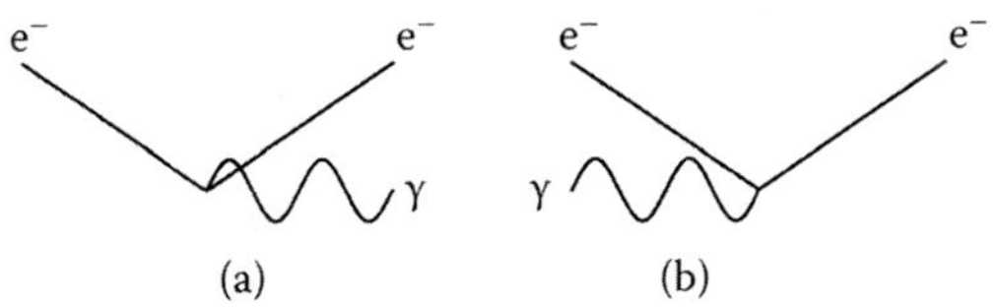

그림 4.1 (a) 전자가 광자를 방출하는 상호작용에 대한 파인만 다이어그램 (b) 전자에 의한 광자의 흡수 다이어그램. 두 그림 모두 왼쪽에서 오른쪽으로 읽으면 된다.

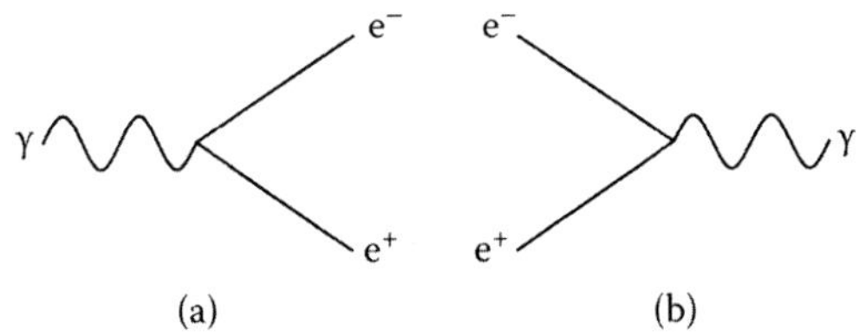

그림 4.2 (a) 들어오는 광자에 의한 전자와 양전자를 생성하는 파인만 다이어그램 (b) 떠나가는 전자와 양전자가 소멸되고 광자가 떠나가는 다이어그램.

서 분명해진다. 슈빙거(Schwinger)는 이것이 "질량에 대한 계산"을 초래하므로 불편해했다고 한다. 더 이상 거기에 동의할 수 없지만 그가 경멸이라고 의미하였던 것을 우리는 찬양이라고 받아들인다.

상호작용이 두 번 일어나는 예를 그림 4.3에 보여주었다. 이 다이어그램에서 에너지 및 운동량 보존이 성립하고, 외부 다리(external legs)[**역주:** 다이어그램에서 선의 한쪽 끝이 연결 안 된것은 외부다리 라고 함]는 실제 물리 입자(physical particles)[**역주:** 물리 입자라 함은 측정에서 관측되는 입자를 뜻함]를 나타낸다.

파인만 그림의 아름다움은 바로 두 가지(twofold)이다. 파인만 다이어그램은 연구하려고 하는 물리적 과정을 기술하는 것뿐만 아니라, 파인만 다이어그램은 물리학자들이 장의 양자론에서 첫 번째 코스로 배우는 특별한 수학적 법칙과 연계되어 있다. 또한 물리학자들에게 파인만 다이어그램은 복잡한 계산을 체계화하고 훨씬 쉽게 수행할 수 있도록 만들어주는 특별한 책갈피 도구이다. 파인만 다이어그램에 기초를 둔 계산 결과는 주어진 과정에 대해 진폭(amplitude)이다. 그 과정에 대한 확률 또는 비율(rate)은 진폭의 제곱을 취함으로써 얻어진다.[1]

그럼 다이어그램을 더 자세히 살펴보자. 그림 4.3a는 전자와 광자의 상호작용을 나타낸다. 이것은 1923년 콤프턴(Compton)에 의해 연구된 과정에 대한 장의 양자론 계산 결과를 나타낸다. 이 과정을 처음 관찰하고 그것에 에너지 보존 법칙을 적용한 사람이 바로 콤프턴이며, 광자론(photon picture)에 대한 매우 분명한 증거를 제공하였다.

그림 4.3b는 두 개의 전자 사이의 상호작용을 기술한다. 두 전자 사이에서 광자의 이동 때문에 그들은 전기적 반발을 느낀다. 이것은 여러 가지 방법으로 표현될 수 있는데, 광자는 "주위에 다른 전자들이 있다"라는 메시지를 운반한다고 말 할 수 있다. 따라서 광자는 전자기 상호

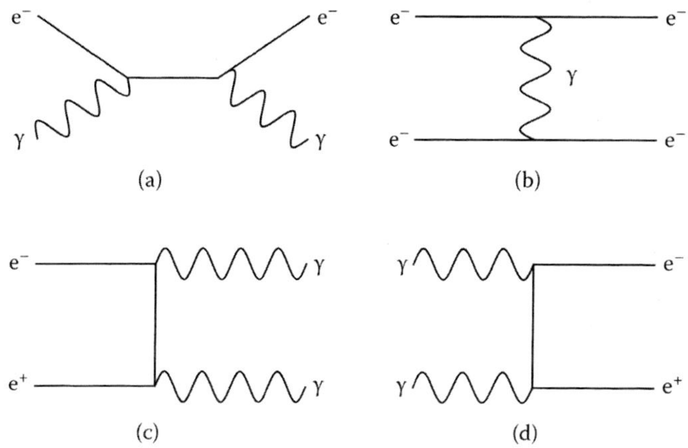

그림 4.3 2차 상호작용 효과를 나타내는 파인만 다이어그램: (a) 콤프턴 산란: $e^- + \gamma \rightarrow e^- + \gamma$; (b) 전자-전자 산란: $e^- + e^+ \rightarrow e^- + e^+$; (c) 전자/양전자 소멸: $e^- + e^+ \rightarrow \gamma + \gamma$; (d) 전자/양전자 생성: $\gamma + \gamma \rightarrow e^- + e^+$. 이 다이어그램은 통합적으로 기본 수준 다이어그램으로 알려져 있다.

작용에 대한 운반자 또는 매개 입자라고 알려진다. 자주 사용되는 비유로 두 스케이터가 큰 공을 교환하는 것으로 표현된다. 공을 앞쪽으로 던질 때 처음 스케이터는 뒷걸음질한다. 그리고 공을 받을 때 두 번째 스케이터는 뒤로 밀려난다.

물론 이 비유에서는 오직 전자-전자 산란에 있는 반발만을 언급하고 전자-양전자 산란에 있어서 인력은 언급하지 않는다. 후자의 경우 이 그림은 그리지 않았지만 전자-양전자 상호작용($e^- + e^+ \rightarrow e^- + e^+$)이 있을 때 일어날 수 있는 것 중의 하나이다. 다른 가능성은 그림 4.3c에 나타내었다: 즉 전자와 양전자가 완전히 소멸되고 대신 두 개의 광자가 나타난다. 그림 4.3d는 그 반대 과정을 나타낸다: 즉 두 개의 광자가 소멸되고 전자-양전자가 나타난다; 그리하여 우리는 일단 빛이 있던 자리에서 입자를 얻게 된다.

그림 4.1 과 4.2의 정점 다이어그램은 물리적 과정[**역주:** 실제 측정에서 관측될 수 있는 과정을 물리적 과정이라 함]이 될 수 없다고 언급하였다. 이것은 다음과 같이 동시에 요구되는 점들의 부적합성 때문이다.

1. 초기 전자는 에너지–운동량–질량 관계식을 만족해야 한다.
2. 최종 전자는 에너지–운동량–질량 관계식을 만족해야 한다.
3. 최종 광자는 에너지–운동량–질량 관계식을 만족해야 한다.
4. 정점에서는 운동량 보존이 성립한다. 즉 초기 전자의 운동량은 최종 상태에서 전자와 광자의 운동량의 합과 일치한다.
5. 정점에서는 에너지 보존이 성립한다. 즉 초기 전자의 에너지는 최종 상태에서 전자와 광자의 에너지의 합과 일치한다.

따라서 그림 4.1과 4.2의 정점 다이어그램은 물리적 과정이 아니다. 그러나 똑같은 정점이 그림 4.3b의 예처럼 두 전자 사이의 상호작용을 기술하는데 나타난다. 그리고 이 상호작용은 존재한다. 어떻게 이것이 가능할까? 그 답은 1~5까지의 요구사항 중 하나가 폐기되어야 한다. 분명히 초기와 최종 상태에서 실제 전자는 특수 상대성이론[**역주:** 질량 에너지 운동량관계식이 특수 상대성이론에서 유도됨]을 따라야 한다. 따라서 1과 2는 유지하여야 한다. 또한 상호작용의 그림에서 묘사된 내용을 진지하게 생각해보면 정점에서 운동량과 에너지 보존 또한 유지하여야 한다: 4 와 5. 따라서 그림 4.3b에서 정점이 나타난 것은 광자가 에너지–운동량–질량 관계식을 따르지 않기 때문이다. 즉 중간 단계의 광자에 대한 에너지는 운동량과 빛의 속도의 곱[**역주:** E= pc]과 같지 않다. 이 관계가 만족되지 않기 때문에 광자는 질량 껍질 밖(off mass shell)이라 말한다. 그리고 이 중간단계의 광자는 측정되지 않는 중간 단계로만 나타나기 때문에 우리는 이것을 받아들일 수 있다: 고로 이 광자를 가상의 입자라고 말한다. 그림 4.3b는 전기장이 가상 광자로 생각될 때 고전적 쿨롱 상호작용의 양자적 해석을 제공하는 것으로 생각할 수 있다. 유사하게 그림 4.3a, c, d 의 중간에 나타나는 전자도 가상 입자이다.

가상 입자의 개념은 혼동을 일으킬 수 있다. 중요한 점은 파동–입자 이중성 때문에 전자와 광자를 양자 장으로 표현할 수 있다는 것이다. 그들은 단지 초기 상태나 최종 상태에서 검출될 때만 실제 입자의 모든 성질을 가질 수 있다. 그림 4.1b를 해석하는 방법 중 하나는 전자가 느끼는 전기장을 또 다른 전자가 형성한다고 말하는 것이다. 그러나 아래에서 논의하겠지만 한 전자가 두 개의 가상 광자를 방출할 가능성, 따라서 최종 해답이 고전 전자역학과 같지 않을 가능성을 필히 고려할 필요가 있다는 것이다.

그림 4.3에 나타난 다이어그램은 다른 여러 과정들은 설명하는 데 필요한 다이어그램 중 최소의 정점을 포함하기 때문에 기본(tree) 다이어그램으로 언급된다. 그러나 똑같은 과정들이라도 더 많은 정점이 있는 다이어그램도 있다. 그런 예로 그림 4.4 가 있다. 따라서 그림 4.4a는 그림 4.3a와 같은 반응을 형성한다. 그리고 그림 4.4.b는 그림 4.3b와 같은 반응을 형성한다.

QED의 중요한 점은 그림 4.4와 같이 더 많은 정점을 갖는 다이어그램이 그림 4.3에 있는 기본 다이어그램보다 실제 과정에서 훨씬 더 작

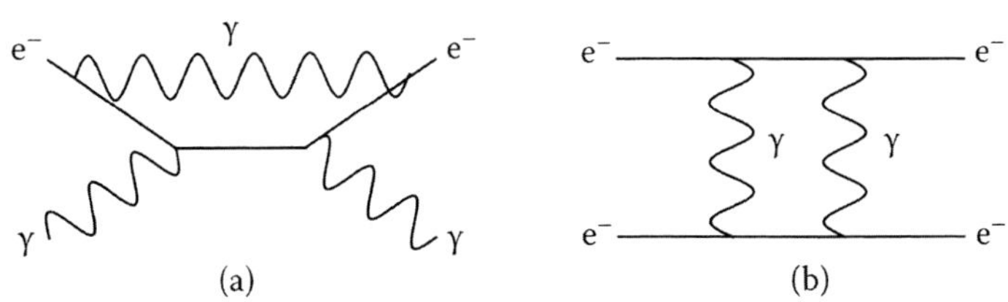

그림 4.4 그림 4.3a와 b의 과정에 고차 기여를 나타내는 파인만 다이어그램

은 기여를 한다는 것이다. 이것은 전자 전하 e 의 값이 작기 때문이다. 따라서 단지 기본 다이어그램만 사용하면 이미 올바른 결과에 좋은 근사가 된다. 반면, 4개의 정점을 갖는 다이어그램을 첨가하면 더 작은 개선이 이루어 질것이다. 나아가 정점이 6개가 되면 개선 정도는 더 작아진다. 이러한 계산 방법을 섭동법이라고 부른다.[8]

실제로는 이와 같이 간단한 것은 아니다. 1930년대에 물리학자들이 고차 기여를 계산하고자 하였을 때 그들은 실로 얼토당토 않는 그야말로 무한대의 결과가 나오게 되었다. 이것 때문에 물리학자들은 크게 걱정하지 않았는데 그 이유는 간단한 기본 수준(tree-level)의 결과가 실험오차 한도 내에서 실험 치와 일치하였기 때문이다. 1940년대에 간단한 이론 결과와 거의 틀리지 않은 두세 가지 더 정확한 실험 결과가 얻어졌다. 이러한 해(solution)는 1940년 후반에 파인만, 쥴리안 슈빙거(Julian Schwinger), Sin-itero 토마나가(Tomanaga)에 의한 재정규화(renormalization) 이론의 개발을 통해 얻어졌으며, 그 결과로 그들은 1965년 노벨상을 공동으로 수상하였다. 이는 부록 2에서 논의한다. 결과적으로 놀라울 정도로 정확하게 실험치와 일치하는 결과를 보여주는 섭동법을 수행하는 것이 가능하게 되었다.

4.2 군집성(gregarious) 입자와 외로운(lonesome) 입자: 스핀과 통계

여러분이 같은 회사, 같은 색깔의 두 차를 가지고 있다고 상상해 보자. 그 차들은 정말로 비슷해 보일 것이지만, 그 차들은 번호판으로 구별할 수 있다. 비록 그 차들이 가짜 번호판으로 완전히 똑같아 보일 수

8 최종 결과는 $\alpha = e^2/c = 1/137$의 급수로 확장되도록 표현될 수 있다.

있지만, 그들은 같은 공간을 차지할 수 없기 때문에; 즉 한 차는 여기에 다른 차는 저기에 있어서 구분 가능하다. 이것은 기본 입자(fundamental particles)에 대해서는 양자 역학 때문에 그렇지가 않다.

각 입자는 파동함수에 의해서 기술된다는 것을 상기해보자. 공간-시간의 어떤 점에서 이 파동함수(절대값)의 제곱은 그 시간에 그 위치에서 입자를 발견할 확률을 나타낸다. 구별 가능한 두 전자의 파동함수가 중첩된다고 생각해 보자. 그들을 각각 입자 1과 입자 2라고 부르자. 파동함수가 중첩되는 위치에서 입자 1을 발견할 확률이 0이 아니고 입자 2를 발견할 확률도 0이 아닐 것이다. 검출기가 중첩된 위치에 놓여있고 검출기에 반응이 측정(hit)되는 것을 기록한다고 생각해 보자. 이러한 반응은 한 상태는 실선 상자로 표현하고 다른 상태는 점선 상자로 표현하였다. 입자 1에 해당하는 것인가 입자 2에 해당하는 것인가? 아무도 모른다. 두 파동함수가 검출기 위치에서 0 값이 아니기 때문에 어떤 입자라도 그곳에 있어야만 할 것이다. 그리고 입자가 동일하기 때문에 적어도 원칙적으로는 검출기가 그 중 어떤 것이라고 말할 수 없다.

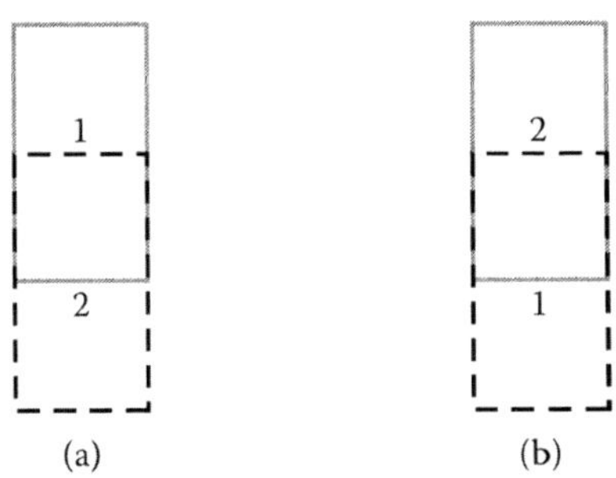

그림 4.5 입자 1과 2가 두 상태를 점유하고 있는 상황을 표현하는 그림. (a) 입자 1은 실선 상자에 들어 있고, 입자 2는 점선 상자에 들어 있다. (b) 입자 2가 실선 상자에 들어 있고, 입자 1은 점선 상자에 들어 있다.

그림 4.5는 비유적 그림을 보여준다. 이 비유는 완전하지는 않지만 우리가 중요한 개념의 일부를 이해하도록 도와줄 것이다. 그림은 실선 상자와 점선 상자 두 개의 상자를 보여주고 있다. 상자는 중간에서 중첩된다. 이 상자들은 중첩되는 파동함수들을 나타낸다. 이제 한 상자당 하나의 입자를 넣어 두자. 예를 들어 그림 4.5a처럼 실선 상자에는 입자 1을 넣고 점선 상자에는 입자 2를 넣자. 중첩된 위치에 놓여 있는 검출기에 입자가 발견된다면, 그것이 입자 1인지 2인지 알 수 없을 것이다. 더구나 그림 4.5a 상황과 그림 4.5b 상황(입자 2가 실선 상자에 들어 있고, 입자 1은 점선 상자에 들어 있는)을 구별할 수도 없다. 이 두 상황을 구별할 수가 없기 때문에 계의 파동함수는 두 가지 가능성의 중첩을 통해 표현되어야 한다. 이러한 중첩은 어떻게 구체화 될 수 있을까?

입자가 구별 불가능할 때는 양자 역학에서는 계의 파동함수에 대해 두 가지 가능성이 허용된다. 이것은 그림 4.6에 체계적으로 표현되어 있다. 그림 4.6a가 의미하는 것을 자세히 설명해 보자. 다음과 같이 행한다고 하자. 실선 상자 안에 입자 1을 기술하는 파동함수가 있다 하고, 점선 상자 안에 입자 2를 기술하는 파동함수가 있다 하자. 두 파동함수의 곱을 찾는다면, 이것이 그림 4.5a의 파동함수이다. 다음으로 점

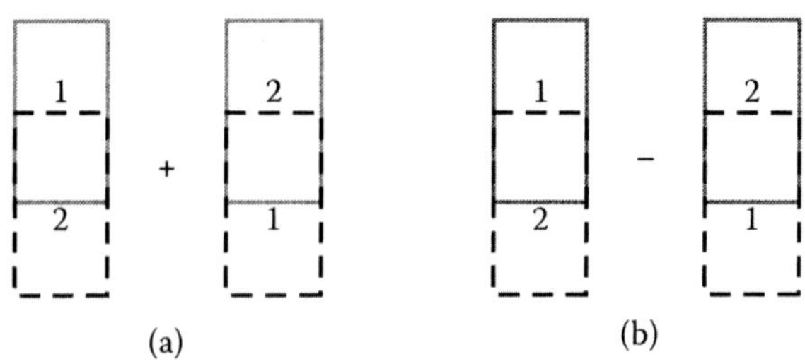

그림 4.6 입자 1과 2가 (a) 대칭적인 모양과 (b) 반대칭적인 모양의 두 가지 상태를 차지하고 있는 것을 묘사하는 그림. 그림 4.6b에서 중첩 영역은 점유될 수 없다.

선 상자 안에서 입자 1을 기술하는 파동함수와 실선 상자 안에서 입자 2를 기술하는 파동함수의 곱을 찾는다면 이것이 그림 4.5b의 파동함수이다. 마지막으로 그림 4.5b의 파동함수에 그림 4.5a의 파동함수를 더한다.

이제 우리는 매우 중요한 어떤 것을 주목하여야 한다. 두 입자가 구별 불가능하기 때문에 1 과 2로 이름을 붙인 것은 물리적 의미가 없다. 그것에 역으로 2와 1의 이름을 붙여도 똑같다. 만일 그림 4.5a에서 라벨 1과 2를 교환한다면 그림 4.5b를 얻게 된다. 거꾸로도 마찬가지이다. 즉 그림 4.6a에 있는 1과 2를 교환한다면 정확히 똑같아진다. 계의 파동함수는 1↔2 교환 하에서 대칭이다. 유사하게 그림 4.6b에서 1 과 2를 교환하면 같은 그림을 얻을 수 있지만 전체에 (–) 부호를 곱해야 한다. 이 계의 파동함수는 1↔2 교환 하에서 반대칭이라고 말한다. 양자역학에 의하면 두 개의 구별 불가능한 입자는 대칭이거나 반대칭이다. 다른 가능성은 없다.[2]

구별 불가능한 입자 계의 파동함수의 형태와 입자의 스핀 사이에는 정확한 상관관계가 있다. 페르미온(반 정수 스핀)의 파동함수는 항상 입자 교환시 반대칭이다; 보손(정수 스핀)의 파동함수는 항상 입자 교환시 대칭이다.

이것은 몇 가지 흥미로운 것을 내포하고 있다. 두 개의 페르미온으로 시작하자. 이들 파동함수를 그림 4.6b에 나타내었다. 두 페르미온을 똑같은 실선 상자 안에 넣는다고 생각해 보자. 결과는 그림 4.6b에 있는 점선 상자를 실선으로 만듦으로써 즉 두 상자 모두 실선으로 표시함으로써 찾을 수 있다. 그러나 그렇게 되면 그 자체로부터 실선–실선 파동함수를 빼는 것이다; 결과는 0 이다! 이것은 두 페르미온은 정확히 같은 파동함수를 갖는 것이 불가능하다는 것을 의미한다. 페르미온은 그 자체의 공간을 갖기를 좋아한다. 이는 전자 반발 같은 페르미온 사이의 전자기 상호작용과는 아무 관계가 없다는 것을 알아야한다. 중성자와 중성미자들은 전하량이 영 이어도 이것이 이루어진다. 이러한 특성은 고전적 비유를 할 수 없는 순수한 양자 효과이다. 이는 1924년 원자 내 전자 배치를 연구하는 동안 파울리(Pauli)에 의해 처음으로 밝혀졌다. 각 궤도함수 배치에 대해 스핀에 대해서는 단지 두 가지 가능성밖에 없다: 스핀 업이나 스핀 다운. 따라서 같은 궤도함수(orbital)에는 기껏해야 두 개의 전자만 가질 수 있다. 이것은 파울리 배타원리(exclusion principle)라고 알려져 있다.

자연의 많은 성질은 모든 계가 최소의 에너지 상태에 놓이는 것을 선호한다고 진술함으로써 설명될 수 있다. 한 가지 예로서 그릇 안에 대리석 공을 놓아두면 알 수 있다. 마찰력이 대리석 공의 움직임을 느리게 하면서 그 공은 그릇 안에서 가능한 가장 낮은 점에 놓이게 된다. 원자 내 전자들도 가장 낮은 에너지 준위를 갖은 궤도함수를 차지하게 될 것이다. 그러나 파동함수의 비대칭성 때문에 서로 회피하게 되면서 이 궤도함수에는 단지 두 개의 전자만 있을 수 있다: 하나는 스핀 업, 하나는 스핀다운. 전자가 추가되면 더 높은 궤도함수에 놓이게 된다. 이런 단순한 원리를 통해 파울리와 동료들은 화학 원소에 대한 멘델레에프의 주기율표에 있는 많은 성질들을 이해할 수 있었다.

페르미온이 개인주의자라면 보손은 사교적이다. 사실 여러분이 그림 4.6a의 점선 상자를 실선으로 한다면 그 자체로 실선-실선 파동함수의 합을 얻게 된다. 이 합은 0 이 아니라서 아무 문제가 없다. 따라서 보손은 계의 가능한 가장 낮은 에너지 상태를 여러 개의 보손이 동시에 점유하여 계(system)의 운동 에너지가 0 이 될 수도 있다. 이 가능성은 Bose-Einstein 응축으로 알려져 있으며, 1924-1925년 아인슈타인에 의해 예언되었고 Bose에 의해 제안된 셈법에 기초를 두었다. 온도가 입자 운동과 관련이 있기 때문에 극한 저온이 필요하다. 이는 Eric Cornell, Wolfgang Ketterle, Carl Wieman 등은 Bose–Einstein 응축이 예언된 지 70년 만에 절대 0 도 보다 0.00000002 만큼 높은 온도(–273℃ 또는 –459°F 약간 아래)에 도달할 수 있었다. 그들은 "알칼리 원자의 묽은 기체에서 Bose–Einstein 응축 달성과 응축액에 대한 성질의 초기 기본 연구에 대한" 공로로 2001년 노벨상을 수상하였다.

이것이 양자장과는 어떻게 연관되는가? 누구나 2 곱하기 3은 3 곱하기 2와 같다(두 경우 모두 답은 6이다)는 것을 알고 있다. 이것은 여러분이 선택할 수 있는 어떤 두 숫자에 대해서도 진실이다; 왜냐하면 곱하기 순서를 바꾸더라도 여전히 결과는 같은 값이 되기 때문이다. 과학자들은 이를 두 수의 곱이 가환적이라고(commutative) 우아하게 부른다. 숫자가 가환적이라는 의미는 어떤 순서대로 곱하나 결과가 같다는 것을 뜻한다. 그러나 모든 것이 가환적인 것은 아니다. 두 조작(operation)을 생각해 보자: 즉, 서랍을 닫고 그 안에 양말을 집어넣는 조작. 물론 양말을 집어넣고 나서 서랍을 닫는 것은 얼마든지 가능하다. 그렇지만 그 역은 불가능하다. 이러한 것은 가환적이 아니라고 말한다. 왜냐하면 조작의 두 가지 조합 중 어떤 것은 불가능하기 때문이다.

두 개의 보손을 생성하는 자체가 보통 수의 가환적 성질이 있다는 것이다. 즉 우리는 보손 1을 생성한 다음 보손 2를 생성할 수 있다. 그리고 이는 보손 2를 생성한 다음 보손 1을 생성하는 것과 결과와 같다. 이것은 페르미온에서는 일어나지 않는다. 페르미온 1을 생성한 다음 페르미온 2를 생성하는 것은 파인만 다이어그램에서 먼저 페르미온 2를 생성한 다음 페르미온 1을 생성하는 것에 음의 부호(–)를 붙여야 한다. 이것이 바로 우리가 보통 양자 역학에서 찾아낸 파동함수의 대칭성에 대한 장의 양자론의 기초이다.

노트(NOTES)

❶ 정확하게는 진폭(amplitude)은 복소수이고 대응하는 확률은 진폭 크기의 제곱에 비례한다. 복소수는 부록 3장에서 설명한다. 진폭은 확률 진폭으로도 알려져 있다.

❷ 간단한 예로서 단지 공간파 함수를 고려해 보자. 일반적으로 입자의 전체 파동함수는 스핀이나 색깔(강장의 전하) 같은 내부 공간을 기술하는 부분을 포함한다. 전체 파동함수는 여러 가지 파동함수의 곱으로 주어진다. 그것은 우리가 지금까지 기술해 온 대칭성을 가져야 하는 전체 파동함수이다. 예를 들어 3 개의 페르미온 계는 공간상에서 대칭이고 스핀에서도 대칭이며 색깔에서는 반대칭이다. 이것은 실로 baryon Δ^{++}와 연계되어 어떻게 색깔 자유도(color degree of freedom)가 최초로 도입되었는가를 설명하는 것이다.

❸ 근거: Nobel Foundation−nobelprize.org.

CHAPTER 5

입자 물리의 탄생
파울리의 중성미자, 페르미 약한 상호작용, 유가와(Yukawa) Pion

5.1 전자, 양성자, 중성자

옛날부터 사람들은 물질의 가장 작은 것이 무엇일까 의문을 가져 왔다. 19세기 후반과 20세기 초에 걸쳐서 진행된 많은 실험을 통해 원자가 화학적 원소의 가장 작은 것이라고 밝혀내었다.

원자는 너무 작아서 1억 개를 한 줄로 세워도 겨우 1 내지 2 cm 밖에 되지 않는다는 것을 알게 되었다. 1895년 톰슨은 원자의 내부에 있는 원자 하나보다 훨씬 가볍고 음전하를 띠는 전자를 발견하였다. 원자는 전기적으로 중성이기 때문에 원자 질량의 대부분을 차지하는 것은 양전하일 것이다.

1913년 러더퍼드는 매우 작은 양전하를 띠는 알파 입자(다음에 논의한다)를 금박(golden foil)에 충돌시키는 실험을 수행하였다. 관측된 매우 큰 반발력은 알파 입자가 원자 중심에 모여있는 양전하에 가까이 접근하여 산란 됨을 나타내는 것이었다. 이러한 방법으로 원자는 매우 크기가 작고, 양으로 하전된 핵과 그 주위를 둘러싸고 있는 전자로 구성되어 있다고 추론되었다. 핵의 반경은 원자에 비해 일만분의 일이나 십만분의 일 정도로 적었다. 또한 다른 화학 원소마다 원자 내 전자의 수가 다르다는 것이 밝혀졌다. 이것을 원자 번호, Z 라고 한다. 모든 전자의 전하는 −Ze 이며 핵의 전하는 +Ze 이므로 원자는 전기적으로 중성이다.[9] 주기율표에서 볼 수 있듯이 수소부터 우라늄까지 Z 값은 1부터 92 까지 변하게 된다.

수소의 핵은 전자와 전하는 같지만 부호는 반대인데 양성자라고 한다. 그럼 다른 원자의 핵은 어떤가? 예를 들어 헬륨의 핵은 Z = 2 인데 질량은 수소의 약 4 배가 된다. 이 문제는 중성입자, 즉 양성자와 질량이 매우 비슷한 중성자의 발견을 통해 이루어졌다. 따라서 핵은 Z개의 양성자와 나머지 질량을 가지는 중성자로 이루어져 있다고 결론을 내릴 수 있다. 예를 들어 헬륨 핵은 두 개의 중성자와 두 개의 양성자를 포함한다.

사실상 핵 안에 Z 개의 양성자를 가지고 있는 화학 원소는 동위 원소라고 하는(즉 중성자의 수가 다른) 또 다른 형태로 나타날 수 있다. 예를 들어 Z = 3 인 리튬은 3 개의 중성자를 갖는 ^{6}Li과 4 개의 중성자를 갖는 ^{7}Li 두 개의 동위원소가 있다. 중성자와 양성자의 수의 합(리튬의 경우 6 또는 7)을 질량수라고 한다.

따라서 우리는 이제 간단한 그림을 그릴 수 있다. 모든 물질은 3 개의 성분−전자, 양성자, 중성자로 이루어져 있다. 전자는 전기적 힘에 의해 핵에 붙잡혀 있는데, 간단한 Bohr 모델에서는 전자가 핵 주위를 마치 행성들이 태양 주위를 도는 것 같이 일정 궤도에서 돌고 있다고 생각한다. 이제 또 다른 어떤 새로운 힘, 즉 양성자들 사이의 반발력이 있음에도 불구하고 핵 안에서 중성자와 양성자를 가까이 붙들어 놓을

9 보통 양전자의 전하는 e 로 언급한다. 따라서 전자의 전하는 e^{-}이다.

수 있는 힘이 존재해야 한다. 이제 이러한 원자에 대한 간단한 묘사 보다 훨씬 복잡한 세계로 이끈 발견들이 있게 되었다.

5.2 베타 붕괴와 파울리의 중성미자

1895년 Henri Becquerel 은 광 발광(photoluminescence)이라고 하는 현상을 연구하고 있었다. 그는 우라늄을 포함하고 있는 결정에 햇빛을 쬐인 후 흡수된 햇빛 에너지 때문에 방출되는 빛을 검출하였다.

그는 일주일 내내 날씨가 흐려서 결정과 사진 건판(선을 검출하는데 사용하는)을 빛이 쬐이지 않은 책상 서랍에 넣어 두었다. 그런데 놀랍게도 사진 건판이 어떤 흔적들로 가득 차 있는 것을 발견하였다. 우라늄은 햇빛에 쬐이지 않더라도 자발적으로 선을 방출하고 있었다. 그는 이와 같이 우연히 방사능을 발견하였다.

얼마 지나지 않아 젊은 폴란드 학생인 Marie Slodovska가 파리로 왔고 방사능에 관심을 갖게 되었다. 그녀는 역청 우라늄광(pitchblende)라고 하는 우라늄 광석의 샘플을 많이 얻어서 화학적 분석을 하였다. 그녀는 광석에 우라늄 외에도 사실상 전에는 한 번도 본 적이 없는 다른 원소들이 있다는 것을 발견하였다. 따라서 Z = 84 인 원소를 조국의 이름을 따서 폴로늄이라고 명명하였다. 그것은 우라늄보다 더 방사능이 많았는데; 주어진 질량에 대해 더 많은 방사선이 방출되었다. 또한 Z = 88 즉 라듐 원소가 방사선을 더욱 더 많이 방출한다는 것도 발견하였다. 1903년 마리 퀴리(이제 결혼한 이름)는 노벨상을 수상하였다. 말하기 서글프지만 그 후 60년이 지나서야 Maris Goeppert−Mayer 가 여성으로서 다시 노벨상을 받게 되었다.

방출되는 선은 무엇이었을까? Ernest Rutherford는 자기장에서 그 선을 휘게 함으로써 연구하였다. 그리하여 3 가지 형태의 방사선 알파,

베타, 감마선을 발견하였다. 베타선은 전자로 구성되어 있고, 알파 입자는 헬륨핵과 동일하였는데, 감마선은 고에너지 x-선과 같이 보였다. 알파 입자는 떨어져 나온 핵의 일부로 이해될 수 있었는데 이 메커니즘은(터널링(tunneling)이라고 부른다) 양자 역학이 상당히 진전된 후에야 비로소 이해하게 되었다. 감마선은 핵이 들뜬 상태에서 바닥 상태로 전이할 때 방출되는 광자로, 즉 원자에 의한 빛의 방출과 유사하게 이해될 수 있었다. 그러나 베타선의 근원은 더 신비로운 것이었다. 러더퍼드는 중성자가 양성자로 변하는 핵으로부터 전자가 나오는 것을 발견하였다. 몇 가지 방사성 붕괴는 그림 5.1처럼 일련의 서로 다른 핵으로 몇 차례 변하다가 최종적으로 납의 동위원소가 된다.

알파와 감마는 초기와 최종 상태 에너지차이에 대응되는 불연속적인 에너지를 가진다. 그러나 많은 실험 후 베타선의 전자는 연속적인 에너지 분포를 갖는다는 것을 알게 되었다. 이는 베타선의 전자는 0 바로

표 5.1 안정한 납으로 끝나게 되는 붕괴 사슬

핵	$^{238}U_{92}$	$^{233}Th_{90}$	$^{234}Pa_{91}$	$^{234}U_{92}$	$^{230}Th_{90}$
반감기	51×10^{9} 년	24.1 일	1.18 분	2.5×10^{5} 년	8×10^{4} 년
붕괴되는 선	α	β, γ	β, γ	α	α, γ
핵	$^{226}Ra_{88}$	$^{222}Rn_{86}$	$^{218}Po_{84}$	$^{214}Pb_{82}$	$^{214}Bi_{84}$
반감기	1,620 년	3.82 일	3.05 분	26.8 분	19.7 분
붕괴되는 선	α, γ	α	α	β, γ	β, γ
핵	$^{214}Po_{84}$	$^{210}Pb_{82}$	$^{210}Bi_{83}$	$^{210}Po_{84}$	$^{206}Pb_{82}$
반감기	1.7×10^{-4} s	19.4 년	5 일	1.38 일	안정
붕괴되는 선	α	β, γ	β	α, γ	

Note: 핵 이름의 오른쪽 하첨자(subscript number)는 원자 번호 Z를 나타내며 핵 내부의 양성자의 수이다. 왼쪽 상첨자(superscript number)는 질량수(양성자와 중성자 수의 합)를 나타낸다. 반감기는 초기의 핵의 절반이 붕괴되는 시간이다.

위의 에너지를 가지거나 최대치 바로 밑의 에너지 어떤 값을 가질 수 있다는 것을 의미한다. 핵의 하나의 명백한 에너지 상태에서 다른 상태로 전이하는데 어떻게 이것이 일어날 수 있단 말인가? 자포자기의 심정으로 Niels Bohr는 핵에서는 에너지 보존 법칙이 깨진다는 것을 제안하였다. 1930년 유명한 물리학자 Wolfgang Pauli 는 물리학자들의 대회에 해법을 제안하는 편지를 썼다. 그는 지금까지 검출된 적이 없는 전기적으로 중성인 두 번째 입자[**역주:** 첫 번째 중성입자는 중성자]가 전자와 함께 방출된다는 것을 제안하였다. 전자가 최대치보다 더 작은 에너지를 가지고 출현할 때는 나머지 에너지는 이 새로운 입자가 가져간다고 생각하였다. 그는 이 생각이 다소 확실하지 않은 개념이라고 인정하였지만 도박꾼들이 이길 수 있는 유일한 것이었다. 사실상 파울리는 이 개념을 확신을 가지고 내세운 것은 아니었기 때문에 단지 편지로 쓰고자 하였으며 논문으로 출판하기를 바라지는 않았다. 그는 이 입자를 *neutron* 이라고 명명하였다. 누구나 알고 있는 중성자(neutron)가 발견된 후 누군가가 Enrico Fermi 에게 Pauli 의 neutron 과 다른 neutron의 차이가 무엇이냐고 물었을 때, 페르미는 Pauli의 neutron은 "leetle neutron(거머리 neutron), neutrino" 라고 말했으며, 그 이후로 그것은 중성미자가 되었다.

5.3 페르미의 약 상호작용

질문이 있다: 전자와 중성미자의 근원은 무엇인가? 핵이 한 원소에서 다른 원소로 변함에 따라 어떻게든 전자가 핵으로부터 나오게 된다. 핵은 양성자와 중성자로 이루어져 있다고 설명될 수 있는데, 그 안에 또 전자가 있다니 무슨 말인가! 페르미의 답은 원자가 빛을 방출할 때 광자가 발생하는데 똑같이 전자와 중성미자도 핵에서 가능한 에너지로

생성된다는 것이다. 광자 방출의 경우 전자기 상호작용에 기인하지만, 전자와 중성미자의 방출은 무엇에 해당하는가? 페르미의 답은 새로운 상호작용이 있다는 것이었다.

1933년 페르미는 새로운 기본 상호작용인 약 장(약한 상호작용)을 창안하였다. 그림 5.1a에 페르미의 상호작용을 그림으로 나타내었다. 이것은 그림 4.1a에 보여준 전자기 상호작용과 비교된다. 그림 4.1a에서는 공간상의 점에서 전자가 어떤 상태로부터 다른 상태로 전이될 때 광자가 나타나며 커플링(coupling) 세기 e 가 있다. 그림 5.1a에서는 공간상의 한 점에서 어떤 상태에 있는 중성자가 다른 상태에 있는 양성자로 전이될 때 전자와 중성미자가 나타난다.(전자기 과정(electrodynamic process)에서 전자가 반전자인 양전자와 함께 방출되는 것과 유사하게 전자와 함께 방출되는 입자를 반중성미자라고 부르기로 한다.) 연관된 커플링 세기는 페르미 상수, G_F로 주어지는데, 페르미는 이를 베타 붕괴의 붕괴율(rate)로부터 결정하였다. 광자의 방출을 기술하는 이론은 그림 4.1과 4.2에서 보여준 것처럼, 다른 과정에도 적용할 수 있다. 그림 4.1b는 광자가 흡수되는 시간 반전(time reversal)이다. 유사하게 페르미 이론에 의하면

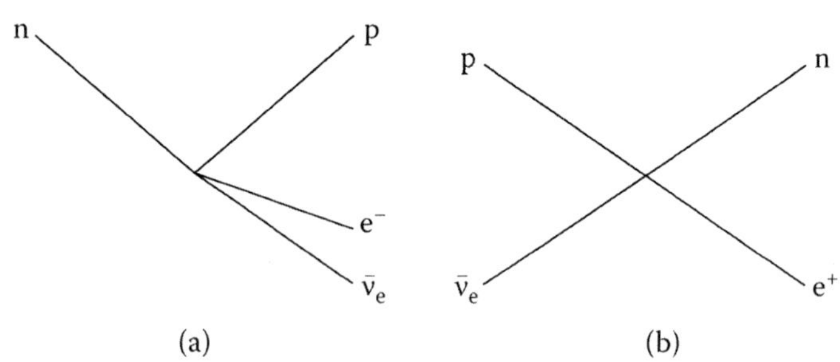

그림 5.1 (a) 베타 붕괴 과정에 대한 그림: 중성자는 양성자, 전자, 반중성미자의 합이다. (b) 중성미자 상호작용에 대한 그림: 반중성미자와 양성자의 합은 양전자와 중성자의 합이 된다.

다른 과정 특히 그림 5.1b에 표현된 반중성미자의 흡수, 즉 반중성미자가 물질과 상호작용하는 비율(rate)에 대한 예측도 할 수 있다.

G_F 값을 알면 이 상호작용에 대한 단면적(cross section) 즉, 비율(rate)을 계산할 수 있게 된다. 그 결과는 극히 작은 값이다. 베타 붕괴를 통해 백만 개의 반중성미자가 지구상에 도달하면 아마도 그 중 하나 정도가 지구 속에서 상호작용하고 나머지는 그냥 통과하여 다른 쪽에서 나타날 것이다. 파울리의 입자는 결코 관측되지 않을 것이 명백하다. 그림 5.2는 중성미자에 의한 유사한 과정을 보여준다.

그림 5.2a의 붕괴 과정은 표 5.1에서의 붕괴 과정처럼 자연적인 방사능 원소에서는 관측되지 않았다. 그러나 양전자가 방출되면서 붕괴하는 새로운 동위원소가 핵 충돌의 결과로서 실험실에서 생성되었다. 이는 인공적 방사성이라고 언급되는데, 이렌 졸리오 퀴리와 그 남편 프레드릭 졸리오 퀴리에 의해 실험실에서 발견되었다. 이 공로로 그들은 1935년 노벨 화학상을 수상하였다. 그러나 불행하게도 그의 어머니인 마담 퀴리는 노벨상 수상 2달 전 세상을 떠났다. 양전자를 방출하는 동위원소는 실용성이 매우 많은데 특히 의학에 많이 사용된다.

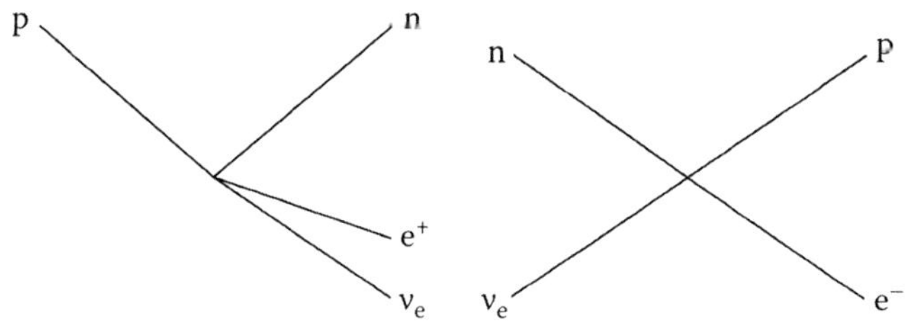

그림 5.2 그림 5.1에 나타난 것과 유사한 그림이지만 반중성미자가 아닌 중성미자를 포함하고 있다. (a) 양성자는 중성자, 중성미자, 양전자가 된다. (b) 중성미자와 중성자의 합은 양성자와 전자가 된다.

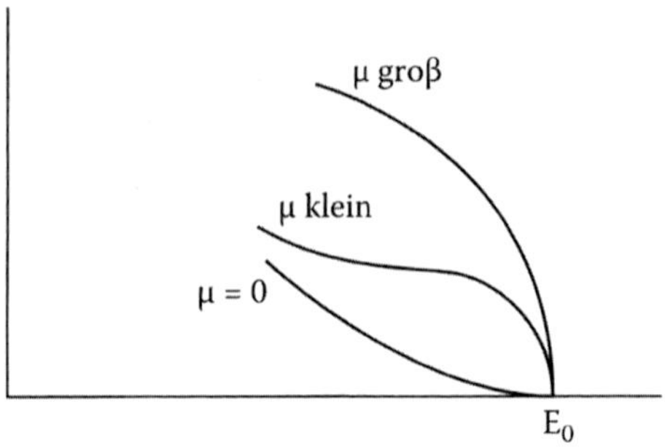

그림 5.3 중성미자의 질량에 대한 스펙트럼 의존성에 대한 페르미의 예측. (페르미의 "Versucheiner theorie der postrahlen-An attempt of a theory of beta radiation" *Z. Phys.* 88 (1934), fig.1, 171 에서 허가 하에 발췌함.)

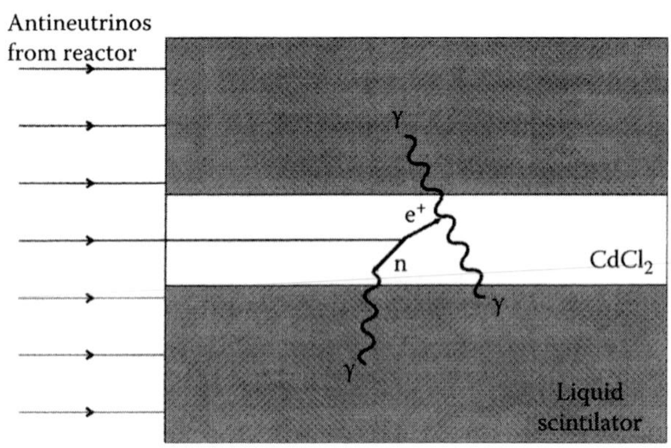

그림 5.4 Reine 의 실험기구를 설명하는 그림. 중성자, n 이 카드늄(Cd)의 핵에 의해 붙잡히게 되며, 마지막 3개의 감마선이 액체 신틸레이터(scintillator)에 의해 검출된다.

페르미는 그의 이론을 사용하여 전자의 연속 스펙트럼을 계산하고 그것이 "중성미자의 정지 질량이 0 이거나 전자의 질량보다 훨씬 더 작다면" 실험치와 일치한다는 것을 알게 되었다. 페르미의 원 논문에서 발췌한 그림 5.3은 중성미자가 질량을 가지는 경우 스펙트럼에 대한 그의 예측이다. 최근에야 비로소 중성미자의 질량이 0 이 아닌 매우 작은 값이라는 증거를 발견하게 되었다. 파울리의 편지가 쓰여진 지 25년이 지난 후 1955년 즉, 파울리가 죽기 2해 전, Fred Reines 와 Clyde Cowan 은 그림 5.4에서 설명한 반중성미자를 검출하였다. 수많은 기술적인 발전과 더불어 특히 원자력발전소가 가능하게 된 핵분열의 발견이 있었기에 이러한 검출이 가능해졌다. 핵반응로(reactor)는 극히 방사성이 큰 동위원소(중성자가 많은)를 많이 생산해 내었으며, 따라서 많은 반중성미자가 발생되었다. 위에서 보았듯이 반중성미자 상호작용은 양전자와 중성자를 생성한다. 양전자는 실험실에서 전자와 충돌하여 소멸되면서 두 개의 감마선이 방출되는 반면에, 중성자는 핵에 의해 붙잡히게 되는데, 핵은 들뜬 상대로 전이하게 되며 감마선을 방출한다. 이처럼 3 개의 감마선이 검출되는 자체가 반중성미자를 확인하는 유일한 방법이다. 이렇게 40년이 지난 후에야 중성미자가 검출되어 Fred Reines가 노벨상을 받게 되었다.

상상 속에서나 존재할 것 같았던 중성미자는 기본 물리학의 첨단으로 점점 중요하게 되었으며, 태양이나 폭발하는 별로부터 나온 중성미자는 천문학에서 특유한 통찰(insight)을 제공해왔다. 중성미자에 대한 놀라운 이야기가 파드(part) C 의 주제이다. 중성미자는 물질을 구성하는 것과는 전혀 무관한 최초의 기본 입자이지만, 더 많은 것들이 뒤따르게 되었다.

5.4 핵의 힘과 유가와(Yukawa)의 파이온(pion)

1935년에 Hideki Yukawa는 원자 내 핵에서 양성자와 중성자를 함께 묶어둘 수 있는 강한상호작용에 관한 힘을 제안하였다. 페르미처럼 그는 전자기 상호작용과 유사성을 찾으려고 하였다. 전자와 양성자 사이의 상호작용에서 양성자는 전자에 도달하는 전기장을 생성하고 이에 따라 인력이 작용한다고 생각할 수도 있다. 이것은 4장의 그림 4.3b 와 유사하게 가상 광자(virtual photon)를 포함시켜 설명할 수 있다. 유가와(Yukawa)는 양성자가 양의 전하의 어떤 장(field)을 생성하면서 중성자로 바뀔 수 있다고 제안하였다. 이 장이 중성자에 도달되면, 중성자는 양성자로 바뀌게 되는데 이런 과정들이 중성자와 양성자 사이의 인력에 대한 설명이다. 이 장과 관련된 하전된 입자가 있을 수 있는데, 이를 파이온(pion)이라고 부르게 되었다. 이 가상 파이온(virtual pion)은 그림 5.5a에서처럼 점선으로 표현되어 있다.

문제는 만일 이 파이온을 광자와 같이 질량이 없다고 가정하게 되면 힘은 거리의 제곱에 반비례하는 함수로 즉 $1/r^2$ 에 따라 변하게 될 것이다. 그러나 중성자와 양성자 사이의 힘은 극히 짧은 영역에서만 작용하므로 거리에 따라 급격히 감소해야 한다. 이것은 중성자와 양성자가 그처럼 핵내에서 가까이 있을 수 있다는 것을 설명하기 위해 필요한 것이다. 유가와(Yukawa)는 이 장과 연관된 입자는 질량을 가져야 한다는 것을 발견한 것이다. 질량이 더 커질수록 상호작용거리(range)는 더 짧아진다. 측정된 핵의 크기를 설명하기 위해서는 가상파이온의 질량은 전자 질량의 약 200배가 되어야 하며, 즉 이는 약 양성자 질량의 10분의 일 정도 여야 했다.[10]

중성자, 양성자 및 파이온이 연결되는 정점이나 커플링(coupling)에서, 광자가 전자에 의해서 방출되는 것처럼, 양성자나 중성자가 충분한 에너지가 주어진다면 파이온이 만들어지는 것이 가능해야 한다. 그림 5.5b는 양성자와 중성자 사이의 충돌의 결과로 생기는 파이온의 생성을 설명하는 그림이다. 그러한 충돌은 에너지 Mc^2 을 얻기 위해 매우

---

10 상호작용거리와 파이온 질량 사이의 관계는 부록 5장에 논의한다.

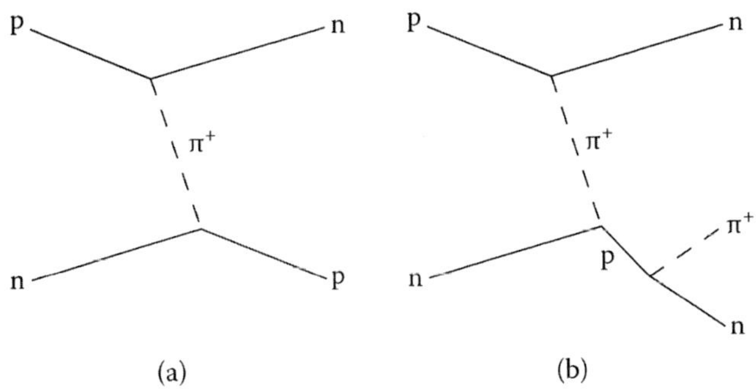

그림 5.5 (a) 하전된 파이온을 통한 양성자-중성자 상호작용 (b) 양성자-중성자 상호작용에서 파이온의 생성

격렬해야 한다. 여기서 M은 파이온의 질량이다. 싱크로사이클로트론이 개발(1950년대)되기 전에는 이러한 충돌을 관찰할 수 있는 유일한 곳은 우주선(cosmic ray (외부 천체에서 지구 대기권으로 들어오는 고에너지 양성자로 구성된)) 이었다. 그러한 충돌이 직접 관찰되지 않았지만, 우주선을 연구하는 물리학자들은 전자와 양성자 사이 질량 값을 갖는 하전된 입자를 발견하였다. 따라서 유가와(Yukawa)의 파이온은 1937년에 발견된 것처럼 보였다.

5.5 뮤온: 누가 그것을 명하였던가?

더 많은 측정이 진행됨에 따라 이 입자는 붕괴하여 전자를 생성한다는 것이 알려졌다. 그러나 문제가 생겼다. 이 입자는 핵과 강한 상호작용을 하지 않은 것처럼 보였다. 이 입자가 강하게 생성된다면[**역주:** 강한상호작용으로 생성된다면] 그것은 또한 강하게 흡수되어야 했다.[**역주:** 강한상호작용에 의해서 다른 것으로 변해야 한다는 뜻] 그 답은 피레네 산맥 위에서 핵 건판을 사용하여 얻어진 사진으로부터 찾을 수 있었다. 관찰된

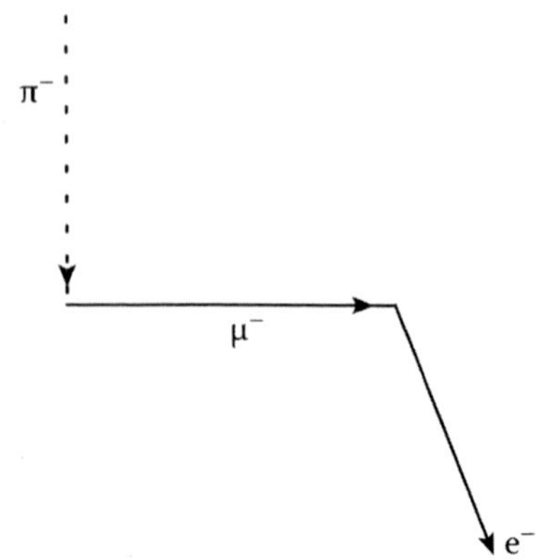

그림 5.6 1947년 피레네 산맥에서 우주선을 연구하며 관찰된 사건(event)의 형태.

사건(event)의 형태는 그림 5.6에 있다. 입사되는 비적(track)은 실제로 파이온이다. 이 파이온은 멈추고 다시 새로 하전된 입자로 붕괴한다. 또 이 새로운 입자는 멈추고 전자로 붕괴한다. 이 새로운 입자는 전에 관찰된 적이 있다. 파이온은 대기권에서 생성되자마자 곧 붕괴하기 때문에 해수면(sea level)에서 관찰된 입자는 이 새로운 입자이며 파이온보다 훨씬 더 오래 살아남는다.

그렇다면 이 새로운 입자는 무엇인가? 유가와(Yukawa)는 파이온이 있어야 한다고 말하였지만 유명한 물리학자인 I. I. Rabi는 "이 새로운 입자를 누가 주문했는가?" 라고 물었다. 그것은 하전(charged)되었고 전자처럼 강한 상호작용을 하지 않았지만 전자 질량의 수백 배나 되는 질량을 가졌다. 아마도 전자의 큰 형제로 여겨질 수도 있을 것이다. 이것은 뮤온으로 명명되었고 보통 그리스어 μ 로 쓴다.

그림 5.6을 살펴보면, 멈춘 점에서 파이온으로부터 뮤온이 출현하는 것을 볼 수 있지만 운동량이 보존되어야한다는 관점에서 무엇인가 생성되어야 하는데 아무 것도 생성되지 않았다. 이때는 파울리가 그 생

성될 입자가 "중성미자"야 라고 외칠 수는 없었다.[**역주:** 왜냐하면 이때는 중성미자가 발견되지 않았기 때문이다] 즉, 파이온은 뮤온과 중성미자로 붕괴한다.

5.6 뮤온 중성미자: 아무 것도 아닌 새로운 것

Reines 의 실험 후 이 중성미자가 검출이 될 수 있을지 하는 질문이 생겼다. 양성자 고에너지 빔(beam)을 생성하는 가속기가 개발됨에 따라 이 양성자들과 핵의 충돌에 의해 수많은 파이온이 만들어지게 되었다. 그 다음 Mel Schwartz는 파이온이 붕괴함에 따라 Reines 이 행했던 것처럼 한 다발의 중성미자를 얻게 되었고 그들의 상호작용을 연구할 수 있다는 것을 밝혔다.

1962년 Brookhaven National Laboratory에 있는 Cosmotron 가속기에서 실험이 행해졌다. 상호작용이 관찰되었으나 Reines 실험에서는 어떠한 전자도 나오지 않았으며, 오히려 상호작용에 의해 뮤온이 생성되었다. 이것은 아마도 뮤온이 전자의 새로운 형제인 것처럼 중성미자의 다른 형제인 새로운 형태의 중성미자였다. 뉴욕 타임즈는 다음과 같이 대서특필하였다. "물리학자들은 아무 것도 없는 새로운 것을 발견하였다(Physicists Discover a New Kind of Nothing)."

이제 이 두 중성미자는 ν_e(전자 중성미자)와 ν_μ(뮤온 중성미자)로 구분된다. 두 번째 중성미자 발견의 공로로 Schwarz, Jack Steinberger, Leon Lederman은 1988년 노벨상을 받았다. 왜 Reines가 첫 번째 중성미자로 노벨상을 받기 전에 그들이 먼저 두 번째 중성미자로 노벨상을 받았는지는 설명할 길이 없다.

5.7 이상한 입자

1950년 우주선(cosmic ray)을 관측하는 구름 상자(cloud chamber)에서 V 입자가 관측되었다고 발표가 있었다. 관측된 것은 V가 상하 거꾸로된 것처럼 보였는데 두 개의 비적으로[**역주:** 비적은 입자의 검출기에서 궤적이다] 된 것이었다. 한 비적은 양성자이고 또 다른 것은 음의 파이온이었다. 나중에 이것은 그리스어 Λ가 글자 모양이 영문 V자가 거꾸로 된 것이기 때문에 lambda 입자라고 부르게 되었다. 이것은 양성자와 음으로 하전된 파이온으로 붕괴되는 중성 입자이다. 만일 이 붕괴가 강한 상호작용의 결과라면 붕괴 시간은 극히 짧을 것이다. 따라서 그들은 생성되자마자 붕괴될 것이다. 그러나 사실상 그들은 붕괴되기 전 구름 상자에서 3 cm 정도 이동하는 것으로 나타났다. 이는 신기한 문제였다: 만일 이 입자들이 강한 상호작용에 의해 생성된 것이 아니라면 어떻게 그와 같이 많이 생성될 수 있겠는가? Murray Gell-Mann에 의해서 제시된 답은 이 입자들이 약한 상호작용에서는 깨지지만 강한 상호작용에서는 보존되는 새로운 하전 형태 전하(charge) (S 라고 표시한다)를 갖는다는 것이다. 특히 lambda는 S = −1 이다. 이 경우 lambda는 강한 상호작용에서 S = +1 을 갖는 다른 입자와 함께 생성될 수 있다. 마침내, 1954년 Brookhaven Cosmotron에서 파이온의 빔(beam)을 이 빔을 잘 검출하는 구름상자 검출기에 보냄으로서 앞의 생성과정을 연구하는 것이 가능하게 되었다. lambda와 더불어 두 개의 파이온으로 붕괴되는 두 번째 입자(kaon이라고 부르는)가 생성되었다. 의심할 여지없이 kaon은 S = +1 값을 가졌다. 이러한 새로운 형태 전하(charge) S 는 strangeness 라 부르게 되었는데 lambda 와 케이온(kaon) 이 바로 이 기묘 입자(strange particles)입자이다.

입자들은 두 가지 형태로 분리된다. 첫째, 경입자(lepton)가 있는데 이들은 강한 상호작용을 하지 않으며 여기에 속한 입자들은 전자와 뮤온과 그리고 두 개의 중성미자이다. 다른 부류는 강한 상호작용을 하는 강입자(hadron)라고 부르며 양성자, 중성자, 람다, 파이온, 케이온(kaon)이 여기에 속한다. 1950년대가 흘러감에 따라, 더 새로운 형태의 하드론들이 발견되었다. 입자의 차트들이 만들어졌고 원소의 주기율표처럼 보이기 시작했다. 이 "입자 동물원"을 이해할 수 있는 어떤 하부조직이 있을까?

CHAPTER 6

겔만의 쿼크와 함께

6.1 쿼크(quark)이론의 기원

1950년대 초 싱크로사이크로트론(synchrocyclotron)이라는 가속기를 사용하여 고정된 양성자에 파이온(pion) 빔을 산란시키는 실험들이 진행되었다. 그 결과 어떤 특정 에너지에서 산란이 많이 일어난다는 것이 발견되었으며, 이는 공명(resonance)으로 알려져 있다. 고정된 원자에 광자를 산란시키는 실험에서는 정확히 원자의 여기 상태(excited state)의 에너지와 같은 광자의 에너지에서 공명이 일어났다. 본질적으로 광자는 원자에 흡수되어 여기 상태로 만들고 그 여기 상태는 빠르게 광자를 다시 내놓으면서 원래의 원자상태로 되돌아간다. 따라서 파이온–양성자 산란 실험에서는 양성자의 여기 상태가 발견되었다고 할 수 있다.

질량과 에너지 등가(equivalence between mass and energy)[**역주:** 질량을 다른 에너지로 변환할 수 있다는 원리]를 생각한다면 양성자의 질량보다 더 큰 질량을 갖는 여기된 양성자를 생각할 수 있다. 이 여기 상태는 그리스 문자 델타(Δ^{o})로 나타내며 질량은 양성자 질량의 약 1.3배이다. 음전하(negative charged)의 파이온 빔을 사용하는 첫 실험에서 만들어진 델타 입자는 전하가 중성이었기 때문에 그것을 중성자의 여기상태라 부른다. 실제로 질량은 같고 전하는 두 배인 공명이 양의 파이온 빔을 사용할 때 발견되었으며 더블 델타(Δ^{++})라 불렀다. 그 후 중성자를 표적으로 하는 실험에서는 다른 두 개의 델타(charged delta)입자, 델타 플러스(Δ^{+})와 델타 마이너스(Δ^{-})를 발견하였다.

그 후 더 많은 공명이 발견되고 이상한 입자들이 확인됨에 따라 양성자와 중성자를 구성하는 근본적인 무엇인가가 있을 수 있다는 생각이 점점 더 흥미롭게 되었다. 1964년 이것에 대한 논문 두 편이 발표되었다. 한편은 유명한 물리학자 겔만(Murray Gell-Mann)에 의한 짧은 논문이고 또 하나는 젊은 물리학자인 쯔바이그(George Zweig)에 의한 자세한 보고서 형태였다. 겔만은 그 근원적인 새로운 입자를 James Joyce의 Finnegans Wake에 나오는 명확하지 않는 구절을 따라 쿼크(quark)라 불렀고 쯔바이그는 간단히 에이스(ace)라 불렀다. 결국 겔만의 이름이 이겼다; 반면 쯔바이그는 칼텍(California Institute of Technology)에서 교수직을 얻게 되었다.

양성자와 중성자는 두 종류의 쿼크, u(up quark)와 d(down quark),로 구성되어 있다. u 쿼크는 양성자 전하의 2/3를 가지고 있고 d 쿼크는 -1/3의 양성자 전하를 가지고 있다. 양성자는 세 개의 쿼크(u,u,d)로 구성되고 중성자는 다른 조합인 (d,d,u)로 구성된다. 쿼크는 양성자 중성자와 같은 스핀 1/2을 가지고 있다. 따라서 양성자에서 d쿼크의 스핀 방향은 u쿼크의 스핀과 반대 방향이다. 중성자는 양성자 쿼크에서 u와 d를 바꾸면 된다. 이제 표 6.1에 있는 4개의 델타입자를 설명하는 것은 쉽다. 더군다나 델타의 스핀은 3/2이고 이들 스핀은 모두 같은 방향이라는 것이 발견되었다.[11] 질량에 있어서 차이는 스핀 사이의 상호작용에너지와 관련되어 있다.

파이온들은 이제 쿼크가 반쿼크와 결합된 입자로 생각할 수 있다. 반쿼크는 대응되는 쿼크 위에 bar 로서 표시한다. 예를 들면 d의 반쿼크는 $\bar{d}$ 로 표시하고 'd 바'라고 읽는다. $\bar{d}$의 전하는 d쿼크의 반대인 1/3이다. 이제 $u\bar{d}$ 결합을 생각해 보자. 이 입자의 전하는 u쿼크 전하(2/3)와 $\bar{d}$ 쿼크 전하(1/3)의 합이다; 이는 양성자의 전하와 같고 양의 파이온이라 부르고 π^+로 표시한다. 이 입자의 반대는 π^-인데 전하는 −1이고 $\bar{u}d$로 구성되어 있다.

표 6.1에서 볼 수 있듯이 전하를 가진 파이온과 더불어 중성의 파이온을 생각할 수 있다. 이 입자는 1950년에 발견되었는데, 이 중성의 파이온은 쿼크와 반쿼크가 서로 상쇄되면서 2개의 광자로 붕괴된다. 실제로 중성의 파이온이 될 쿼크 구성은 두 가지 방법이 있다: u와 $\bar{u}$,

표 6.1 강입자(hadron)의 쿼크 구성과 대략적인 질량

Symbol	Particle Name	Quark Content	Mass (MeV)
π^+	Pion	$u\bar{d}$	139.6
π^0	Pion	$d\bar{d} - u\bar{u}$	135.0
π^-	Pion	$\bar{u}d$	139.6
p	Proton	uud	938.3
n	Neutron	udd	939.6
Δ^{++}	Delta	uuu	1,232
Δ^{+}	Delta	uud	1,232
Δ^{0}	Delta	udd	1,232
	Delta	ddd	1,232

11 3개의 u쿼크들이 같은 스핀 방향을 갖는다면 파울리 배타원리를 위반하는 것처럼 보인다. 6.4절에서 설명하겠지만 이 문제는 쿼크들이 다른 색 전하(color charge)를 가지고 있다고 가정하는 QCD(quantum chromodynamics)에 의해서 해결된다.

그리고 d와 $\bar{d}$; 중성의 파이온(π^0)은 이 두 가지 결합 모두 가능하다고 생각된다. 또 다른 중성의 중간자(meson) 에타(그리스 문자 η)가 발견되었다. 에타는 다른 쿼크 결합 때문에 질량이 더 크다.

표 6.1에 사용된 질량 단위는 입자 물리학자들 사이에는 잘 알려져 있다. 하지만 이는 에너지 단위(eV; electron volt)를 잘 못 사용하는 것이다. 이러한 잘못은 아인슈타인 공식 $E = mc^2$ (여기서 c는 빛의 속도)에서 출발한다. 엄격히 말하자면 양성자의 질량은 $938.3 MeV/c^2$으로 표현해야 한다. 여기서 eV는 1 V 전압 하에서 가속되는 전자가 얻는 에너지이고, M은 백만 단위를 의미한다. 따라서 양성자 질량은 $938{,}300{,}000 eV/c^2$이고 이는 1.67×10^{-37}kg에 해당한다. 이는 엄청나게 작은 질량이다. 보통은 c^2을 빼고 기본 입자의 질량을 keV = 1000 eV, MeV = 1,000,000 eV, 혹은 GeV = 1,000,000,000 eV로 표현한다.

양성자와 중성자를 쿼크로 표현하면 약한 상호작용은 정점(vertex)에서 d와 u 쿼크가 전자와 반전자 중성미자로 연결되는 것이다. 그림 6.1에서는 d쿼크가 u 쿼크로 변하면서 중성자가 양성자로 바뀌는 것을 나타낸다. 비슷하게 정점(vertex)에서 d, u 쿼크가 뮤온과 반뮤온 중성미

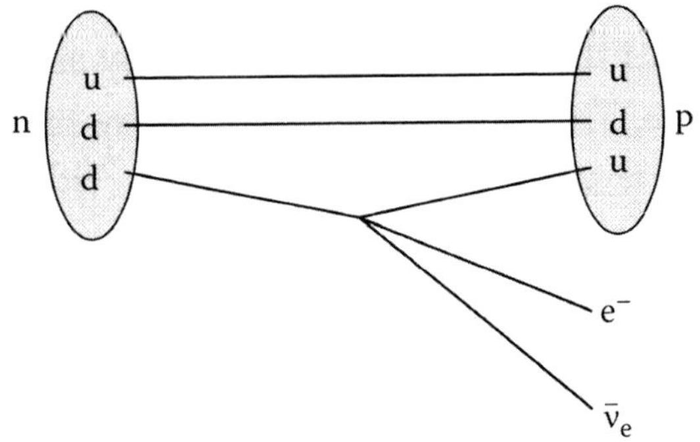

그림 6.1 중성자 붕괴를 나타내는 쿼크 전이(transition) 다이어그램

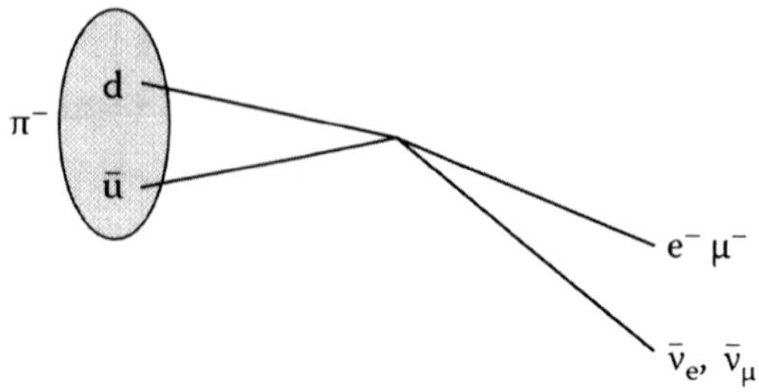

그림 6.2 하전된 파이온(charged pion) 붕괴를 나타내는 쿼크 전이 다이어그램

자와 연결될 수도 있다. 이것에 의해 바로 파이온(pion) 붕괴를 설명할 수 있다. d 쿼크가 u 쿼크로 가는 대신에 d 쿼크가 다가오는(coming) 반 u쿼크와 연결되어 전자와 반전자 중성미자나 뮤온과 반뮤온 중성미자를 만들어 낼 수 있다. 이는 그림 6.2에 나타내었다. 나중에 설명하겠지만 사실 파이온이 전자로 붕괴되는 것은 뮤온으로 붕괴되는 것보다 잘 일어나지 않는다.

기묘입자(strange particle)를 설명하기 위하여 S = −1, 전하 = −1/3인 세 번째 쿼크 s가 필요하다. 람다 입자(Λ)는 sud쿼크들로 이뤄진다. u와 d쿼크는 사실 질량 차는 거의 없고, s쿼크는 d, u쿼크보다 훨씬 무겁다. 이 때문에 람다입자가 양성자 중성자보다 훨씬 무겁다. suu(Σ^+)나 sdd(Σ^-) 쿼크로 된 입자는 람다 입자보다 질량이 약간 더 크다. 또한 sud쿼크 조합은 Σ^0를 만든다. S = −1을 갖는 케이온(kaon)은 $s\bar{u}$와 $s\bar{d}$의 조합으로 되어있다. 기묘입자(strange particle) Λ와 Σ는 파이온을 방출하면서 양성자나 중성자로 약하게 붕괴한다. s쿼크를 u쿼크로 변하게 하는 약한 상호작용은 9장에서 설명한다.

더 많은 실험이 실행됨에 따라 S = −2인 입자가 나타나게 되었다. 이들은 xi[ksi 혹은 sai로 발음]로 부르고 그리스문자 Ξ로 표기한다. 따라서 $\Lambda \to p + \pi^-$ 붕괴와 비슷하게 $\triangle S = 1$을 뜻하는 Ξ^-는 약하게 (weakly) $\Lambda + \pi^-$ 로 붕괴한다. 쿼크 모델에서는 Ξ^-는 s와 d쿼크로 만들어진다. 또한 $\Lambda + \pi^0$로 붕괴하는 Ξ^0도 있다. 세 개의 쿼크로 구성된 입자들은 강한 상호작용을 하고 중입자(baryons)라고 부른다. 예를 들면 기묘도가 다른 중입자는 그림 6.3에 나타내었다. Λ와 Σ는 양성자나 중성자보다 약 20% 더 무겁다. 그리고 Ξ는 약 40% 더 무겁다. 이는 s쿼크가 u, d쿼크보다 어느 정도 더 무겁다는 것에 의해서 설명된다. 쿼크의 가설이 제안되기 전에도 알려진 입자를 체계화하여 S = -3인 상태의 입자가 예견되었다. 1963년 브룩헤번(Brookhavcn)연구소에서 일하는 물리학자들이 약하게(weakly) Ξ와 π으로 붕괴 입자를 발견하였다. 이 입자의 생성과 붕괴를 살펴보면 이 입자는 S =

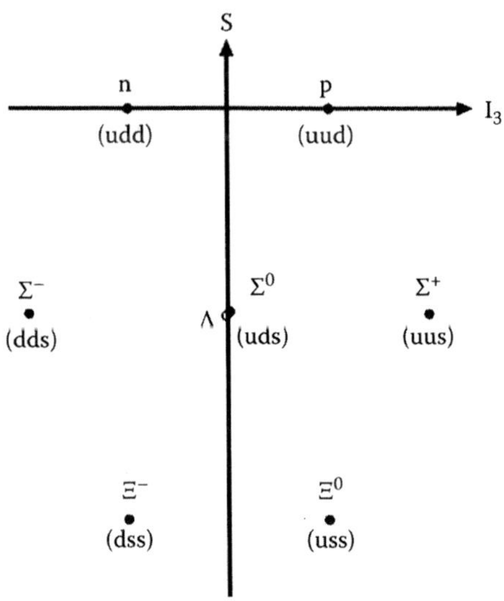

그림 6.3 스핀1/2 중입자(baryon)의 쿼크 구성도. 수직축은 기묘도(strangeness)S이다. 여기서 중입자는 주어진 S에 대해 가장 가벼운 것을 나타내었다. 수평축 I_3는 u쿼크수(number of u quarks) 빼기 d쿼크 수에 비례한다.

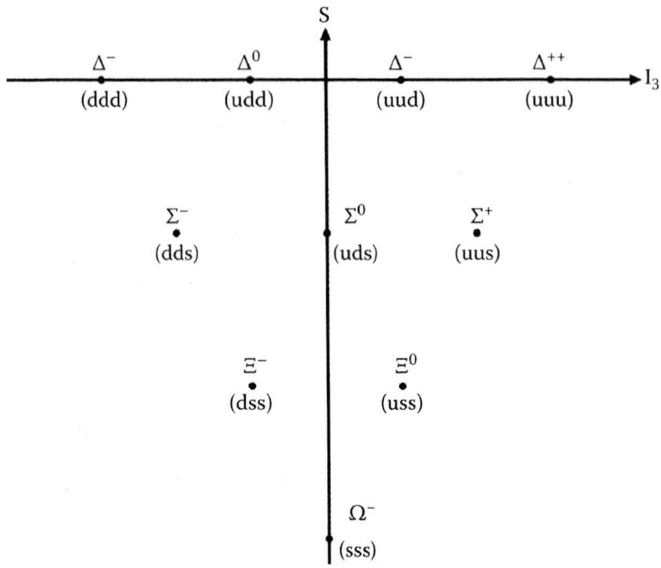

그림 6.4 스핀 3/2 중입자의 쿼크 구성도.

−3이라는 것을 알 수 있었다. 이것은 쿼크모델에서 명백하게 예측된 것처럼 세 개 의 s쿼크로 된 S = −3 입자라는 것을 알 수 있다. 이 입자는 단지 두 개의 s쿼크로 된 Ξ 입자보다 더 무거웠다. 그리고 s쿼크가 u쿼크로 변하는 붕괴가 일어났는데, 이 입자는 오메가 마이너스(Ω^-)로 불리웠다.

그림 6.4는 스핀 3/2인 10개의 가벼운 중입자들에 대한 쿼크 구성을 보여준다. 이 그림에서 S는 기묘도(strangeness content)를 나타낸다. 관례적으로 $\bar{s}$ 쿼크는 S = +1 이고 s쿼크는 S = −1이다. 그림 6.4에 있는 Σ와 Ξ 중입자들은 같은 쿼크로 구성되었고 같은 이름으로 그림 6.3에도 있지만 더 높은 각운동량과 더 큰 질량을 갖는다.[12]

---

12 보통 책에서 같은 문자 Σ와 Ξ 로 표기되지만 다른 입자는 질량 값으로 차이를 나타낸다.

6.2 11월의 한 주말: 매혹(charm) 입자 발견

캘리포니아에 있는 스텐포드 선형가속기 센타(Stanford Linear Accelerator Center : SLAC)에서 고에너지 전자와 양전자를 충돌시켰다. 이 전자기 상호작용[**역주:** 전자-양전자 충돌은 전자기 상호작용 때문이다]의 결과로 전자–양전자가 동시에 사라지면서 여러 가지 반응이 나타났다: 충분한

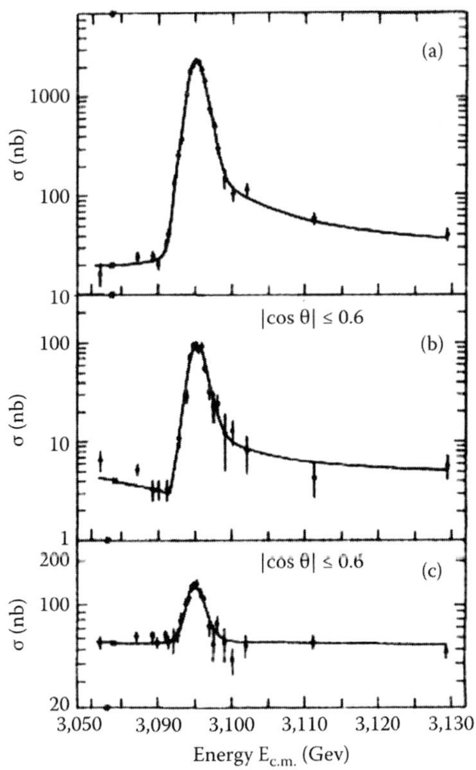

그림 6.5 총에너지 3.05GeV와 3.13GeV 사이에서 총에너지에 대한 e^+와 e^- 충돌 산란 단면적

예를 들면 스핀 3/2인 Σ는 Σ(1385)이고 스핀 1/2인 Σ는 Σ(1193)로 표기된다.

에너지가 주어지면 뮤온 한 쌍, 혹은 파이온 한 쌍, 케이온 한 쌍, 혹은 파이온이나 케이온 심지어는 양성자-반양성자 쌍이 나타나기도 한다. 이러한 여러 반응에 대한 생성율(단면적(cross section)이라 부름)은 충돌 에너지가 증가됨에 따라 점차 커졌다.

1974년 11월 한 주말에 실험 물리학자들은 전에 약간 이상한 현상을 보였던 충돌 에너지를 중심으로 충돌에너지를 아주 잘게 쪼개서 실험을 살펴보기로 하였다. 그들은 그림 6.5에서처럼 어떤 특별한 충돌 에너지에서 아주 큰 단면적을 발견하였다. 이것은 어떤 새로운 입자가 생성되어 뮤온이나 강입자(hadron 파이온이나 케이온)들로 붕괴하는 것처럼 보였다. 이 새로운 입자의 질량은 그 충돌에너지에 해당된다. 이 새로운 입자는 무엇이었을까? 월요일 아침 이 새로운 뉴스가 퍼짐에 따라 학자들이 다양한 내용으로 설명을 하였다. 하지만 u, d, s의 쿼크-반쿼크로 이루어진 입자로는 새로 생성된 입자의 질량이 너무 커서 이 새로운 입자를 설명할 수 없었다.

따라서 그 새로운 입자는 기존 쿼크보다 더 무거운 4번째 c쿼크와 반c쿼크로 구성된 입자라고 해석되었다. 이 상태는 전문가들에 의해서 $c\bar{c}$ 로 알려졌다. 이 쿼크와 반쿼크가 결합된 새로운 입자의 질량은 c쿼크 질량의 두 배보다 조금 적어서 스스로 c쿼크와 반c쿼크로 분리될 수는 없었다.[**역주:** 붕괴되기 전의 에너지가 붕괴된 후 입자의 에너지보다 작기 때문

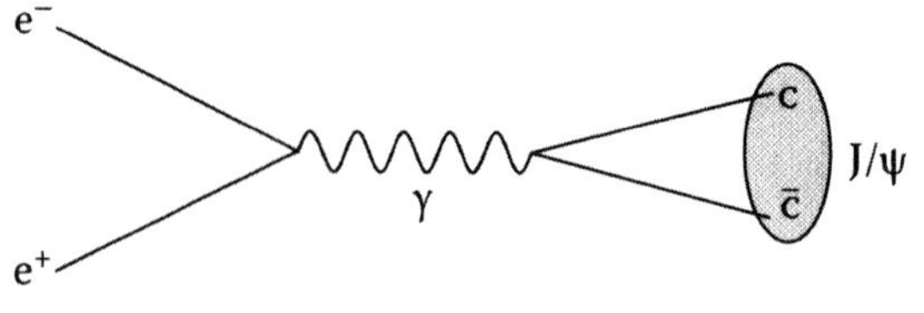

그림 6.6 c쿼크와 $\bar{c}$ 쿼크의 구속상태(bound state)를 만드는 e^+e^- 충돌의 쿼크 다이어그램

이다] c쿼크의 전하는 u쿼크 전하와 같이 +2/3이다. 이 새로운 입자는 그리스어 Ψ(psi)로 표기하고, 전자기 상호작용을 통하여 뮤온으로 붕괴하거나 강한 상호작용을 통하여 빈번하게 파이온(π)나 케이온(K)붕괴한다. Ψ는 전자기 상호작용에서 만들어지는데 이 과정은 그림 6.6에 나타냈다. c쿼크와 반c쿼크는 가상 광자에 결합되어 Ψ입자가 만들어지므로 Ψ는 스핀 1을 갖는다.

동시에 국립 브룩헤븐 실험실(Brook Haven National Laboratory: BNL)에서는 표적 핵에 양성자 빔을 사용하여 이 새로운 입자를 만듦으로서 그 입자의 존재를 확인하였다. 이 입자의 발견에 대한 공로로 1976년 BNL에서 일하는 Sam Ting과 SLAC의 Burt Richter가 공동으로 노벨상을 수상하였다. 두 그룹은 그 입자에 대한 이름을 서로 다르게 불렀기 때문에 가끔 J/Ψ(jai−psi로 부름)로 표기하기도 한다.

이 입자의 특성을 계산하는데 있어서 $c\bar{c}$ 입자의 어떤 구속력을 가정하고 c쿼크의 큰 질량 때문에 비상대론적 양자역학을 사용하는 것이 가능해졌다. $c\bar{c}$ 입자는 스핀 1인 여기 상태도 있을 수 있고, 이러한 상태는 실제 전자-양전자충돌에서 발견되었다. Ψ'로 표기된 이 상태는 붕괴하면서 두 개의 파이온을 방출하고 Ψ로 된다. 점차 이런 상태들의 모든 입자가 예측되었고 발견되었다. 이것은 40년 전에 있었던 원자와 분자에 대한 발견과정과 매우 비슷하다. 매혹 입자를 예측하는데 많은 역할을 한 쿼크 모델 덕분에 모든 사람들이 쿼크의 존재를 믿기 시작하였다.

또한 c쿼크와 $\bar{u}$ 쿼크나 c쿼크와 $\bar{d}$ 쿼크로 된 구속 상태가 있다; 이들은 D^0나 D^+로 부르고 이들의 반입자는 $\overline{D^0}$와 D^-이다. c쿼크는 기묘도(strangeness)와 비슷하게 매혹(charm)이라는 종류의 전하를 가지고 있어서 전자기 상호작용이나 강한 상호작용에서 c 쿼크와 $\bar{c}$ 쿼크가 함께 생성되어야 할 것이다. 이러한 예측에 따라 $e^+ - e^-$ 충돌에서도

D^+와 D^- 쌍이나 D^0와 $\overline{D^0}$쌍을 발견할 수 있을 것이다. 이는 실제로 Stanford에서 에너지를 $2m_c c^2$ 이상 높이자 관측되었다. 여기서 m_c는 매혹 입자의 질량이다.

6.3 러더퍼드(Rutherford) 산란 실험의 또 다른 형태

스텐포드(Stanford)의 Robert Hofstadter는 수년 동안 양성자에 대한 전자 산란을 연구하였다. 처음에는 상대적으로 낮은 에너지에서 실험할 수 있는 순수한 탄성 산란실험부터 시작하였다. 이 실험은 충돌 후 최종 상태가 충돌 전 상태인 전자와 양성자만 있는 상태와 같은 실험이다. 그러나 실험 결과는 양성자가 점입자라 가정하고 예측한 값과 차이가 있었다. 이는 양성자를 점입자가 아닌 어떤 크기를 갖는 입자로 보아야 한다는 결론에 이르게 되었다. 더 높은 에너지의 충돌에서는 최종 상태에 전자와 양성자(혹은 중성자)뿐 아니라 얼마간의 파이온들이 포함되는 비탄성 충돌이 일어난다. 왜 어떤 전자들은 큰 각도로 산란 하는지를 이해하는 과정에서 Bjorken과 Feynman은 양성자 내에 어떤 알갱이들이 있어서 전자가 이들과 충돌하면 큰 각도로 산란될 수 있다는 것을 알게 되었다. 실제로 데이터는 전자들이 양성자내 u와 d쿼크와 충돌한 결과와 잘 맞아 떨어졌다. 러더퍼드의 알파입자 산란(Alpha scattering) 실험으로부터 원자내부를 볼 수 있었던 것처럼 전자와 양성자의 산란 실험을 통해 양성자 내부를 들여다 볼 수 있는 계기가 되었다.

6.4 양자 색역학(quantum chromodynamics)

앞서 언급하였듯이 쿼크 이론은 여러 다양한 현상들을 분석하는데 아주 유용한 이론임을 물리학자들은 알게 되었다. 그러나 중요한 문제가 계속 남아있었다. 지금까지 그 누구도 쿼크 한 개만을 독립적으로 직접 관측할 수 없었다. 양성자나 전자 전하의 1/3 혹은 2/3의 전하를 갖는 입자를 찾는 여러 실험이 있었으나 아무도 성공하지 못하였다. 이런 이유 때문에 쿼크 모델을 사용했던 사람도 실제 쿼크가 있느냐에 대하여 의심을 가지고 있었다. 1972년 Gell-Mann은 그의 강의에서 쿼크는 가상의 물체일 수 있다고 언급함으로서 그가 의심을 하고 있다는 것을 내보였다.

보다 근본적인 질문은 양성자나 중성자 같은 입자들 속에서 쿼크들이 어떻게 상호작용하면서 갇혀 있느냐는 것이었다. 쿼크들이 강한 상호작용하는 입자들이라면, 강한 상호작용이 쿼크 사이에서 일어날 것이다. 다수의 사람들에 의해서 개발된 쿼크 사이 상호작용에 관한 이론은 양자 전기역학(QED)과 유사하였다. 쿼크는 장(field)을 만드는 어떤 것을 가지고 있고, 이러한 장과 관련된 유사한 입자는 광자(photon)였다. 이 입자는 쿼크를 서로 결합하는 역할을 하므로 글루온(gluon)이라 하였다.

양자 색역학은 양자 전기역학(quantum eletrodynamics: QED)과 중요한 차이점들이 있다. 양자 색역학에는 3종류의 전하(charges)가 있다. 예술적 감각을 가진 한 물리학자가 색의 삼원색을 따라 빨강(red: R), 노랑(yellow: Y), 그리고 초록(green: G)[13]으로 그 전하에 이름을 붙였다. 그 전하는 색으로 부르고 그에 관한 이론은 양자 색역학(quantum chromodynamics: QCD)으로 부르게 되었다. 전기적으로 중성인 광자와 달리 글루온은 색 전하(color charge)를 가지고 있다. 한편 양성자와 중성자는 세 개의 쿼크들의 색, 즉 R, Y, G들이 합하여 중성(neutral)

13 삼원색은 실제로 빨강, 노랑, 파랑인데, 이름을 붙인 물리학자가 잘못 명명하였다. 하지만 입자물리학자는 그냥 그걸 전하 이름으로 생각한다.

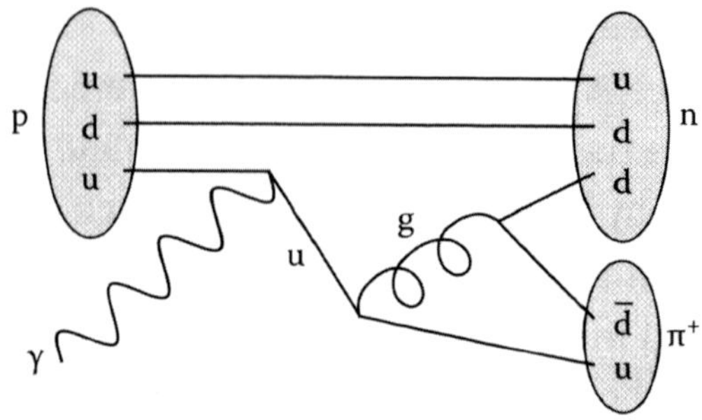

그림 6.7 쿼크 수준에서 파이온의 광생성 다이어그램. 문자 γ, g, p, 그리고 n은 각각 들어오는 광자, 글루온, 양성자, 그리고 중성자를 나타낸다. 광자와 글루온에 대한 선이 다르다는 것에 주의하시오.

혹은 백색(color white)의 조합을 이루므로 어떤 색 전하를 가지고 있지 않다. 비슷하게 파이온은 색 R을 가진 쿼크와 R 반대색($\overline{R}$)을 가진 쿼크가 결합하므로 색 전하가 없다. QED와 QCD사이의 가장 중요한 차이점은 두 쿼크(혹은 쿼크와 반쿼크 사이)사이에 작용하는 힘이 쿼크 사이의 거리가 멀어질수록 더 커진다는 점이다. 따라서 양성자에 있는 한 쿼크를 다른 쿼크로부터 떼어내려면 엄청난 에너지가 필요하므로 떼어낼 수 없다. 그림 6.7에서처럼 양성자내의 한 쿼크가 엄청난 양의 광자 에너지를 흡수한다면 그 에너지는 새로운 쿼크-반쿼크 쌍을 만드는데 이용될 것이다; 반쿼크는 양성자의 쿼크와 결합하여 파이온을 만들고 새로 만들어진 쿼크는 다시 양성자나 중성자를 형성할 것이다. 따라서 결국 양성자가 광자를 흡수하여 파이온이 만들어지게 된다. QCD에 의해 왜 우리가 자유로운 쿼크를 발견할 수 없는지 그 이유를 설명할 수 있다. 쿼크들은 중성인 입자 안에 구속되어 있다. 이러한 쿼크들의 구속을 QCD로 설명한 공로로 David Gross, David Politzer 및 Frank Wilczek는 2004년 물리분야 노벨상을 받았다. 글루온 또한 색 전하를 가지고 있기 때문에 결코 자유로운 글루온을 발견할 수 없다. 유일한 자유 입자는 중성의 색전하(no net color charge)[**역주:** 여기서 색은 일반적인 색을 뜻하는 것이 아니라 어떤 입자의 특성을 뜻함]를 갖는 입자들 뿐이다.

6.5 젯(Jets)

QCD에서 가장 어려운 문제 중의 하나는 정량적인 계산을 어떻게 하는가이다. 양성자의 질량을 세 개의 쿼크에서 시작하거나 혹은 파이온의 질량을 쿼크와 반쿼크로부터 시작하여 정확히 계산하는 것은 거의 불가능하다. 왜냐하면 강한 상호작용은 너무 강하여 입자 내에 가상 글루온들이 있을 수 있기 때문이다. 수소원자에서 QED의 경우를 보면 가상 광자가 있어서 약간 영향을 미치지만 이런 것은 이미 1940년대에 계산하였고 관측되었다. 반대로 QCD에서 강한 상호작용의 가상 글루온에 의한 효과는 매우 커서 엄청 큰 컴퓨터를 가지고도 간신히 대충 계산되는 정도이다.

QCD 예측에 따르면 충돌 에너지가 커지면서 상호작용 세기는 줄어든다(별첨 2 참조). 따라서 섭동이론(perturbation theory)과 파인만 다이어그램(Feynman diagram)을 사용하면 높은 에너지 상호작용의 계산이 가능하다. 그림 6.7에서처럼 쿼크에 주어진 에너지는 모두 충돌 후 방출되는 파이온을 만드는데 사용된다. 에너지가 엄청 높으면 많은 수의 파이온이 만들어질 것이다. 쿼크에 주어진 에너지와 운동량은 모두 많은 수의 파이온에 나누어 전해진다. 그러나 이들 파이온들이 각각 다른 방향으로 움직이는 것 같으나, 이들 모두를 합하면 거의 쿼크의 운동 방향으로 움직인다. 이 결과를 쿼크 젯(quark jet)으로 부르고 이런 젯을 발견한다면 쿼크 수준에서 상호작용을 기술할 수 있다.

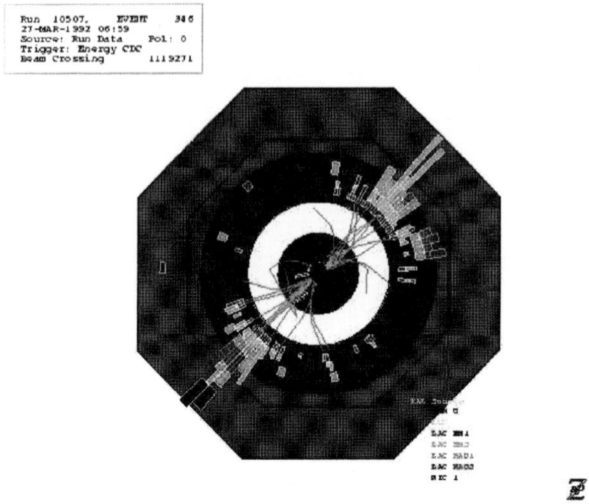

그림 6.8 양전자와 전자가 만나 두 개의 감마선으로 변하는 반응의 SLAC에서 사진. (SLAC 국가 가속기 실험소의 호의. 허가를 받음)

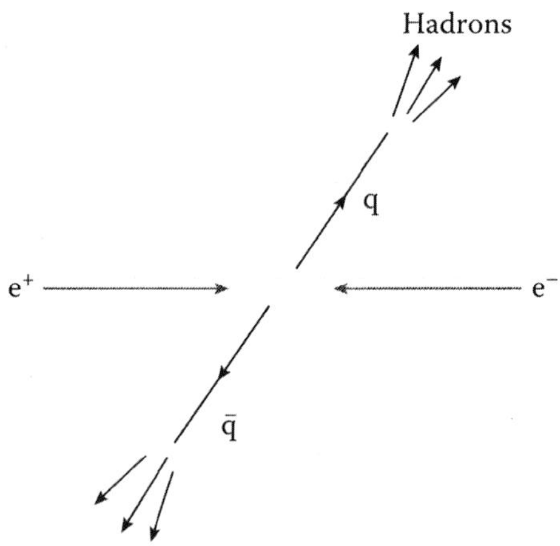

그림 6.9 쿼크와 반쿼크를 생성하는 전자-양전자 충돌의 도식적 그림

높은 에너지의 전자-양전자 충돌에서 두 개의 젯이 그림 6.8에서처럼 서로 반대 방향으로 관측된다. 기본 상호작용은 전자-양전자가 충돌하여 전자기 상호작용에 의해 쿼크와 반쿼크 쌍이 그림 6.9에서처럼 생성되는 것이다. 두 젯의 각 분포와 산란 단면적은 그림 6.9에 근거한 계산과 잘 일치하였다. 그림 6.7에서처럼 방출되는 쿼크는 글루온들을 만들어내고 글루온들은 다시 쿼크-반쿼크쌍을 만들어낸다. 이런 상호작용에서 자유로이 방출되는 입자들은 모두 젯 구성체의 일부인 파이온처럼 색전하(color charge)가 없는 경우들이다. 에너지가 높으면 그림 6.7에 있는 하나의 파이온과 반대로 젯은 많은 파이온으로 구성된다. 글루온도 높은 에너지인 경우 쪼개져 많은 파이온으로 구성된 젯을 만들 수 있다. 이런 경우에는 3개의 젯이 관측된다. 이런 3개 젯의 경우는 그림 6.11에서처럼 독일 함부르크에 있는 DESY 실험실에서 처음 관측되었다. 이 반응의 젯들의 각도 분포는 QCD에 의한 계산 결과와 일치하였

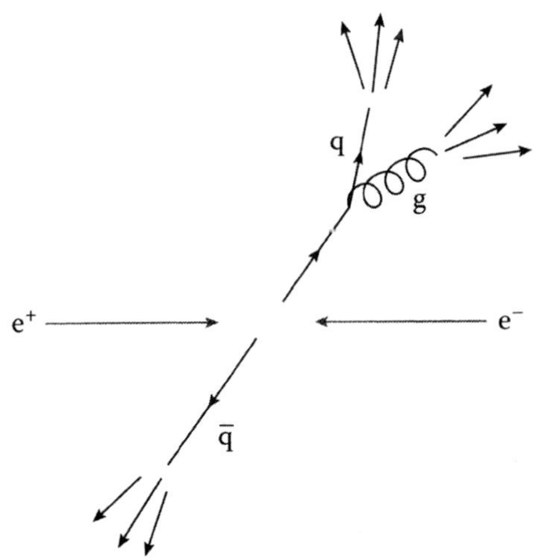

그림 6.10 쿼크와 반쿼크 그리고 글루온을 생성하는 전자-양전자 충돌의 도식적 그림

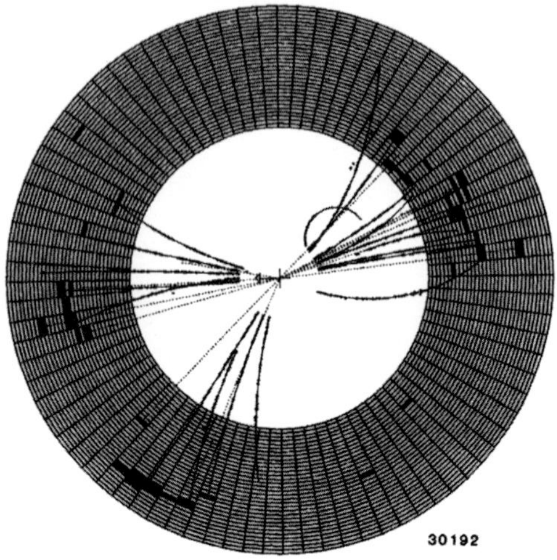

그림 6.11 DESY 3-젯트 반응 그림(DESY의 그림, 허가를 받음)

다. 이는 QCD의 큰 성과물 중의 하나이다. 더 많은 실험에 의해 지금까지 자유로운 쿼크 하나를 독립적으로 발견하지는 못하였지만, 여러 강 상호작용 결과를 이해하는데 있어서 쿼크는 필요 불가결한 것임을 알 수 있었다.

노트(NOTES)

❶ Gell-Mann, *Quarks lecture at Eleventh Meeting on Nuclear Physics at Schladming,* February 21 to March 4 (CERN preprint TH1543,1972).

CHAPTER 7

아름다운 대칭성 발견과 사라짐

고대부터 사람들은 물체에서 대칭성과 어떤 패턴을 알았다. 첫 번째 예는 별로 시작한다. 도시 복판의 불빛 속에서 사는 사람들은 별로 가득 찬 밤하늘의 아름다움을 보지 못한다. 고대에는 마지막 불이 꺼졌을 때 하늘을 가로질러 여행하고 있는 별들을 볼 수 있었다.

고대 그리스 사람들은 지구가 크리스탈(crystal) 구에 의해 둘러 싸여 있다고 생각하였다. 별들은 이 크리스탈 구에 박혀있고 전체 크리스탈 구가 하루에 한 번씩 회전한다고 생각하였다. 각 별의 궤적은 완벽한 원을 그린다. 그러나 이러한 대칭성은 5개의 별에 의하여 깨지는데 이들 5개 별은 다른 별 주위로 움직이기도 하고 심지어 때로는 다른 별과 반대로 돌기도 하였다. 이들은 그리스어로 방랑자의 뜻을 갖는 행성(planet)이라고 부른다. 이들의 이름은 신의 이름을 따서 수성(Mercury), 금성(Venus), 화성(Mars), 목성(Jupiter), 그리고 토성(Saturn)이다.

16세기경 니콜라스 코페르니쿠스(Nicolas Corpernicus)는 이 대칭성을 개선하려고 노력하였다. 비록 고대 그리스 시대에 몇몇 사람들에 의해 이미 제안되었지만 그는 태양이 중심이고 지구는 중심이 아니라고 주장하였다. 지구는 다른 5개 행성들처럼 태양 주위를 도는 6번째 행성이었다. 행성이 가끔 뒤로 도는 것은 단순히 지구가 그 행성을 빠르게 통과하여 그 행성이 뒤로 가는 것처럼 보이는 것뿐이었다.

6개의 행성이 태양 주위를 돌고 있다는 코페르니쿠스의 구상은 관측과 정성적으로는 일치하였으나 정밀하게 비교하지는 못하였다. 1600년대 초반 요하네스 케플러(Johannes Kepler)는 Tycho Brahe에 의해 그 시대에 가장 정밀하게 측정되었던 데이터를 가지고 태양 주위를 도는 행성의 실제 궤적을 결정하고자 하였다. 그 결과 그가 발견한 것은 행성들의 궤적이 원이 아니고 타원이라는 것이었다. 아이작 뉴턴(Issac Newton)은 타원 궤도가 만유인력법칙에서 유도 된다는 것을 보여주었다. 타원 궤도의 자세한 모양은 수억년 전에 주어졌던 초기 조건에 의존한다.

뉴턴의 법칙은 태양과 행성 사이 거리에만 의존한다; 이는 방향과는 무관하다. 이를 두고 우리는 만유인력 법칙이 회전 대칭성을 가졌다고 이야기한다. 완벽한 대칭성은 행성의 궤적에서 발견되는 것이 아니고 기본 법칙에서 발견된다.

또 다른 흥미로운 대칭성은 왼쪽–오른쪽 대칭성 즉 거울 대칭성이다. 이 대칭성은 19세기 젊은 Louis Pasteur에 의해 결정을 가지고 연구되었다. 그 당시에 선형 편광된 빛을 시계방향으로 회전 편광시키는 주석산 결정이 있었다. 결정 내부에 회전 방향을 결정하는 무엇인가가 있었다. 한편 겉모습은 같은 결정같이 보이지만 회전 편광을 시키지 않는 결정도 일부 있었다. 이 두 번째 결정은 두 가지 다른 특성의 결정이 섞여있다는 것이 Pasteur에 의해 밝혀졌다. 하나는 첫 번째 결정처럼 시계방향 회전 편광특성이고 또 다른 두 번째 결정은 반시계방향 편광특성 결정이다. 이런 두 가지 특성의 결정은 서로 거울상과 같은 특성을 가졌다.

이런 거울상과 같은 대칭성을 기술적으로 패리티(parity)라고 부른다. 이는 분자와 결정을 형성하는데 작용하는 전자기 상호작용의 대칭성이다. 이런 전자기 작용 때문에 분자들 속의 원자들이 어떤 특정 방향의 회전특성을 갖게 만드는 것이 가능하고 분자 속의 원자들이 반대 회전특성을 갖게 만드는 것 또한 가능하다. 이런 두 가지 분자는 같은 결합에너지(binding energy)와 여기 상태(excited states)를 가지기 때문에 동일하게 보인다.

페르미(Fermi)는 전자기 상호작용을 모델로 하여 약한 상호작용에 관한 이론을 제안하였다. 그는 그 결과 약한 상호작용도 패리티 대칭성을 보였다. 그런데 정말 놀랍게도 1957년 패리티 대칭성이 약한 상호작용에서 깨질 수 있다는 사실이 알려졌다.

회전특성(handedness)에 대한 가장 유명한 예는 모든 생물체의 화학 구조에서 찾아볼 수 있다. 생물체의 기본 단위는 왼손잡이 회전특성(left-handed)을 가지는 DNA이다. 오른손 방향의 회전 특성 DNA를 합성하는 것이 실험실에서는 가능하지만, 아직까지 지상에서 그런 생물체는 발견되지 않았다. 이에 대한 가장 그럴싸한 이유는 태초에 처음 유전자가 만들어질 때 우연히 왼손잡이 회전 특성을 가지게 되었고 이런 사건이 수억년 전에 딱 한번 발생했다는 것이다. 이런 생물체의 회전특성을 약한 상호작용의 패리티 깨짐으로 설명하려했으나 지금까지도 어떤 신뢰할만한 모델은 없다.

완벽한 대칭성과 대칭성 깨짐은 아원자(subatomic) 입자에 대한 이론과 이들의 실제 적용에 큰 영향을 미친다. 앞에서 이야기한 것처럼 우리 주위 세계에서는 이러한 대칭성이 직접 뚜렷하게 보이지 않으나, 근본 바닥은 대칭성을 근간으로 되어있다. 다음 절에서는 물리학자들이 어떻게 대칭성의 개념을 이해하고 적용하는지 설명하고자 한다.

7.1 불연속적 대칭성과 연속적 대칭성

대칭성이란 어떤 대상 혹은 객체에 연산(operation)을 가했을 때 변화가 없이 똑 같은 경우를 말한다. 이럴 때 우리는 그 대상 혹은 객체가 대칭에 대하여 불변이라고 말한다. 예를 들면 사각형의 한 면에 연직인 축에 대하여 180° 회전해도 같은 모습이므로 이 사각형은 180° 회전에 불변이다. 정삼각형은 삼각형 면에 연직인 축에 대하여 120° 혹은 240° 회전에 대하여 불변이라고 말한다. 연산의 집합을 수학적으로 군(group)으로 표현하고, 독립적 연산들의 수는 군의 원소(element) 수가 된다. 180° 회전의 경우는 두 가지 군의 원소를 갖는다. 하나는 180° 회전이고 하나는 하나도 회전을 안하는 경우이다. 180° 회전을 두 번 하면 원래와 같이 되고, 120° 회전은 3 가지 군의 원소를 갖는다. 이러한 조작을 두 번 연속하는 것은 이들 두 원소의 곱으로 표현 하는데, 그 결과는

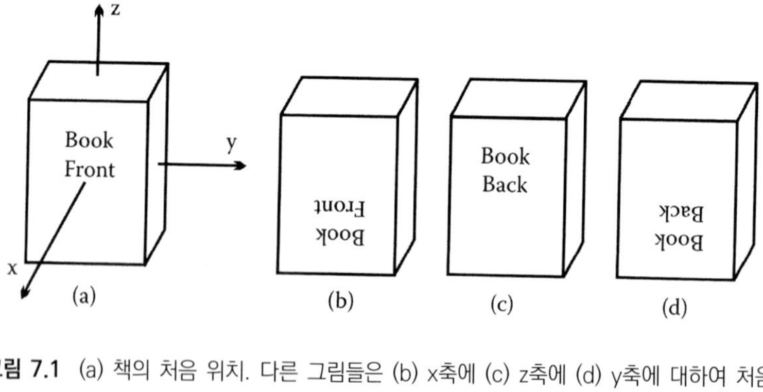

그림 7.1 (a) 책의 처음 위치. 다른 그림들은 (b) x축에 (c) z축에 (d) y축에 대하여 처음 책을 180도 회전 후 나타낸 것이다.

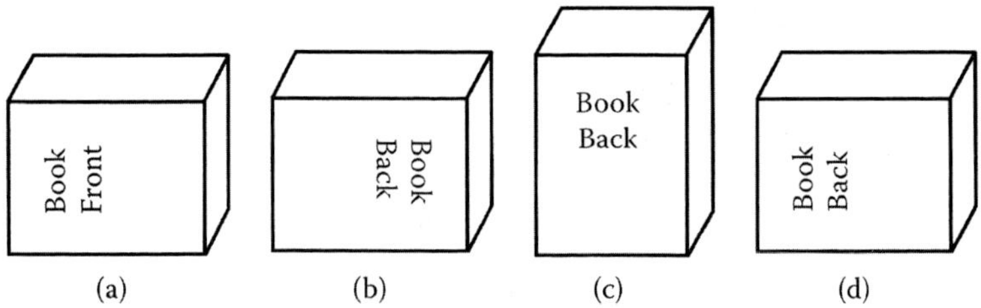

그림 7.2 (a) 책을 x축에 대하여 90도 회전 후 책의 위치를 나타낸 그림이고, (b) 책을 x축으로 90도 회전 후 z축에 대하여 180도 회전된 책의 위치를 나타낸 그림이다. 그림 (c), (d)에서는 똑 같은 회전을 순서를 바꿔서 한 결과를 나타낸 그림들이다.

군의 또 다른 원소 하나와 같다.

우리는 이것을 3차원으로 확장시킬 수 있다. 따라서 한 상자가 있다면 상자의 각 면에 수직한 하나의 연직 축을 정의할 수 있고, 이들 각 축에 대한 회전을 그림 7.1처럼 생각할 수 있다. 입방체(cube)의 경우에 이들 축에 대한 90°도 회전에 대하여 대칭성이 있다. 이 경우에 흥미로운 것이 있는데 그림 7.2를 보자. 군의 두 원소를 곱한다면 즉 두 원소에 해당하는 회전을 연달아하면 회전의 순서에 따라 결과가 다르게 나온다. 따라서 그림 7.2(b)와 그림 7.2(d)는 같지 않다. 군의 원소 A와 B를 곱하는데 A×B와 B×A는 같지 않다. 군의 이런 특성을 비아벨(nonabelian)이라 한다.

우리가 방금 전 이야기했던 대칭성은 유한개의 원소 혹은 연산 개수를 갖는다. 원을 생각해본다면 원의 면의 중심을 통과하는 축에 대해서는 어떤 각도의 회전에 대해서도 회전대칭이다. 이런 경우 회전 연산의 수는 무한개이고 연속적이다. 이는 무한개의 원소를 갖는 연속 군으로 생각할 수 있다. 다시 앞에서 이야기한 것처럼 15° 회전 원소 곱하기 10° 회전 원소는 25° 회전 원소가 된다.

마지막으로 3차원 공간에서 모든 회전 연산에 대한 집합을 생각해보자. 구는 중심을 지나는 축의 모든 회전에 대하여 대칭이다. 물리의 기본 법칙은 이러한 대칭에 대하여 불변이다. 이것은 물리법칙이 어떤 특정 방향이 다른 모든 방향에서와 다르지 않고 모든 방향에서 똑 같이 성립한다는 것을 뜻한다. 이러한 대칭성은 우주를 지배하는 물리 법칙에 존재한다는 뜻이지, 우주에 존재하는 어떤 특정 물체에 존재한다는 것이 아니다. 예로 태양 주위 원형 궤도를 도는 지구를 생각해보자. 이는 궤도면의 연직인 중심축에 대하여 대칭이나 궤도면에 존재하는 다른 축에 대해서는 대칭이 아니다. 확실하게 대칭축이 존재하나 이는 태양계가 형성될 때 우연히 만들어진 것이지 만유인력 법칙에 어떤 특정 대칭축이 있다는 것이 아니다.

물리 법칙의 불변성(invariance)을 기술하는 한 방법은 기준계(reference frames)이다. 공간에서 어떤 물체의 위치를 이야기할 때 그림 7.3에서처럼 어떤 임의의 원점으로부터 3방향으로 거리를 측정하여 위치를 나타낼 수 있다. 물체의 운동과 이 운동과 관련된 상호작용은 기준계에서

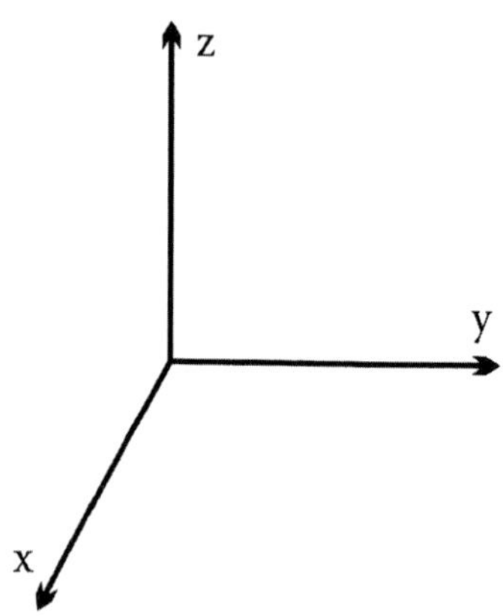

그림 7.3 3차원 공간에서 기준 좌표계

기술된다. 회전과 관련된 불변성은 물리법칙이 기준계로 세 개의 어떤 연직 축을 잡아도 변하지 않는다는 것이다. 또한 기준계의 원점의 이동에 대한 불변성도 있다; 이것은 공간 병진에 대한 불변성이라 부른다. 물리 법칙은 티베트에서 측정하거나 뉴욕에서 측정하거나 똑 같다는 것이고 우리는 먼 우주에서 측정해도 똑 같을 것이라고 믿는다. 아인슈타인은 이 기준계에 대한 불변성을 움직이는 기준계에 적용하여 상대성이론을 이끌어냈다.

대칭성과 보존 법칙 사이에는 아주 깊은 관계가 있다. 이는 1882년 태어난 수학자 Emmy Noether에 의해 처음 알려졌다. 예를 들면 공간에서 회전에 관한 대칭성은 각운동량 보존법칙, 공간 병진에 대한 대칭성은 선운동량 보존 법칙과 관련 있다. 또한 시간 좌표에 대한 병진과 관련된 대칭성은 에너지 보존 법칙과 관련되어 있다.

7.2 거울 대칭성: 패리티(parity) P

페리티 대칭성은 모든 방향에서 역전(reversal)을 해도 변하지 않는 불변성이다. 기준계의 모든 좌표를 거꾸로 해도 즉 역전을 해도 불변이라는 것이다. 회전 대칭성이 있다고 했을 때 패리티는 그림 7.4처럼 왼쪽 회전과 오른쪽 회전을 서로 바꾸는 것이다. 이것은 거울에서 반사와 같다. 패리티 연산은 P로 표현된다. 전자기, 강한(strong), 중력 상호작용 모두 패리티 연산(opration) 하에서 불변이다.

고전 물리학에서 소립자는 크기(dimension)가 없다. 따라서 소립자의 거울상을 이야기 할 수 없다. 그러나 소립자를 장이나 파동함수로 기술하는 양자 세계에서는 그렇게 간단하지 않다. 패리티 연산 하에서 파동함수나 양자장은 그 자체에 마이너스만 곱하면 변환할 수 있다. 이 경우에 우리는 그 소립자 혹은 입자는 P = −1을 가졌다고 말한다. P

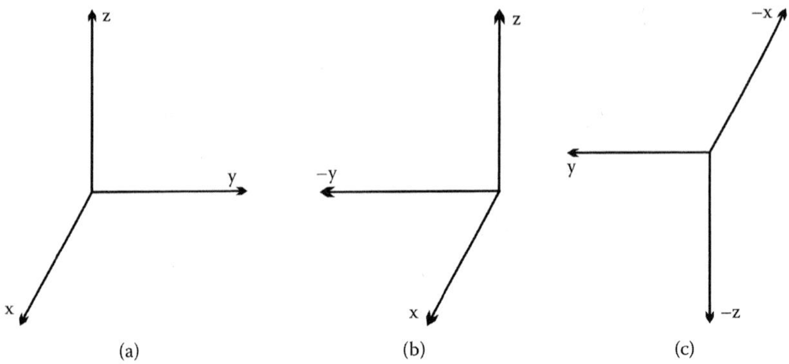

그림 7.4 (a) 기준 좌표계의 초기 위치. (b) (a)를 좌우 바꾸기(left-right symmetry)를 하여 얻어진 위치. (c) (b) 그림을 y축에 대하여 180도 회전후 얻어진 그림. 이 결과는 (a)그림을 직접 패리티(parity) 연산후(즉, 원점에 대하여 모든 좌표축을 반대로 함) 얻을 수도 있다.

= +1을 가진 입자도 있을 수 있다. 이러한 차이는 입자 물리에서 중요한 역할을 한다. QED에서 전자기 상호작용은 광자가 P = −1이라고 하면 패리티가 보존된다. 관례적으로 쿼크, 경입자, 양성자 그리고 중성자는 P = +1을 가진다고 가정한다. 스핀 1/2인 입자에 대한 디랙(Dirac) 이론에 따르면 반입자들은 입자 패리티와 반대의 값을 가져야 한다. 따라서 양전자와 반 쿼크는 P = −1을 갖는다. 처음에 패리티가 확실하게 주어지면 패리티가 보존되는 상호작용 하에서 최종 상태의 패리티는 처음 상태의 패리티와 같아야한다. 이것을 패리티 보존 법칙이라 한다.

여러 입자로 구성된 계의 패리티는 모든 입자들의 패리티를 곱하면 그 계의 패리티가 된다; 그래서 학자들은 패리티가 곱의 양자수(quantum number)라고 이야기한다. 파이온(pion)같은 쿼크−반쿼크의 바닥상태(ground state)인 입자는 반쿼크가 쿼크 패리티의 반대 값을 가지므로 P = -1의 패리티를 갖는다. 파이온에서 쿼크와 반쿼크는 서로 반대 스핀(양자수)을 갖는다. 그런데 파이온의 여기 상태인 rho−중간자에서는 쿼크와 반쿼크가 서로 평행인 스핀을 갖는다. 쿼크와 반쿼크가 모두 스핀 1/2이므로 rho−중간자의 스핀은 1이고 패리티는 계속 P = −1이다. 하지만 쿼크와 반쿼크가 서로에 대하여 회전하면서 각운동량 L을 갖는 들뜬 상태가 존재한다. 보어(Bohr)에 의해 처음 언급된 것처럼 두 입자의 각운동량 합은 L = 0, 1, 혹은 2*[각운동량의 단위 $\hbar$]를 가질 수 있다. 짝수의 L을 가지면 P = +1이고 홀수의 L은 P = −1을 갖는다.[**역주:** 양자역학의 파동함수를 참조] 따라서 각운동량 L을 갖는 쿼크−반쿼크 입자에서 L이 홀수이면 패리티는 P = +1, 짝수이면 P = −1의 값을 갖는다.[**역주:** 원래 여기 파이온 패리티는 P = -1이고 각운동량이 짝수이면 각운동량 패리티가 P = +1이므로 패리티 곱의 성질에 의해 총 패리티는 (-1)×(+1) = -1이 된다]

재미있는 예는 5장에서 언급한 적 있는 c쿼크와 $\bar{c}$ 쿼크로 된 입자이다. 원래 처음 발견된 입자는 $c\bar{c}$ 입자 중 가장 바닥상태인 J/ψ로서 rho−중간자와 비슷하게 스핀 1을 갖고 패리티는 -1이었다. 하지만 후에 L = 1, P = +1인 상태도 발견되었다.

또 다른 예는 수소원자이다. 수소원자의 바닥상태는 전자와 양성자로 구성되었고 P = +1을 가졌다. p−상태라 부르는 수소원자의 첫 번째 여기 상태는 보어 이론에서 L = 1과 P = −1을 갖는다. 이 여기 상태는 P = −1을 갖는 광자 하나를 방출하면서 바닥상태(P = +1)로 붕괴된다. 따라서 이런 붕괴에서는 패리티가 보존된다. 더구나 L = 2를 갖는 수소원자 여기 상태는 광자를 방출하면서 쉽게 L = 1인 p−상태의 수소원자로 붕괴된다. (하지만 L = 2에서 L = 1인 상태로 붕괴되지 않는다. 단지 광자가 추가적인 궤도 각운동량을 갖는다면 가능하나 이 경우는 아주 희박하다.)

패리티 보존은 두 가지 뜻을 가지고 있다. 하나는 위에서 언급한 것처럼 입자는 확실한 패리티를 갖는다는 것이고, 또 다른 것은 확실한 패리티를 갖는 입자는 붕괴 후에 최종 상태도 같은 패리티를 갖는다는 것이다. 패리티를 모르는 X라는 입자가 있다고 해보자. 이 X가 전자기 상호작용이나 강 상호작용에 의해서 붕괴하여 여러 입자의 최종상태 f_+가 되었다. 여기서 f_+의 뜻은 패리티가 +1인 최종상태라는 것이다. 예를 들어 이 최종 상태 f_+가 궤도 각운동량은 영이고 두 개의 파이온(파이온의 패리티는 -1)이라면, 궤도 각운동량에 의한 패리티는 영이므로 최종 상태 패리티는 $-1\times-1\times+1 = +1$ 인 것이다. 패리티는 강 상호작용이나 전자기 상호작용에서 보존되기 때문에 이들 상호작용에 의해서 X 입자가 f_+가 되었다면 X 입자의 패리티는 +1이어야한다. 우리는 이를 X_+로 표기할 수 있다. 이제 또 다른 f_-의 최종 상태 입자를 생각해보자. 여기서 이 최종 상태 입자의 패리티는 -1이다. 이 최종 상태 f_-가 영(zero)의 궤도 각운동량을 갖는 3개의 파이온이라면 패리티는 -1이다. 만일 패리티가 보존된다면 X_+는 이렇게 3개의 파이온으로 된 최종 상태 f_-로는 붕괴할 수 없다. 요약하면 패리티 보존에 의하면 어떤 입자도 서로 다른 패리티를 갖는 두 개의 입자로 붕괴할 수 없다. 강한 상호작용이나 전자기 상호작용에 의해서 붕괴되면 항상 이 패리티 보존법칙을 따른다.

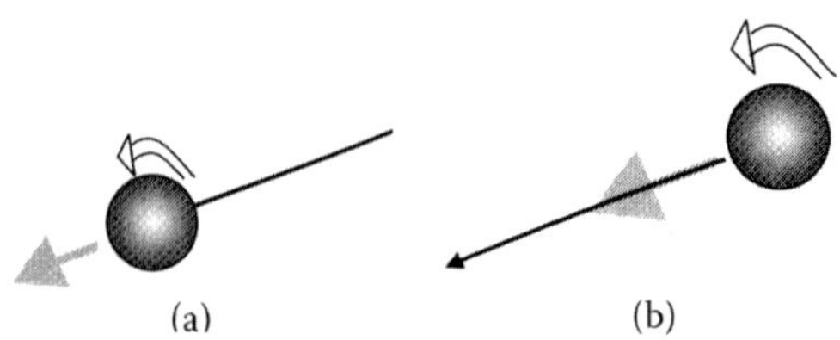

그림 7.5 (a) 음의 헬리시티 중성미자(혹은 왼손잡이). 회색으로된 스핀은 검은 색의 운동량 방향과 반대이다. (b) 패리티 연산하에서는 스핀은 그대로 있고 운동량만 거꾸로 된다. 그래서 스핀은 운동량과 같은 방향을 갖고 중성미자는 양의 헬리시티 (혹은 오른손 방향의)를 갖는다.

패리티는 방향을 바꿀 수 있기 때문에 패리티 연산을 입자에 적용하면 입자의 운동량 방향도 바뀌진다. 그러나 그림 3.1에 나타낸 것처럼 입자의 스핀방향은 패리티 연산 작용을 하여도 불변이다[노트 1]. 헬리시티(helicity)는 입자의 스핀의 운동방향 성분이다. 즉 사영(projection)이다. 패리티 연산이 입자의 스핀과 운동량에 같이 작용하면 그 입자의 헬리시티는 방향이 바뀐다고 할 수 있다. −1의 패리티를 갖는 스핀 1/2인 입자(예로 중성미자)에 패리티 연산을 하면 +1의 헬리시티를 가지게 되고, 반대로 양의 패리티를 가졌다면 -1의 패리티를 갖는 입자가 될 것이다. 이는 그림 7.5에 설명되어있다.

전자기, 강한, 중력 상호작용에서는 패리티가 보존된다. 오랫동안 사람들은 패리티가 자연의 신성불가침한 대칭성이라고 믿어왔다. 결국 왜 왼쪽은 오른쪽과 달라야 하는가? 그것은 관례의 문제가 아닌가? 그것을 단지 관례의 문제라고 생각한다면 혼자만 그렇게 생각하는 것이 아니다. 20세기 처음 반세기 동안 가장 위대한 물리학자들도 그 생각에 동조하였다. 그들은 실험적으로 또 다른 것이 증명되었을 때 무척 당황하였다. 자연은 약한 상호작용을 통해 패리티를 보존하지 않았다. 약한 상호작용에서는 패리티가 깨진다고 말한다. 1957년 8월 심리학자인 Jung(지그문트 프로이드의 옛날 친구)에게 보낸 편지에서 파울리는 "따라서 나도 그렇게 표현하고 싶은데 신(God)은 여전히 약하게 좌선성(left−handed)이다. 그럴 가능성을 올해 1월 달까지도 꿈에도 생각지 못하였다"라고 썼다.[노트 2]

1956년경 사람들은 타우−쎄타(tau−theta) 수수께끼라고 알려져 있는 다음 같은 수수께끼에 직면하게 되었다. 질량을 가진 입자가 두 개의 파이온으로 붕괴되는 입자를 위에서 f_+ 라고 언급하였다. 그리고 똑같은 질량을 가졌지만 세 개의 파이온으로 붕괴되는 입자는 f_- 라고 언급하였다. 두 개의 서로 다른 입자가 어떻게 질량이 정확히 같을 수 있는가? 혹은 모든 상식을 뛰어넘어 어떻게 패리티가 깨질 수 있는가? 이 문제는 두 매우 젊은 물리학자인 C. N. Yang 과 T. D. Lee 가 제기하였다. 그 둘은 아무도 가보지 않은 길을 용감하게 나아갔다. 그들은 패리티가 약한 상호작용에서 깨질 수도 있다는 가능성을 직접 시험한 실험을 문헌에서 찾아보고자 하였다. 그러나 아무 것도 찾지 못하였다. 그래서 그들은 타우–쎄타(tau–theta) 수수께끼에 대한 획기적인 해를 제시하였다. 패리티는 약한 상호작용에서 깨진다. 결과적으로 한 입자가 약한 상호작용을 통해 f_+ 로도 붕괴될 수 있고 f_- 로도 붕괴될 수 있다.[14] 그들은 이 가정을 시험할 몇 가지 실험을 제안하였다.

7.3 마담 WU의 놀라운 발견

Lee의 콜롬비아 대학교 동료인 Chien-Shiung Wu 는 다음 붕괴 과정에서 패리티 깨짐에 대한 실험적인 증거를 찾는 실험그룹을 이끌었다.

$$^{60}\mathrm{Co} \rightarrow {}^{60}\mathrm{Ni}^{*}\,\overline{\nu}_{e}$$

이 붕괴과정의 특성은 다음과 같다. 코발트 핵은 스핀 값이 J = 5이다. 스핀이 완전히 정렬되어 있고[15] 정렬방향에 대하여 몇 도의 각도(θ)로 몇 개의 전자가 튀어나오는지를 측정한다고 생각하자. 그림 7.6a는 이 모습을 보여준다. 이 그림에서 코발트 스핀은 회색이고 전자의 운동량

14 이 입자는 이제 하전된 케이온, K+로 알려져 있다. 그 패리티는 - 이다. 이것은 K가 생성되는 강한 또는 전자기 상호작용을 분석함으로써 결정될 수 있다. 두 개의 파이온으로의 붕괴는 패리티를 깨뜨리지만 세 개의 파이온으로의 붕괴는 패리티를 보존한다.

15 실험에서 핵을 완전히 정렬시키는 것은 매우 어려운 일이다. 열에 의하여 정렬이 깨질 수 있으므로 절대 영도의 수백분의 일까지 온도를 낮추어야 한다.

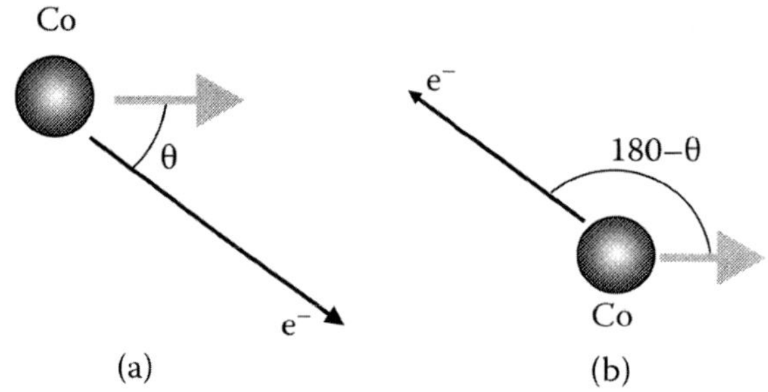

그림 7.6 (a) 코발트 스핀 방향에 대하여 90도 각도로 전자를 방출하면서 약한 붕괴하는 코발트 핵(Co). (b) 패리티 대칭 연산한 그림. 코발트 스핀은 회색이고, 전자의 운동량은 검은 색이다.

은 검은색이다. 이 상황에 패리티 연산을 하면 스핀은 변하지 않고 그대로이나 전자의 운동량은 반대로 바뀐다. 이는 그림 7.6b에 그려져 있다. 패리티가 보존된다면 앞 방향(스핀 방향에 대하여 90도보다 적은 각)으로 나오는 전자 수와 뒤 방향(스핀 방향에 대하여 90도보다 큰 각)으로 나오는 전자 수는 같아야 한다. 그러나 1957년 Wu 의 실험그룹은 뒤 방향으로 방출되는 전자가 더 많다는 것을 발견하였다. 즉 그림 7.6b의 상황이 더 많이 발견된 것이다.

거의 동시에 여러 실험들이 진행되었다. Garwin, Lederman 및 Weinrich 그룹과 또 다른 그룹 Friedman과 Telegdi그룹은 $\pi^+ \rightarrow \mu^+ + \nu_\mu$ 붕괴에 이은 $\mu^+ \rightarrow e^+ + \overline{\nu_\mu} + \nu_e$ 붕괴를 살펴보았다. 실험은 다소 복잡할 수도 있으나 모두 약한 상호작용에서 패리티가 깨진다는 것을 확인하였다.

첫 번째 붕괴 $\pi^+ \rightarrow \mu^+ + \nu_\mu$은 특히 흥미롭다. 파이온은 스핀 영을 갖고 있으나 반뮤온(antimuon)과 중성미자는 스핀 1/2를 갖는다. 각운동량 보존법칙 때문에 파이온 붕괴에서 발생된 모든 입자들은 서로 반대 스핀이어서 총 스핀이 영이어야 한다. 하나의 가능성을 그림 7.7a에 나타냈다.

또 다른 가능성은 그림 7.7b에 나타내었는데 그림 7.7a에 패리티 연산을 한 것과 같다. 두 그림사이 차이는 첫 그림의 반뮤온이 왼쪽으로 가고 두 번째 그림의 뮤온이 오른쪽으로 간다는 것이 아닙니다. 이러한 운동 방향은 단순히 7.7b를 회전하면 그림 7.7c처럼 바뀌질 수 있다. 물리는 회전에 의해서 바뀌지지 않기 때문에 그림 7.7c는 그림 7.7a의 패리티 연산이라고 볼 수 있다. 그림 7.7a와 패리티 연산된 그림(그림 7.7b, 그림 7.7c)과의 차이는 그림 7.7b든지 그림 7.7c이든지 상관없이 반뮤온의 헬리시티(helicity)가 바뀌졌다는 것이다. 똑 같이 중성미자의 헬리시티도 바뀌졌다. 그림 7.7a에서는 중성미자와 반뮤온은 음의 헬리시티를 가졌고, 패리티 연산을 한 상태에서는 양의 헬리시티를 가졌다.

만일 패리티가 보존된다면 두 가지 가능성 모두 같은 비율로 관측되어져야한다. 결과는 정말 충격적이었다. 그림 7.7a의 상황은 즉시 관측되었으나 그림 7.7c의 상황은 전혀 관측되지 않았다. 자연은 패리티를 최대한으로 깨는 편을 택했다. 한 상황은 일어나고 패리티 연산된 상황은 전혀 일어나지 않았다.

지금까지의 논의를 바탕으로 여러 물리학자들은 질량이 없다고 가정했던 중성미자에 대해 약한 상호작용에서 양의 헬리시티를 갖는 반중성미자와 음의 헬리시티를 갖는 중성미자만 포함한다고 제안하였다. 질량이 있는 입자들에 대해서는 그런 제안을 할 수 없다. 왜냐하면 질량이 있는 입자가 양의 헬리시티를 가지고 운동하고 있을 때 관측자가 그 입자보다 더 빠른 속도로 지난다면 음의 헬리시티가 되기 때문이다. 그래서 질량이 있는 입자의 경우에는 카이랄성(chirality)라는 새로운 개념으로 설명한다.[**역주:** 질량이 없는 입자의 헬리시티는 관측자의 속도에 따라 헬리시티가 바뀔 수 있지만, 실제 자연 현상에서는 그렇지 않다. 이를 설명하기 위하여 관측자의 속도가 변해도 헬리시티가 변하지 않게 회전원에 추가적인 도형 변화를 주면 이는 속도에 따라서는 바꿔지지 않고 거울에 반사되면 얻을 수 있게 된다. 헬리시티 도형: 속도에 따라 양의 헬리시티가 음의 헬리시티가 되고, 거울에 비추더라도 양의 헬리시티가 음의 헬리시티가 된다.

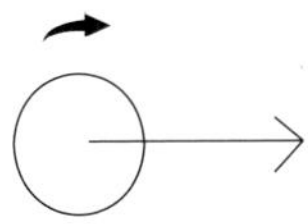

(헬리시티 도형)

카이랄성 도형: 헬리시티 도형의 원에 하나의 돌기가 있다고 생각하면 된다. 이런 경우 속도에 따라 양의 헬리시티가 음의 헬리시티가 되지 않는다. 이는 단지 거울반사로만 양의 헬리시티가 음의 헬리시티로 되는데 이런 거울반사 같은 사건은 자연에서는 일어나지 않는다.

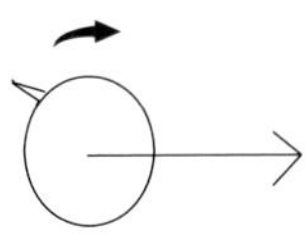

(카이럴리티 도형)

표 1 카이랄성 헬리시티 특성

	속도 변화	**거울에 반사**
헬리시티	바뀜	바뀜
카이럴리티	안 바뀜	안 바뀜

약한 상호작용에서는 단지 오른손 방향(right-handed)의 카이랄성(R)을 갖는 반페르미온(antifermion)과 왼손 방향의 카이랄성(L)을 갖는 페르미온(fermion)만 참여한다. 이는 방출된 페르미온이 mc^2 보다 큰 에너지를 가지고 있다면 이 페르미온의 (R,L) 카이랄성은 대부분

(+,−) 헬리시티에 대응된다는 것을 뜻한다. 그러나 이 페르미온의 카이랄성(R,L)이 (−,+) 헬리시티일 확률도 m^2에 비례한다.

따라서 약한 상호작용 $\pi^+ \rightarrow \mu^+ + \nu_\mu$에 관여하는 입자는 왼손 방향의 카이랄성의 페르미온과 오른손 방향의 카이랄성을 갖는 반뮤온만 있다고 물리학자들은 생각하였다. 이러한 가정이 맞는다면 그림 7.7a를 다시 생각해볼 필요가 있다. 이 그림에서 약한 상호작용을 생각하면 왼손 방향의 카이랄성을 갖는 중성미자와 오른손 방향의 카이랄성을 갖는 반뮤온이 붕괴 후에 관측될 것이다. 중성미자와 반뮤온의 질량이 영이라면 그림 7.7a에서처럼 왼손 방향의 카이랄성을 갖는 중성미자는 음의 헬리시티를 갖는 중성미자이고 반뮤온은 양의 헬리시티를 갖게 될 것이다. 그러나 그림 7.7a에서는 음의 헬리시티를 갖는 반뮤온이 있다. 따라서 뮤온의 질량이 영이라면 그림 7.7a에 있는 반응은 일어나지 않

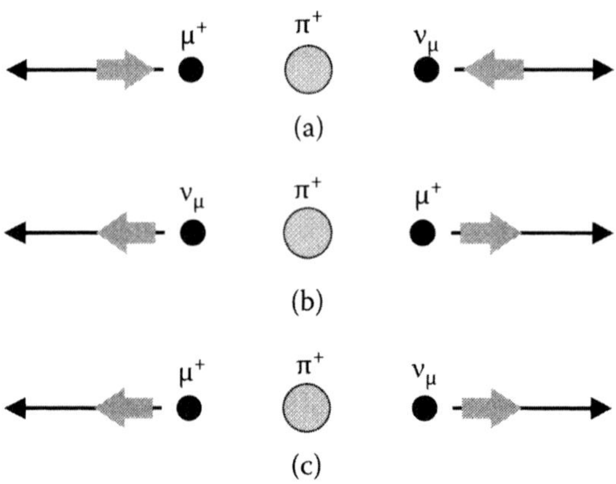

그림 7.7 (a) 파이온이 정지도니 좌표계에서 약한 붕괴하는 하전된 파이온. (b) 패리티 대칭 연산으로 운동량이 거꾸로(왼쪽으로 갔었던 반 뮤온이 이제 오른쪽으로 간다) 된 그림. (c) (b)를 180도 회전한 그림. 이는 (a)를 패리티 회전한 것으로 볼 수 있다. 스핀은 회색이고 운동량은 검은색이다. 어미 파이온(parent pion)은 반뮤온과 중성미자가 생성되고 곧 없어지므로 회색이다.

을 것이다. 즉, 뮤온과 중성미자의 질량이 영이라면 그림 7.7의 여러 가지반응 형태 모두가 가능하지 않는다. 따라서 위 붕괴는 일어나지 않을 것이다. 따라서 그림 7.7a의 반응은 반뮤온이 질량을 가져야만 일어난다. 그리고 오른손 방향의 카이랄성을 갖는 반뮤온은 질량에 비례하는 확률 진폭으로 음의 헬리시티를 갖는 반뮤온으로 관측될 것이다. 확률은 확률 진폭의 제곱에 비례하기 때문에 붕괴율 $\pi^+ \to \mu^+ + \nu_\mu$은 뮤온 질량의 제곱에 비례한다.[16]

$\pi^+ \to e^+ + \nu_e$ 붕괴 반응을 생각해보자. 이 반응도 앞의 뮤온으로 붕괴한 반응처럼 붕괴율은 전자 질량 제곱에 비례한다. 간단하게 헬리시티를 사용해 깜짝 놀랄만한 예견을 할 수 있다. $\pi^+ \to e^+ + \nu_e$ 붕괴율은 $\pi^+ \to \mu^+ + \nu_\mu$ 붕괴율보다 훨씬 적어야 한다. 두 붕괴율 사이의 비는 전자 질량 제곱을 뮤온질량 제곱으로 나눈 값 정도이다. [노트 3]실험에 의해 이런 큰 차이의 비를 확인하였다.

1957년 중반까지 물리학계에서 많은 논란을 거치면서 모두가 확실하게 패리티 깨짐을 인정하였다. 1950년과 1972년 사이에 50여 나라에서 약한 상호작용 하나만의 주제로 1,000여개의 실험 논문과 3,500여개의 이론 논문, 그리고 100여개 리뷰논문들이 쏟아져 나왔다고 Pais는 회상하였다. [노트 4] 이런 예상치 못한 발견으로 인하여 Lee와 Yang은 가장 빠르게 업적을 인정받아 1957년 노벨 물리학상을 수상하였다. 우 부인(Madame Wu)은 그렇지 못하였다.

---

16 C 절에서 중성미자가 질량을 갖는다는 증거가 제시된다. 하지만 이 질량은 너무 적어서 여기에는 적합하지 않다.

7.4 전하 공액 변환(Conjugation)에 대한 C

전하 변화는 보통 C 로 나타내는 일종의 변환(transformation)이다. 이 변환에 의해 모든 입자들은 반입자로 바뀌지고 모든 반입자는 입자로 바뀐다. 반입자는 디랙(Dirac)이 양자역학을 상대론과 통합하는 과정에서 예견되었다. 그래서 전하 변환은 고전적인 것과 유사성이 없는 순수한 양자역학적 대칭성이다. 패리티같이 전하 변환은 강, 전자기, 그리고 중력 상호작용에서 잘 맞는 대칭성을 찾을 수 있다. 이런 대칭성이 존재할 때 우리는 이를 이들 상호작용에서 C가 잘 보존된다고 말한다.

전하 변환은 입자를 반입자로 바꾼다. 전하나 중입자 수(baryon number)처럼 보존되는 양은 대응되는 반입자에서 반대 부호를 갖는다는 것을 우리는 잘 알고 있다: 여기서 두 가지 결론을 내릴 수 있다. 첫째 전하 변환이 꼭 하전 입자(charged particle)라는 특성 때문만이 아니라는 것이다. 이런 변환은 전하가 없거나(중성입자) 중입자 수 등이 없는 입자들에도 적용될 수 있다는 것이다. 즉, 단어 색전하(color charge)는 중입자 수로 바뀌져야한다. 두 번째, 하전 입자는 그들의 반입자와 다르지만 중성 입자는 그들의 반입자와 일치할 수도 있고 일치하지 않을 수도 있다.

광자와 중성의 파이온(π^o)은 그들의 반입자와 일치한다. 전자기파는 전하를 움직이면 발생하는데 전자기파는 전하 변환에 대하여 부호가 바뀐다. 그래서 전자기파의 양자인 광자는 C = −1을 갖는다. P 처럼 C 도 곱의 양자수(multiplicative quantum number)이다. π^o는 전자기적 상호작용을 통하여 3개의 광자로 붕괴되지 않고 두 개의 광자로 붕괴한다. 왜냐하면 π^o 가 C = 1이고 이 붕괴에서 C가 보존되어야 하므로

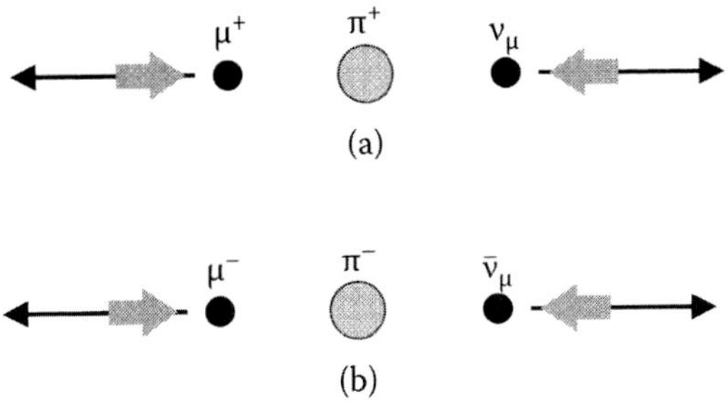

그림 7.8 (a) 파이온이 정지된 좌표계에서 양으로 하전된 파이온의 약한 붕괴. (b) 전하를 바꾸는 연산(Charge-conjugated)을 한 파이온.

두 개의 광자에 대하여 C = −1×−1 = +1 이기 때문이다.

그러나 반입자와 다른 중성의 입자들이 있다. 예를 들면 두 개의 중성의 케이온(kaon)들, K^o, $\overline{K^o}$("케이 제로"와 "케이 제로 바"로 읽는다)는 서로 반입자이다. 이는 이들의 쿼크 구성을 살펴보면 쉽게 이해할 수 있다. K^o는 $\bar{s}$와 d로 구성되어 있고, $\overline{K^o}$는 s와 $\bar{d}$로 구성되어 있다. 즉 $K^o = \bar{s}\,d$, $\overline{K^o} = s\bar{d}$ 이다. 우리는 s쿼크에 S = −1, $\bar{s}$ 쿼크에 S = +1양자수를 부여할 수 있다. 이들 K^o, $\overline{K^o}$의 양자수 차이 때문에 그들 자신이 반입자가 될 수 없다. K^o에 전하 변환을 하면 $\overline{K^o}$가 된다.

Lee, Oehme 및 Yang은 Wu의 실험으로 약한 상호작용에서 패리티가 깨졌다고 지적하였다. 이런 패리티 깨짐은 $\pi^+ \rightarrow \mu^+ + \nu_\mu$ 붕괴에서 더 확실하게 나타난다. 그림 7.8a는 그림 7.7a에서 보여주었던 상황을 보여준다. 그림 7.8b는 이들의 전하 변환을 나타낸 것이다. 그림 7.8a의 붕괴는 쉽게 관측될 수 있으나 그림 7.7b의 붕괴는 절대로 관측되지 않는다. 자연에서는 전하 변환이 최대로 깨지는 반응만 일어난다. 하나는 일어나고 전하변환에 의한 다른 반응은 일어나지 않는다.

7.5 CP 대칭성

Wu의 C 와 P 깨짐 발견 이후 곧 여러 과학자들은 약한 상호작용이 C 와 P 가 결합된 CP 대칭성(CP 가 보존됨)이 있을 수 있다고 생각하였다. 이것은 다음과 같이 설명할 수 있다. 어떤 반응을 생각해보자. 이 반응에 C 연산(전하 변환)을 한 후 패리티 연산을 가한다. 이를 CP 변환(transformed process) 또는 켤레 변환(conjugated process)이라 부른다. CP가 보존된다면 CP가 작용되기 전의 상태와 작용된 후의 상태가 같은 비율로 나타나야한다. 그림 7.9에서 이러한 예를 보여주었다. C를 먼저 작용하고 나중에 P를 작용하든지 P를 먼저하고 나중에 C를 하든지 중요하지 않다. 어느 쪽이든 똑같은 CP변환된 상태이다. 왼쪽 위 그림에서는 양의 파이온이 음의 헬리시티를 갖는 반뮤온과 음의 헬리시티를 갖는 중성미자로 붕괴한다. 이러한 붕괴는 실험적으로 관측되었다. P변환된 붕괴는 양의 헬리시티를 갖는 중성미자가 있고, C변환된

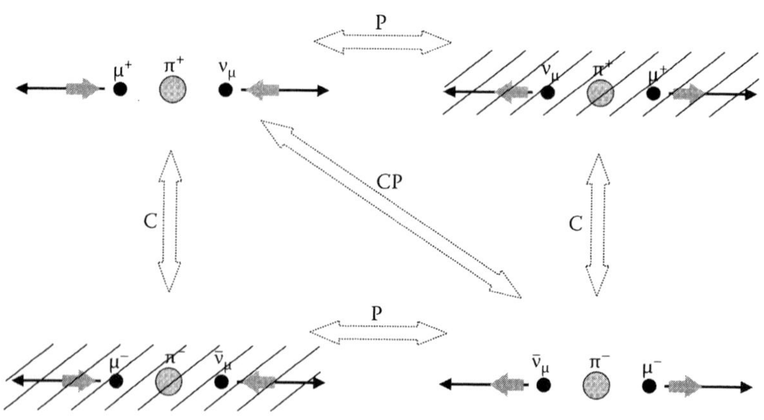

그림 7.9 왼쪽 위: 파이온이 정지된 좌표계에서 양으로 하전된 파이온이 음의 헬리시티 중성미자를 방출하면서 약한 붕괴하는 그림. 또한 이와 관련하여 P, C, CP연산을 한 후의 그림이 있다. 자연에서 발견되지 않는 그림들은 사선이 그려있다.

붕괴에서는 음의 헬리시티를 갖는 중성미자가 존재하는데 앞에서 이야기한 것처럼 이러한 붕괴는 실험적으로 전혀 관측되지 않았다. 그래서 우리는 이런 붕괴들은 생각하기 않기로 한다.[17] 하지만 CP변환된 붕괴는 관측되었다. 그리고 실험적 오차 이내에서 이들 양의 파이온 붕괴나 음의 파이온 붕괴는 같은 비율로 관측되었다. 그래서 CP는 아주 좋은 대칭성처럼 보인다.[18]

Feynman 과 Gell-Mann 그리고 Marshak 과 Sudarshan 등은 Fermi의 표준 약한 상호작용 이론을 수정하여 C와 P는 깨지지만 CP대칭성이 유지되는 방법을 찾아내었다. 약 상호작용에서 각각의 장(field)을 왼손 방향의 카이랄 장으로 교체하여 수정하였다.[19] 이는 V−A이론(브이 마이너스 에이 이론으로 부른다)으로 알려지게 되었고 1973년까지 모든 약한 상호작용 현상을 하나의 작은 예외를 제외하고 모두 설명하였다.

이러한 예외적 현상은 1964년 발견된 CP가 절대적 대칭성이 아니라는 것이다. Jim Cronin, Val Fitch 및 동료들은 중성의 케이온 붕괴에서 CP대칭성이 약간 깨진다는 것을 발견하였다. 대칭성이 깨진다는 것은 어떤 의심도 없이 확실하였다. 하지만 30년 이상 중성의 케이온 외 어떤 다른 입자 붕괴에서도 그러한 깨짐은 발견되지 못하였다. 입자물리학에서 CP 깨짐 현상을 발견하는 것은 가장 중요한 일중의 하나이고

---

17 사실 양의 헬리시티를 갖는 중성미자나 음의 헬리시티를 갖는 반중성미자를 지금까지 엄밀하게 확인하지는 못했다. 나중에 중성미자 질량을 이야기할 때 다시 이점에 대해서 이야기할 것이다.

18 양의 파이온과 음의 파이온 붕괴 수명은 오차가 천분의 일 이내에서 같았다. 하지만 이는 CPT불변 혹은 보존 테스트이다.

19 질량 없는 중성미자에 대해서 이는 음의(왼손 방향) 헬리시티를 갖고 반중성미자는 양의(오른손 방향) 헬리시티를 갖는다는 것을 뜻한다. 전자나 다른 질량 있는 입자에 대해서는 어떤 약 상호작용에서 질량이 영으로 가는 극한에서는 왼손 방향의 입자를 방출한다는 것을 뜻한다.

이 책의 B 부분에서 다뤄진다.

7.6 거꾸로 시간 T(Time reversal)

뉴튼 법칙부터 양자 전기역학(quantum electrodynamics)까지 모든 기본 법칙은 시간을 거꾸로 해도 모두 변하지 않는다고 알려졌다. 시간을 거꾸로 하면 속도, 운동량 및 각운동량 모두 방향이 거꾸로 바뀐다. 또한 어떤 반응의 처음 상태와 마지막 상태가 서로 바뀐다. 하나의 간단한 예는 중력으로 인하여 정지 상태(at rest)로부터 떨어지는 입자이다. 마찰을 무시하고 시간을 거꾸로 하면 입자가 빠른 속도로 지구에서 멀어지면서 속도가 줄어 결국 멈추는 것이다. 입자 물리에서 시간을 거꾸로 하는 것은 두 입자 a와 b가 충돌하여 c와 d가 발생하는 것인데 이 반응을 시간 거꾸로 하면 c와 d가 충돌하여 a와 b가 만들어지는 것이다. 이런 관계는 세부 균형 원리(principle of detailed balance)이라고 부르고 핵반응에서 상당히 정확하게 확인되었다.

가끔 어떤 복잡한 반응이 거꾸로 갈 수 없다는 것을 알았을 때 시간 거꾸로를 말하는 것에 대해서 이상하게 보인다. 마룻바닥에 달걀이 떨어져서 깨진다면 거꾸로 일어나는 것은 기대할 수 없다는 것을 알 것이다. 여기서 시간을 거꾸로 한다면 깨진 달걀이 다시 합쳐져 바닥 위로 올라가는 것이다. 복잡한 반응에서는 시간의 방향성이 있고 이는 열역학 2법칙으로 표현된다. 엔트로피(entropy)와 관련 있는 열역학 2법칙에서는 항상 엔트로피(혼란 혹은 혼돈의 크기)가 시간이 지남에 따라 증가한다.

그러나 물리학자들은 미시 세계에서 반응들에 대한 법칙들(나중에 알게 되겠지만 약 상호작용에서 반응만 제외하고)은 시간을 거꾸로 해도 그

법칙이 그대로 유지된다는 것을 알게 되었다. 이는 모순이 있는 것처럼 보인다. 어떻게 하여 작은 세계에서 성립하는 시간 거꾸로 대칭성이 복잡한 반응이 발생되는 거시 세계에서는 성립이 안되는가? Lee는 어떤 유사 예로서 이를 설명하였다.[노트 5] 뉴욕케네디 공항(New York's Kennedy Airport)에서 천명의 운전자가 천 킬로를 운전한다고 하자. 각 운전자는 많은 교차로를 만나고 각 교차점에서 그들은 어디로 가야 할지를 결정해야한다. 모든 운전자들을 멈추게 한 후 지도 상에 운전자들의 위치를 표시하면 천 킬로미터 반경 내의 원안에 있을 것이다. 이제 각 운전자들이 같은 규칙을 따라 거꾸로 천 킬로미터를 간다고 해보자. 각 교차점에서 모든 운전자는 어느 방향으로 가야할지 맘대로 정해야 할 것이다. 천 킬로미터를 거꾸로 간 후 모든 차들이 다시 케네디공항에 다시 되돌아 올 것이라고 믿는 사람은 없을 것이다. 여기서 똑 같은 규칙이 적용되었다는 점을 생각해야 한다. 하지만 지도에 모든 차들을 흩어 놓는 것이 차들을 우연히 같은 장소에 모이게 하는 것보다 더 쉽다. 차의 수가 많고 교차점의 수가 많을수록 지도에서 다시 같은 위치에 모이는 것과 모이지 않을 확률의 차이는 더 커질 것이다. 대략 10^{23} 개의 입자들이 무수한 충돌을 하게 된다면 한 시간 방향이 다른 방향보다 훨씬 더 클 것이다. 따라서 반응은 있음법한 확률이 증가하는 방향으로 진행하게 된다. 어떤 상황이 실제로 얼마나 잘 일어나는지를 나타내는 척도인 엔트로피는 증가하는 경향이 있다.

1950년대 초반에 상당수의 이론 물리학자들이 새로운 물리에 대한 가능성을 탐구하기 위하여 그들이 생각할 수 있는 모든 상호작용을 적어 보았다. 어떤 위치에서 입자들이 상호작용하는 반응들을 QED같은 상대론적 양자장론으로 모두 기술하였다. 예를 들면 전자들이 광자와 상호작용하는 것을 QED로 기술하는 것이다. 이론 물리학자들은 C, P,

T는 개별적으로 깨지지만 C×P×T가 깨지는 이론은 없다는 것을 알았다. 따라서 모든 합리적인 이론은 CPT작용 하에서 불변이라는 원리에 이르게 되었다. CP가 깨지는 이론에서는 T도 또한 깨진다. 하지만 지금까지 T 깨짐은 직접적으로 발견되지 않았다. 왜냐하면 CP 깨짐은 붕괴 현상에서 발생되는데 붕괴 현상을 거꾸로 하는 것은 불가능하기 때문이다. CPT 보존 즉 대칭성을 실험적으로 보이는 것은 중요하다. 가장 최상의 증명 방법은 입자와 반입자의 질량이 같아야 한다는 내용이 포함되지만 전하와 자기 쌍극자 모멘트가 크기는 같고 방향이 반대임을 보이는 것도 있다.[**역주:** T와 P는 질량에 영향을 미치지 않는다. 하지만 C는 반전하를 가진 입자로 바뀌기 때문에 질량에 영향을 미친다] 지금까지 모든 테스트 결과는 CPT 보존과 일치한다.

노트(NOTES)

❶ 그림 3.1에서 긴 회색의 화살로 표시된 스핀(혹은 각운동량) 방향은 입자의 속도의 방향(짧고 검은 화살)과 원의 중심부로부터 입자의 방향(검은 점)에 의존한다. 기술적으로 각운동량의 방향은 운동량 벡터 $\vec{p}$와 중심으로부터 입자의 위치를 나타내는 위치벡터 $\vec{r}$의 외적(cross product) 즉 $\vec{L} = \vec{r} \times \vec{p}$ 로 알 수 있다. 따라서 위치 벡터와 운동량벡터를 거꾸로 해도 각운동량 벡터의 방향은 바뀌지 않는다. 따라서 우리는 각운동량과 스핀은 유사 벡터(pseudo vector)라 한다. 이들은 위치 공간에서 3차원 일반 벡터처럼 회전한다. 하지만 일반 벡터는 패리티 작용 하에서 방향을 바꾸지만, 이들 유사 벡터들은 방향을 바꾸지 않는다.

❷ C. P. Enz, *No Time to Be Brief: A Scientific Biography of Wolfgang Pauli* Oxford: Oxford University Press, 2002), p. 519.

❸ 이 값은 2.3×10^{-5}이지만 이것이 전부는 아니다. 전자가 뮤온보다 훨씬 작은 질량을 갖지만 약간의 보상(위상 공간(phase space)으로 알려진)을 해야 한다. 헬리시티와 위상공간을 같이 고려하면,

$$\frac{Rate[\pi^+ \to e^+ \nu_e]}{Rate[\pi^+ \to \mu^+ \nu_\mu]} = \left(\frac{m_e}{m_\mu}\right)^2 \left(\frac{m_\pi^2 - m_e^2}{m_\pi^2 - m_\mu^2}\right)^2 = 1.2 \times 10^{-4}$$

값이 되고 이는 실험값과 일치한다.

❹ Abraham Pais, *Inward Bound* (Oxford: Oxford University Press, 2002), p. 533.

❺ T. D. Lee, *Particle Physics and Introduction to Field Theory* (Chur, Switzerland: Harwood Academic Publishers, 1990).

CHAPTER 8

표준 모형의 출현

Fermi는 그가 1937년 제안한 약한 상호작용 이론은 양자 전기역학(quantum electrodynamics : QED)에 기반을 두었다고 항상 이야기하였다. QED에서 기본 상호작용은 항상 전자가 전자와 광자로 진행해 간다. 또한 중성자는 전자와 반중성미자를 방출하며 양성자가 된다고 페르미(Fermi)는 이야기하였다. 따라서 전자와 반중성미자의 조합은 QED에서 광자와 비슷한 역할을 한다. 또한 1930년대에는 Felix Klein이 QED와 또 다른 유사성을 제안하였다. 핵 근처를 지나는 전자가 핵과 가상 광자(virtual photon)의 교환을 통하여 전자-양전자 쌍이 발생되는 QED반응을 표현하는 그림 8.1a를 보자. 그림 8.1b는 QED와 유사한 페르미 이론에서는 가상 광자 대신에 새로운 하전된 보손(boson) 입자 W^-가 역할을 하고 있다. 그러면 그 기본 상호작용은 QED와 비슷하게 반응정점(vertex)에서 페르미온-페르미온-보손의 3입자들이 반응에 참여한다는 것이다.

이런 개념은 1940년대 후반에 QED의 성공과 함께 매우 관심을 끌

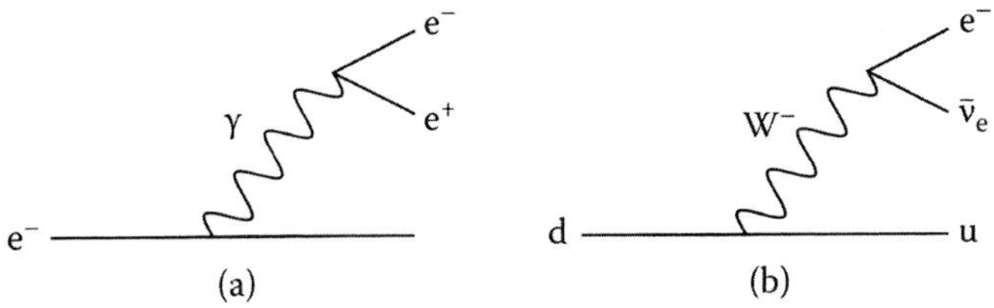

그림 8.1 가상 광자를 통하여 전자-양전자쌍이 발생되는 다이어 그램(a)와 가상 W^- 보손 입자 때문에 d쿼크가 u쿼크로 변하면서 전자와 반중성미자를 방출하는 베타 붕괴 상호작용을 나타내는 다이어그램(b) 사이 유사성

게 되었다. 이때 Feynman과 Schwinger는 QED가 재규격화(renormalization) 가능하다는 것을 보였고, 이 때문에 고차의 효과(higher-order effects: 복잡한 Feynman 도형들에 대응됨)를 계산할 수 있어서 전자의 자기 모멘트(magnetic moment)를 아주 정확하게 예측하였고, 이는 실험적으로 증명되었다. 재규격화의 핵심은 게이지 불변(gauge invariance)이라는 QED의 특성이다. 20년이 지나고 나서야 약한 상호작용에 대한 표준 모형이 게이지 이론에 근거하여 틀이 잡히기 시작하였다.

8.1 와인버그(Weinberg): 경입자(LEPTON)에 대한 모델

2장에서 이야기했던 양자개념의 본질은 우리가 입자처럼 생각했던 전자, 광자 등이 파동처럼 퍼져 나간다는 것이다. 문제는 파동이 무엇인가? 이다. 무엇이 시간과 공간에서 파동처럼 변하는가? 이러한 질문은 19세기 초에 영(Young)이 빛을 파동이라고 설명했을 때도 있었다. 그때의 답은 에테르(ether)라 부르는 신기한 물질이었다. 이 에테르는 전 우주공간에 퍼져 있었고 수면파에서 물처럼 진동한다. 이 에테르는 Maxwell과 Einstein에 의해서 존재하지 않는다는 것이 밝혀졌고, 대신 시간과 공간에서 변하는 것은 전자기파라고 알려졌다.

파 입자(wave particle)는 양자 장(quantum field)으로 표현된다: 보통 전자에 대해 양자장 표기는 Ψ, 광자에 대해서는 A로 표기한다. 이러한 양자 장 값은 시공간상의 모든 위치에서 복소수이다. 전자기 상호작용의 하나의 특징은 같은 결과를 주는 Ψ와 A 가 무수히 많다는 것이다. 이것이 소위 게이지 불변이라 부르는 것이다.[20] 이것을 다르게 표현하면 국소 게이지 불변(local gauge invariance)에 의해 전자–광자 상호작용의 정확한 식을 예측할 수 있다는 것이다. 물론 역사적으로 이런 상호작용 수식은 고전 전자기학으로부터 유래되었다. 한편 이처럼 게이지 불변을 사용하여 그 상호작용의 수식을 예측하는 효과 때문에 표준 모형에 대한 열정이 커지게 되었다.

1967년 "경입자(lepton) 모델" 이라는 두 장 반짜리 짧은 논문이 physical review letters 에 실렸다. 그 후 3년 동안 이 논문은 어떤 관심도 받지 못하였다. 아마 CP 깨짐이라는 옛 이론의 실험적 문제조차도 해결 못하는 약한 상호작용에 대한 임의적인 새로운 이론처럼 보였다. 1979년 Steven Weinberg는 이 논문으로 노벨 물리학상을 받았다. Weinberg 논문은 약한 상호작용의 표준 모형이 무엇인가에 대하여 논하였다. 그는 그의 원래 논문에서 그의 이론을 경입자들 즉, 전자, 뮤온, 그리고 중성미자에 국한하였다. 1970년에 Glashow, Ilipulos 및 Maiani(GIM) 등은 약한 상호작용 이론이 옳다면 네 번째 쿼크가 존재해야한다고 주장하였다. 이 네 번째 쿼크는 1975년 실험적으로 발견된 매혹 쿼크(charm quark)였다.(9장 참조). GIM 논문에서는 1967년 Weinberg의 논문을 전혀 언급하지 않았지만 Weinberg는 곧 GIM 아이디어를 받아들여 그의 이론을 경입자 뿐 아니라 쿼크에까지 확장시켰다.

---

20 복소수와 게이지 불변은 부록 A에서 설명한다.

Weinberg는 그의 이론이 재규격화(renormalization)될 수 있기를 바랐다. 1971년 젊은 네덜란드 대학원생 Gerard't Hooft는 Martinus Veltman과 함께 이 재규격화가 사실임을 보였다: 이들은 이공로로 1999년 노벨상을 받았다. 이 논문으로 인해 물리학계에서 새로운 이론이 창궐하기(excite) 시작하였다.

Weinberg의 출발점은 국소 게이지 불변성(local gauge invariance)이었다. QED에서는 U(1) 게이지 불변성에 의해 게이지 보손 입자인 광자 하나만 있으면 되었다. 이 이론을 W^+, W^- 및 보손 입자까지 확장시키려는 시도는 1954년 C. N. Yang이 3개의 매개 보손(intermediate bosons), W^+, W^- 및 중성인 W^o를 제안한 이후부터였다. 이것은 SU(2) 게이지 불변이라 불렀다. 하지만 이러한 SU(2) 게이지 불변은 매개 입자는 광자처럼 질량이 없어야 했다. 이렇게 질량이 없는 매개 입자이면 상호작용은 거리 제곱에 비례하여 크기가 작아져야 한다. 그러나 실제 약한 상호작용에 의한 붕괴 입자의 스펙트럼을 설명하기 위해서는 상호작용 크기가 매우 짧은 범위를 가질 수밖에 없었다.

Yukawa는 상호작용에서 가상의 매개 보손에 질량을 주어서 어떻게 거리에 따라 급격히 감소하게 할 수 있는지 보여주었다(5장 참조). 이는 게이지 불변성을 깨뜨렸다. 뮤온 붕괴에서 나오는 전자의 에너지 스펙트럼을 분석해보면 W의 질량이 양성자 질량의 몇 배가 되었다. 1963년 한 실험자가 W 질량이 양성자 질량의 3배가 된다고 주장하였다. 다음에 언급하겠지만 실제 W 질량은 양성자의 85배였다!

Weinberg의 제안은 게이지 불변성과 질량이 없는 W 보손이 출발점이다. Peter Higgs는 약 전하(weak charge)를 포함하는 힉스(Higgs) 장이라는 새로운 장을 이론에 도입하여 W 보손이 게이지-불변 상호작용하게 하였다. 여기서 힉스의 트릭이 시작된다. 보통은 광자들이 없는

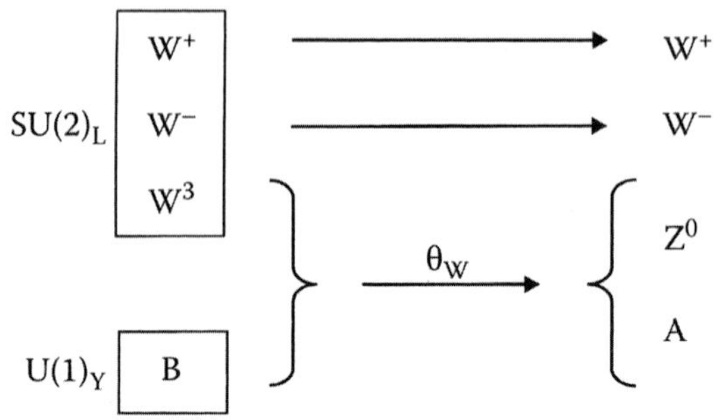

그림 8.2 $SU(2)_L \times U(1)_Y$의 원래의 게이지(original gauge) 보손들과 물리적 게이지(physical gauge) 보손들 사이 관계. 질량이 없는 광자를 나타내는 A와 함께 전자기 상호작용의 U(1)게이지 대칭성은 그대로 유지된다. 광자와 Z^0는 와인버그(weinberg) 각 θ_w과 함께 원래 이론에서 중성의 게이지 보손들의 결합하여 만들어진다.

진공에서 광자에 대한 장 A의 값은 영이다. 그러나 힉스는 진공에서 힉스 장에 어떤 값을 주었고, 이를 진공 기댓값(vacuum expectation value, vev)이라 불렀다. 이 기댓값을 갖는 힉스 장은 W 보손과 상호작용하여 W 보손이 질량을 가지게 되었고 : 이로 인하여 게이지 불변성이 깨지게 된다. 이러한 메커니즘(mechanism)을 자발적 게이지 불변 깨짐이라 부른다. 사실 게이지 불변성의 자발적 깨짐은 완전히 이 메커니즘 때문인데 이로 인하여 이 이론은 재규격화 된다.

이 이론은 이처럼 단순하지가 않다. 다시 QED에 되돌아가 어떻게 광자가 질량을 가지지 않게 되는지 보자. 해결책은 W 상호작용에 QED 같은 상호작용을 더하는 것이다. 그 상호작용에서는 광자 대신 U(1) 게이지 불변성이 있는 B^o라는 장과 상호작용을 한다. 이러한 이중 상호작용을 SU(2)×U(1) 게이지 이론이라 부른다. 여기서 두 개의 결합상수가 관여하는데 g와 g'(지 프라임이라 발음한다)이다. W^o와 B^o를 혼합하여 질량이 없는 광자를 만들 수 있다. 또 다른 조합(주로 W^o에 약간의

B^o가 혼합된)으로부터는 W 질량보다 무거운 Z^o가 만들어진다.[노트 1] 이러한 혼합의 기본 아이디어는 그림 8.2에 표현되어 있다.

이러한 이론에서는 약 상호작용과 전자기 상호작용과의 중요한 관계를 보여준다. 이런 이유 때문에 자주 전자약 이론(electroweak theory)으로 부른다. 약 결합 상수(weak coupling constant) g는 광자의 전자와 상호작용 점(vertex)에서 전하 e와 비슷하게 전자–중성미자–W 보손의 상호작용 점(vertex)에서 상호작용의 크기를 나타낸다. 이 이론에 의하면 g값은 실제로 전자 전하 e의 두 배였다. 이는 매우 이상하게 보인다: 약 상호작용이 전자기 상호작용보다 더 세야하기 때문이다. 이에 대한 해석은 W 보손 입자는 매우 질량이 커서 낮은 에너지에서는 그렇게 큰 질량을 갖는 가상 입자를 만들기 어렵기 때문에 낮은 에너지에서 약한 상호작용은 잘 일어나지 않는다. 충분히 높은 에너지에서는 약한 상호작용이 전자기 상호작용보다 더 세다는 것이 확인되었다.

여전히 패리티 깨짐에서 유래되는 또 다른 문제점이 있다. 왼손 방향(left-handed)의 전자장 e_L 처럼 왼손 방향의 경입자만이 약한 상호작용을 하고 약한 전하(weak charge)를 갖는다. 오른손 방향의 전자장 e_R은 약한 전하가 없다. 이 때문에 원래의 게이지 불변성의 이론에서는 질량이 없는 경입자만 있었다. 왜냐하면 질량이 있다면 충부히 빠르게 관측자가 움직일 때 왼손 방향의 경입자는 오른손 방향의 경입자로 보이기 때문이다.[**역주:** 이는 천천히 출발하는 기차에서 걸어가는 사람을 볼 때 사람이 앞으로 움직이는 것처럼 보이지만 점차로 기차가 빨라지면 사람이 뒤로 가는 것처럼 보이는 것과 비슷하다] 놀랍게도 또한 이런 힉스 트릭에 의해 이 문제를 풀 수 있다는 것이 밝혀졌다. 원래 질량 없는 게이지 이론에 힉스 장, e_L, e_R 장 사이의 상호작용을 포함한다. 힉스 장은 약 전하(weak charge)를 가지고 있으므로 이러한 상호작용은 게이지 불변이다. 이 상호작용의 세기는 Y_e로 표시되고, 힉스 장의 진공 기대치 v 때문에 전자는 $Y_e \times v$[21]의 질량을 갖는다. 하전된 경입자와 쿼크는 똑 같은 방법으로 질량을 얻는다; 질량 값은 유가와(Yukawa) 결합상수(Yukawa coupling)와 같은 임의 매개변수에 따라 달라진다. 와인버그(Weinberg) 이론에서는 오른손 방향의 중성미자는 없었고 중성미자는 질량이 없었다. 중성미자 질량의 문제는 섹션 C에서 다룬다.

위 이론에서는 우주 모든 공간에 힉스 장이 존재하고 이러한 장에 의해서 입자들이 질량을 갖게 된다는 것이다. 이러한 내용이 여러분들께 생소하게 들릴지 모르지만, 그렇게 느낀 사람은 한두 사람이 아니었다. 노벨상을 받은 Leon Lederman은 힉스 입자에 대한 책의 제목을 *God Particle*이라고 하였는데, 이는 힉스 장이 우주의 모든 질량과 직접 관계되기 때문이었다. 그러나 일단 입자들의 질량을 이론에서 사용하면 진공에서 힉스 장을 관측할 수 없다. 이론의 핵심은 관측할 수 있는 중요한 것은 힉스 장이 여기(excited)될 때만 관측할 수 있는데 이는 힉스 보손(boson)이라는 스핀 없는 중성 입자이다. 힉스보손 탐색은 섹션 D에서 다룬다.

8.2 표준 모형의 실험적 대성공

표준 모형 이론 예측 중 가장 근본적이고 중요한 것은 약한 상호작용에서 Z^o 보손 교환에 의한 새로운 형태의 약한 상호작용이다. 이 보손을 포함하는 상호작용은 중성류 상호작용(neutral current interactions)으로 알려져 있다; 이는 그림 8.3의 도형에 설명되어 있다. 중성미자는 어떤 새로운 입자의 생성이나 붕괴 없이 중성자나 양성자 혹은 전자와

21 진공 기대치의 설명에 대해서는 섹션 D 참조.

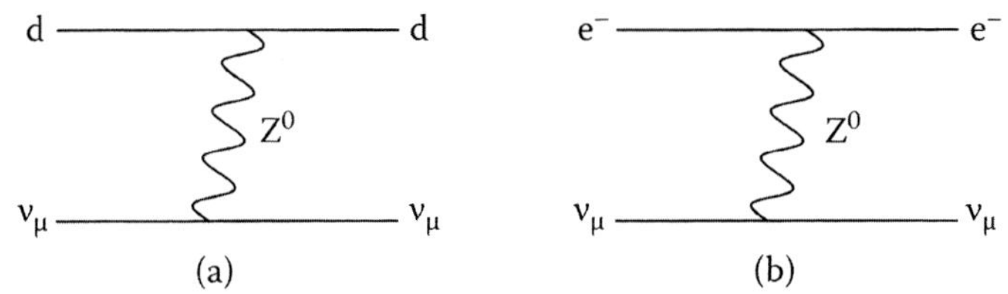

그림 8.3 Z 보손 교환이 일어나는 중성 전류 산호작용에 대한 파인만 다이어그램.

충돌할 수 있다. 1973년 Geneva의 CERN의 어느 그룹이 이런 중성류 반응을 검출했다고 발표하였다. 그들은 양성자 빔을 핵과 충돌시켜 발생된 파이온 붕괴로부터 뮤온 타입의 중성미자 빔을 만들었다. 이 빔은 Gargamelle라고 깜찍하게 이름매긴 거품상자 검출기(무거운 액체가 채워짐)로 보내졌다. 중성류 산란(neutral current scattering)은 어떤 입자도 검출기 입구나 출구에서 안보였지만 중성자 자국(track)이 검출기 중앙부에서 관측되어 알게 되었다. 여기 입구와 출구에서 안보였던 입자는 중성미자였다. 또한 전자 하나가 검출되는 반응도 있었는데 이는 중성미자가 전자와 충돌하여 산란된 전자로서 전자 산란 중성류 반응이다.

이러한 중성류 산란 발표이후 중성류가 실제로 관측되었는지에 대한 많은 토론이 있었다. 1973년 가을에 Fermilab에서 실험을 했던 Carlo Rubbia는 그는 중성류 반응을 발견할 수 없었다고 말했다. 하지만 더 많은 데이터가 모아짐에 따라 중성류 반응 존재에 대한 결론은 분명해졌고, Rubbia 또한 중성류에 대한 강력한 증거를 발견하였다.

또한 그 표준 모형에서는 전자와 중성자 사이 중성류 상호작용도 있었다. 이런 반응(상호작용)은 낮은 에너지 전자가 훨씬 강한 핵과의 전자기 상호작용에 의해서 산란되기 때문에 발견하기 어렵다; 미세한 약 상호작용은 더 강한 전자기 상호작용에 의해 덮여버린다. 이는 약 상호작용은 패리티 보존이 깨진다는 사실을 이용하여 해결할 수 있었다. 1978년 Stanford에서 Charles Prescott 그룹 연구자들은 편향된(polarized) 전자 빔을 사용하여 중양자(deuteron 중양자는 중성자 하나와 양성자 하나로 된 무거운 수소 핵이다)와 탄성 산란실험을 하였다. 패리티 깨짐은 전자가 음의 헬리시티(왼손 방향의 편향)를 가졌을 때 산란 횟수와 양의 헬리시티(오른손 방향의 편향)를 가졌을 때 산란횟수의 차이를 보면 알 수 있다. 약 일만분의 일의 차이를 보였다. 이는 이론과 완전히 일치하였다.

그래도 이 이론에 대한 테스트가 하나 더 남아있다; 즉 실제로 W와 Z 입자의 검출이다. 그러나 W 입자는 매우 무겁고 Z 입자는 더 무겁다; CERN과 Fermilab에 있는 가장 큰 가속기 빔을 사용한다 해도 이들을 만들 수 없었다. 따라서 더 강력한 가속기에 대한 제안들이 나오게 되었다. 이런 제안 중 새로운 아이디어는 27살의 미국인 물리학자 Peter McIntyre에 의해 제시되었다: 높은 에너지의 양성자 빔을 같은 에너지의 반양성자 빔과 충돌시키는 것이었다. 이러한 충돌로부터 많은 입자들이 방출되는데 이중에 W와 Z 입자도 포함되어 있을 것이다.

Carlo Rubbia는 이러한 제안에 매우 호감을 갖고 이 가속기를 만들도록 Fermilab소장에게 강하게 촉구하였다. Fermilab이 결정을 미루고 있을 때 Rubbia는 CERN으로 되돌아왔고, 1978년 1월 Geneva에 위 가속기를 만들기로 결정되었다. 이 가속기를 만드는데 가장 어려운 점은 가속하게 될 반양성자를 어떻게 하면 많이 모을 수 있을까 하는 것이었다. 이는 네덜란드 기술자인 Simon van der Meer에 의해서 해결되었다. 그러는 동안 Rubbia는 UA1이라는 거대한 검출기 건설을 책임지게 되었다. 또한 가속기 링 주위 다른 곳에 UA2라는 더 작은 검출기도 계획되었다. 1981년 7월에 양성자와 반양성자의 첫 충돌이 관측되었다.

1983년 1월 Rubbia는 W입자가 UA1에서 검출되었다고 발표하였다. 거의 동시에 UA2 실험의 대표자도 그 결과를 확인 발표하였다. W입자는 만들어지자마자 바로 붕괴하기 때문에 검출되는 것은 W입자 붕괴 후 입자들일 것이다. 이 경우 W입자는 전자와 중성미자로 붕괴하므로 관측되는 것은 전자이다. 중성미자는 자국을 남기지 않기 때문에 중성미자를 확인하려면 에너지가 얼마나 부족한지(missing energy) 살펴보아야한다. 이는 Pauli가 처음 중성미자를 제안했을 때 사용했던 방법이다. 1983년 6월 Rubbia는 Z^o 붕괴를 관측하였다고 발표하였다. 이러한 공로로 1984년 Rubbia와 van der Meer는 공동으로 노벨물리학상을 수상하였다. 이러한 약 상호작용의 새로운 표준 모형은 확고히 확립되었다.

노트(NOTES)

❶ 장들은 광자에 대해서는 $A = Bcos\theta_w + W_3\sin\theta_w$ 식으로, Z 보손에 대해서는 $Z = -B\sin\theta_w + W_3\cos\theta_w$ 식으로 연관되어있다.

CHAPTER 9

맛깔(flavor) 물리

표준 모형에 대한 Weinberg의 원래 제안은 경입자에 한정하였다. 그 당시 경입자에는 두 쌍이 있었다:(전자, 전자중성미자)와 (뮤온, 뮤온중성미자)[**역주:** 현재는 타우, 타우중성미자도 존재한다]. 강입자(hadrons)들은 그 당시에 3개의 쿼크로 구성되었었다: u, d, 그리고 s.

지금의 표준 모형에서는 3 그룹의(families) 페르미온(fermion)들이 있다. 각 그룹은 하나의 하전 경입자와 하나의 중성 경입자, −1/3 전하를 갖는 3개의 쿼크(각 색(color)에 하나씩), +2/3 전하를 갖는 3개의 쿼크로 구성된다. 우리는 그룹 당 −1/3 전하의 쿼크 하나, +2/3 전하를 갖는 쿼크 하나만 고려하면서 대부분 쿼크의 색을 생각하지 않는다. 세 그룹이 있으므로 총 6개의 쿼크가 있다: down, up, strange, charm, bottom, top. 이러한 구분을 쿼크 맛깔로 부른다. 가끔 맛깔이라는 단어는 여러 가지 경입자를 구분하기 위하여 사용하기도 한다. 예를 들면, 전자, 뮤온, 그리고 타우 경입자는 3개의 하전 경입자 맛깔(flavors of charged leptons)이다.

게이지 구조(gauge structure)와 몇몇의 게이지 결합(gauge couplings)에 의해 모든 상호작용들을 결정할 수 있는 게이지 영역과 반대로 쿼크, 경입자들과 힉스 장(Higgs field)과의 상호작용(Yukawa couplings)은 완전히 임의적이다(arbitrary). 더구나 왜 단지 세 그룹만 있는지에 대해서도 모른다. 대부분 사람들이 이러한 특징은 표준 모형의 가장 이상한 점이라고 생각하였다. 그러나 한편으로 실험적으로 연구해야할 것들이 훨씬 많이 있다고 생각할 수 있다. Yukawa결합 연구나 이에 대한 실험 결과는 맛깔 물리(flavor physics)라는 이름으로 알려졌다.

9.1 두 그룹에 대한 표준 모형

1960년대 초 사람들은 약 붕괴를 (비록 중성자와 뮤온 붕괴 사이 약간의 작은 차이가 점차로 일어났지만) 페르미의 4-페르미온 상호작용(Fermi's four-fermion interaction)으로 기술하였다. 하전 파이온이 반뮤온과 뮤온 중성미자로 붕괴되는 과정도 같은 이론으로 기술하였다. 따라서 기묘 입자가 발견되었을 때 Fermi이론을 다시 한 번 적용하였

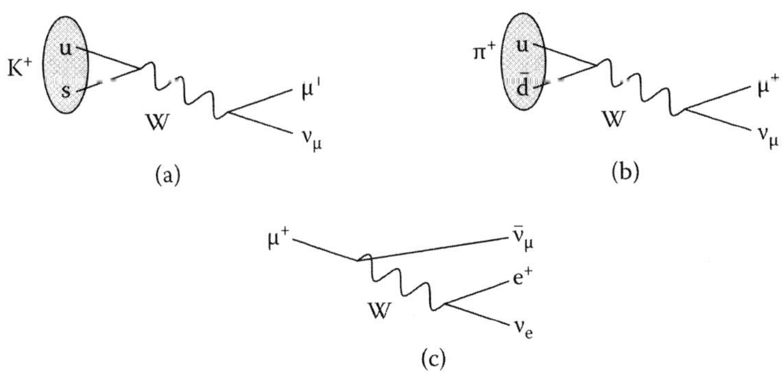

그림 9.1 다음과 같은 전이를 나타내는 파인만 다이어그램들, (a) $K^{-}-\!\!\rightarrow\mu^{+}\nu_{\mu}$, (b) $\pi^{+}-\!\!\rightarrow\mu^{+}\nu_{\mu}$, (c) $\mu^{+}-\!\!\rightarrow\overline{\nu_{\mu}}e^{+}\nu_{e}$.

다. 이 아이디어는 오늘 날의 쿼크 구도로 그림 9.1에 기술되어있다. us와 ud의 쿼크 결합 상호작용 세기가 같다고 가정하면, 파이온과 케이온(kaon)이 반뮤온과 뮤온 중성미자로 붕괴했을 때 Fermi 이론에 의하면 케이온과 파이온 붕괴사이에 어떤 관계식이 성립하는데 이 관계식은 맞지 않았다. 따라서 약간의 수정이 필요하였다. 똑 같은 문제가 기묘도가 있는 중입자와 기묘도가 없는 중입자 사이 관계식에서도 발생하였다.

1963년 Nicola Cabibbo는 하나의 매개변수로 모든 문제를 해결하였다. 오늘날의 쿼크 구도 관점에서 보면, Cabibbo의 해법은 W 와 u, s 쿼크와의 결합(g_{us}로 표기, coupling)은 u, d 쿼크와의 결합과 다르다는 것이다. Cabibbo는 이들 결합들과 W의 뮤온과 뮤온 반중성미자 사이 결합(g) 사이 관계를 일반성(universality)이라는 용어 (argument)로

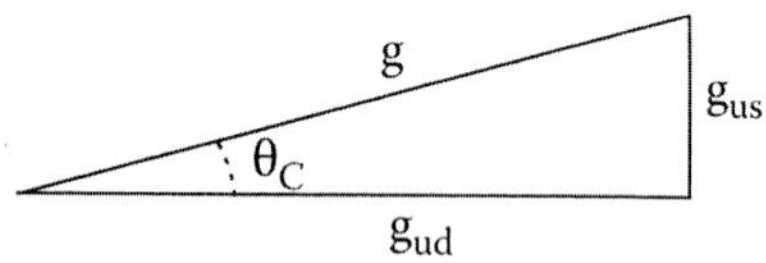

그림 9.2 카비보(Cabibbo)해법: 결합 상수 g_{us} g_{ud} 그리고 g는 삼각형 세변과 그림처럼 관계 되어있다.

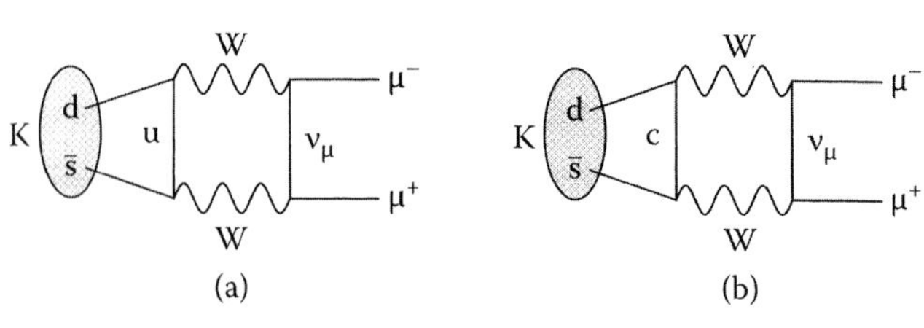

그림 9.3 케이온이 뮤온과 반 뮤온으로 붕괴하는데 있어서 쿼크와 W의 상호작용. 이들은 박스(box) 다이어그램으로 알려져 있다: W와 u쿼크 상호작용(a)와 W와 매혹(charm) 쿼크 상호작용(b) 차이.

관계시키려고 하였다. 그는 Cabibbo 각으로 알려진 θ_c을 도입하여 관계시키려고 하였다. 이 각은 기술적으로는(technically) 삼각형의 변사이 각과 비슷하게 생각하여 이들 결합들을 연관시켰다.[노트1] 이는 그림 9.2에 묘사되어 있다. 현재의 Cabibbo 각은 약 13° 이다. 특히 이런 제안이 쿼크이론이 완성되기 전에 나왔던 것을 생각한다면 굉장하다.

이러한 것은 쿼크의 $SU(2)_L$ 게이지 보손(gauge boson)의 결합을 생각나게 한다. 뮤온과 뮤온 중성미자가 한 묶음(doublet)으로 보이는 것처럼 up쿼크는 s 와 d쿼크의 조합을 한 묶음으로 보고 결합한다. 이 결합은 Cabibbo 각에 의해 조정된다:

$$\begin{pmatrix} \text{중성미자} \\ \text{전자} \end{pmatrix}_L, \quad \begin{pmatrix} u \\ d_{\mathrm{W}} \end{pmatrix}_L$$

여기서 첨자 W는 이 d_w장(field)이(d_w장(field)은 u쿼크와 세기(strength) g로서 W 보손에 의해 결합된다) d쿼크 일부와 s쿼크 일부의 장이라는 것을 뜻한다.[노트 2]

1970년에 Glashow, Iliopoulos 및 Maiani는 이것이 전부라고 생각하지 않았다. d_{W}가 이처럼 $SU(2)_L$ 게이지 보손과 결합하면 Z^o와도 결합할 것이라고 보았다. 즉 s 쿼크가 d 쿼크로 바뀌면서 Z^o가 방출된다. 이런 가능성은 중성의 Z^o 때문에 두 쿼크 맛깔이 바뀌지므로 맛깔 변환 중성류(flavor-changing neutral current)로 알려졌다. 그러나 Z^o 또한 뮤온과 반 뮤온과도 결합하기 때문에 케이온(kaon)의 뮤온과 반뮤온으로의 붕괴률은 실험에서 허용되는 것보다 높아야 할 것이다. 만일 이것으로도 설명이 안 된다면 u의 W를 통한 d와 s의 결합 세기는 더 커야 할 것이다. 이것은 그림 9.3a에 설명되어 있다. 해결책은 매혹(charm)이라 부르는 네 번째 쿼크를 새로 도입하는 것이었다. 이 쿼크

는 d, s 쿼크와 다른 세기로 결합하고 이를 s_W 라고 표기한다:[노트 3]

$$\begin{pmatrix} c \\ s_W \end{pmatrix}_L$$

이렇게 하여 양쪽 문제 모두가 해결되었다. 첫째 d_W 와 s_W 를 Z^o 와 연관지어 살펴보면 s 쿼크와 $\bar{s}$ 쿼크가 결합하고 d 쿼크와 $\bar{d}$ 쿼크가 결합하면서 맛깔이 변하는 중성류(flavor−changing neutral currents)가 없어졌다. 두 번째 c 쿼크를 도입하면서 그림 9.3b 반응이 그림 9.3a 반응이라 생각했던 반응의 일부로 대체되었다.[노트 4] 만일 c 쿼크 질량이 정확히 u 쿼크 질량과 같다면 두 그림이 실험에서 관측될 비율은 같을 것이다. 그리고 c 쿼크 질량이 너무 크다면 그림 9.3b 반응은 그렇게 많이 나타나질 않을 것이다. 이런 관계로부터 c 쿼크 질량의 범위는 1~3 GeV 사이로 좁혀진다. 전에 이야기한 것처럼 1974년 c 쿼크가 발견됨으로서 이론물리학의 큰 성공으로 볼 수 있는 J/ψ의 여기 상태를 정확히 예측할 수 있었고, 아울러 쿼크모델이 강력하게 자리잡게 되었다. 실험 데이터 분석으로부터 매혹(charm) 쿼크 질량은 1.5 GeV 근처임을 알 수 있었다.

1974년 말쯤 입자물리의 표준 모형로부터 경입자와 쿼크 각각 두 개의 그룹(family)이 존재함을 알게 되었다. 왼손방향(left-handed)의 이중상태(doublet)의 장들은 다음처럼 구성되었다.

$$\text{첫 번째 그룹(family)} : \begin{pmatrix} \text{전자}-\text{중성미자} \\ \text{전자} \end{pmatrix}_L, \begin{pmatrix} u \\ d_W \end{pmatrix}_L$$

$$\text{두 번째 그룹} : \begin{pmatrix} \text{뮤온}-\text{중성미자} \\ \text{뮤온} \end{pmatrix}_L, \begin{pmatrix} c \\ s_W \end{pmatrix}_L$$

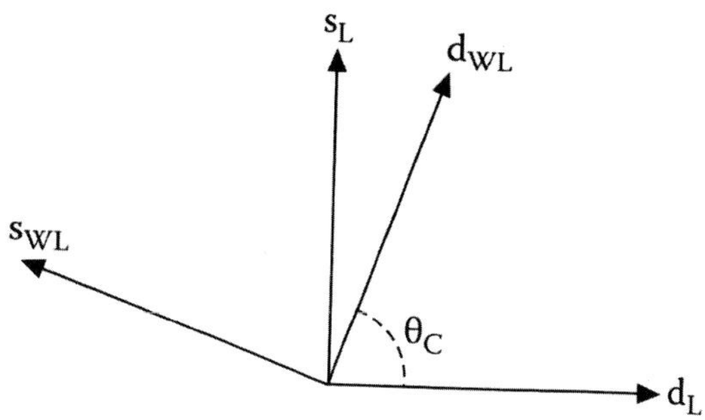

그림 9.4 d_w와 s_w에서 물리적 상태인 d와 s로 변화를 나타내는 개략적 표현.

물리적 쿼크(physical quark)는 d_W나 s_W가 아니고 d와 s이다. 이들 두 쿼크들은 그림 9.4에서 보는 것처럼 서로 회전으로 관련되어 있다. [노트 5] 불행하게도 표준 모형에서는 이들 두 그룹만으로는 CP 깨짐을 설명할 수 없다. 이러한 사실은 심지어 1974년 c 쿼크가 발견되기 전부터 알려졌다. 역사적으로 우리가 지금 이 문제에 대한 답이라고 믿는 것은 이미 1973년 출판된 Kobayashi와 Maskawa의 논문의 한 절에 숨겨져 있었다. 다른 여러 가능성중 에서 그들은 쿼크의 세 번째 짝이 있다면 표준 모형에서 CP 깨짐을 설명할 수 있다고 이야기했었다.

9.2 세 개 그룹으로 된 표준 모형

1975년 Martin Perl은 Stanford 선형가속기 센터(Stanford Linear Accelerator Center: SLAC)에서 일하면서 타우(tau)라고 부르는 세 번째 경입자를 발견했다고 발표하였다. 이 타우는 뮤온보다 17배 무겁고 양성자보다 두 배 무겁다.[22] Perl은 실험하기 바로 전 해에 매혹 입자

22 hadron과 lepton의 이름은 hadron은 무겁고, lepton은 가볍다는 뜻을 갖는 그리스어로

(charmonium)를 발견하였던 똑 같은 가속기를 사용하였다. 타우 경입자에 대한 증거는 전자와 양전자가 충돌하여 하나의 뮤온과 하나의 양전자 외에는 아무 것도 없는 여러 반응(혹은 하나의 반 뮤온과 하나의 전자 외에는 아무 것도 없는)으로부터 나왔다. 이는 그림 9.5에 나타낸 것처럼 타우와 반타우 경입자가 만들어져 타우 경입자는 즉시 뮤온과 중성미자로 반타우 경입자는 전자와 중성미자로 붕괴하는 것으로 해석되었다. 타우 경입자의 평균수명은 너무 짧아서 타우 비적(track) 자체는 볼 수 없고 단지 붕괴 후의 입자들만 관측할 수 있었다.

타우 경입자의 질량은 매혹 쿼크(charm quark)의 추정질량(expected mass)과 거의 같았다. Perl이 이 결과를 발표할 때 많은 사람들은 타우 경입자를 c 쿼크를 포함하는 입자의 붕괴인 것으로 생각하였다. 하지만 Perl의 데이터가 공개되었을 때 그러한 설명은 옳지 않았다. 타우와 매혹 쿼크의 질량이 비슷한 것은 과연 우연이었을까? 답은 그렇다이다. 우연하게 일치하였던 것이다.

타우 경입자의 여러 붕괴모드는 1975년 이후 수년에 걸쳐서 발견되었다. 이들의 각 붕괴모드는 최소한 하나의 중성미자를 포함하고 있었

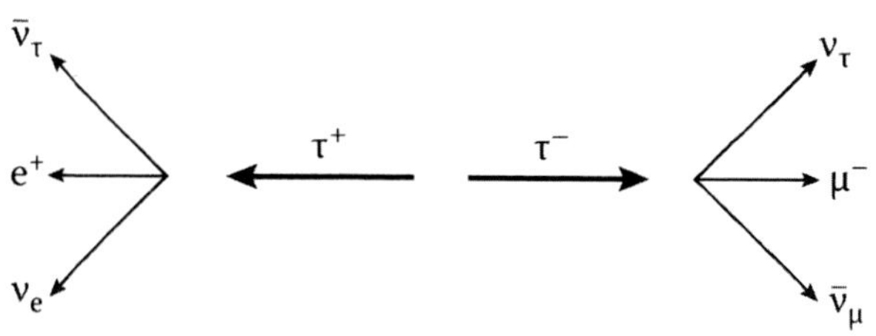

그림 9.5 타우-반타우(antitau) 붕괴에서 일어나는 한 예의 대략적 그림.

부터 유래되었다. 타우 입자가 발견됨으로서 이는 더 이상 사실이 아니지만 이름은 그대로 유지되었다.

고, 이는 세 번째 중성미자인 타우 중성미자로 추정되었다. 여러 가지 증거로부터 세 가지 중성미자가 있다는 것은 확실하였다. 그러나 타우 중성미자를 직접 확인하는 것은 우리가 전자 중성미자나 뮤온 중성미자처럼 타우 중성미자 빔을 만들 수 없어서 매우 어렵다. 흔히 일어나지는 않지만 타우 경입자 붕괴에서 발생되는 타우 중성미자가 상호작용하는 경우에 다시 타우 경입자가 생성되고 이 타우 경입자가 다시 붕괴되는 독특한 모습을 일반 검출기가 검출하는 것은 매우 어렵다. 하지만 에멀젼(emulsion) 검출기처럼 특별히 자국(track)에 민감한 검출기는 그러한 모습을 보는 것이 가능하다. 이러한 에멀젼 검출기를 사용하여 2000년 Fermilab의 DONUT 실험에서 몇 개의 타우 중성미자가 직접 검출되었다.

경입자의 세 번째 쌍을 발견함으로서 쿼크에도 세 번째 쌍이 있다고 생각하였다. 1975년 가을 Fermilab E288 실험을 필두로 매혹(charm) 쿼크보다 무거운 쿼크를 찾기 시작하였다. 그 실험 대변인은 Leon Lederman 이었다. 그는 이미 뮤온 중성미자를 발견한 공로로 1988년 Schwartz, Steinberg와 함께 노벨상을 받을 정도로 유명한 실험 물리학자였다. 어느 날 6 GeV 근처에서 한 신호가 발견되었다. 이 6 GeV는 우리가 찾고자 했던 bottom−antibottom의 결합상태의 에너지였다. 이 신호의 입자를 그리스 문자 U를 본 따서 upsilon으로 불렀다. 하지만 이 입자는 실제 입자가 아니고 데이터의 요동(fluctuation)에서 발생된 가짜였다. 때문에 이 가짜입자를 대변인 Leon Lederman을 빗대어 oopsLeon이라고도 하였다. 실제 입자는 Lederman 그룹에 의해 1977년 9.5 GeV 근처에서 발견되었다. 이 에너지 근처에 이 입자의 여기 상태들(excited states)도 있었다. 이 발견은 사실 bottom 쿼크 질량을 4.5 GeV라 했을 때 고에너지에서 양자 색역학 섭동의 계산 예측과 완벽하게 일치하였다. 이는 Fermilab의 대표적인 발견들 중의 첫 번째였다.

매혹(charm) 쿼크처럼 bottom 쿼크의 전하도 -1/3이었다. 표준 모형의 일관성을 고려하고, 그림 9.3의 다이어그램(diagram)의 것과 비슷한 것을 계산해 보면 전하 +2/3의 top 쿼크가 있어야 했다. top 쿼크는 매우 무거운 걸로 밝혀졌다; up쿼크 보다 약 만 배가량 무겁다. 이 top 쿼크는 다른 더 가벼운 쿼크와 다르게 top−antitop의 결합상태가 유지될 수 없을 정도로 수명도 짧았다. top 쿼크는 이 입자의 붕괴 입자를 보고나서 알게 되었다. 붕괴 입자들 모습 중의 한 가지를 그림 9.6에 나타내었다. 처음 양성자와 반양성자가 충돌하여 top−antitop 쌍이 생성되고 top 쿼크는 W^+ 게이지 보손과 bottom 쿼크로 붕괴되고 비슷하게 antitop 쿼크도 붕괴한다. 하나의 W는 뮤온과 중성미자로 붕괴하고 또 다른 W는 쿼크로 붕괴되어 두 개의 젯(jets)가 된다. bottom 쿼크와 antibottom 쿼크도 붕괴하여 두 개의 또 다른 젯를 만든다. 중성미자는 검출이 안 되기 때문에 위 같은 반응은 경입자 + 4 젯 반응이라 한다.

top 쿼크는 1995년 Fermilab의 두 개의 서로 다른 실험그룹인 CDF와 D0에 의하여 발견되었다. top 쿼크를 발견하는 실험은 여러 이유 때문에 매우 어려웠었다. 양성자−반양성자 충돌 실험에서는 무수히 많은 반응들이 생성된다. 이들의 대부분은 top 쿼크의 조건을 만족하지 못하고 심지어는 컴퓨터에 기록되지도 않는다. 백만분의 일보다 작은 비율로 컴퓨터에 기록된다. 단지 수십억 개중 몇 개 반응이 top 쿼크로 판명된다. 그러면 어떻게 top 쿼크를 알 수 있을까? 사실 많은 top 쿼크 붕괴와 비슷한 백그라운드 반응(background events)들이 있어서 더 어렵다. 이는 결국 모든 가능한 반응들을 정확히 알아야 top 쿼크 반응들

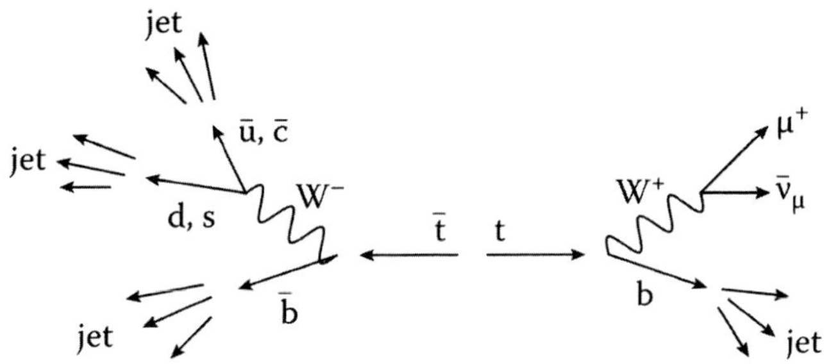

그림 9.6 top-antitop 붕괴에서 나타날 수 있는 경입자와 4젯트의 대략적 그림.

을 찾을 수 있다는 뜻이다. top 쿼크란 것을 확신하기 위해서는 단순히 통계적 요동(fluctuation)이 작다고 주장하기 전에 많은 top 쿼크 반응들이 있어야한다. 입자물리 실험에서는 충분한 반응의 개수와 백그라운드 반응을 잘 이해하는 것이 필수다. 이런 관점에서 6 개 쿼크가 관련되어 있는 양성자-반(反)양성자 충돌의 지저분한 환경(dirty environment)은 전자-양전자 충돌보다 더 까다롭다. 또한 양성자-반양성자 충돌에서는 가상 쿼크와 글루온의 바다(sea of virtual quarks and gluons)와의 강한 상호 작용도 있게 되어 더 복잡하다.

9.3 카비보-고바야시-마스카와 행렬

왼손 방향(left−handed)의 $SU(2)_L$ 두 입자로 구성된 그룹(families) 3 개는 아래처럼 기술된다.

첫 번째 그룹(first familiy): $\begin{pmatrix} \text{전자}-\text{중성미자} \\ \text{전자} \end{pmatrix}_L, \begin{pmatrix} u \\ d_{\mathrm{W}} \end{pmatrix}_L$

두 번째 그룹(second family): $\begin{pmatrix} \text{뮤온}-\text{중성미자} \\ \text{뮤온} \end{pmatrix}_L, \begin{pmatrix} c \\ s_{\mathrm{W}} \end{pmatrix}_L$

세 번째 그룹(third family): $\begin{pmatrix} \text{타우-중성미자} \\ \text{타우} \end{pmatrix}_L$, $\begin{pmatrix} t \\ b_W \end{pmatrix}_L$

장(fields) d_W, s_W, 그리고 b_W는 우리가 관측하는 쿼크 들인 d, s, b가 아니고 이들 쿼크들의 결합 상태이다: 즉

$$d_W = V_{ud}d + V_{us}s + V_{us}b$$
$$s_W = V_{cd}d + V_{cs}s + V_{cb}b$$
$$b_W = V_{td}d + V_{ts}s + V_{tb}b$$

이러한 중첩구조(doublet structure)가 뜻하는 것은 $W^{\pm}$ 게이지 보손과 결합을 나타내기 때문에 V_{ud}에 g가 곱해지면 W 보손이 u 쿼크와 d 쿼크가 결합하는 세기(strength)를 나타낸다. 비슷하게 V_{us}는 W 보손이 u 쿼크와 s 쿼크와 얼마나 강하게 결합하는지를 나타낸다. 이것을 그림 9.7에 나타내었다. W 게이지 보손과 가능한 모든 결합의 세기들은 표 9.1에 나타내었다. 이러한 결과는 Cabibbo, Kobayashi 및 Maskawa의 기여가 커서 Cabibbo–Kobayashi–Maskawa(CKM) 행렬이라고 부른다.

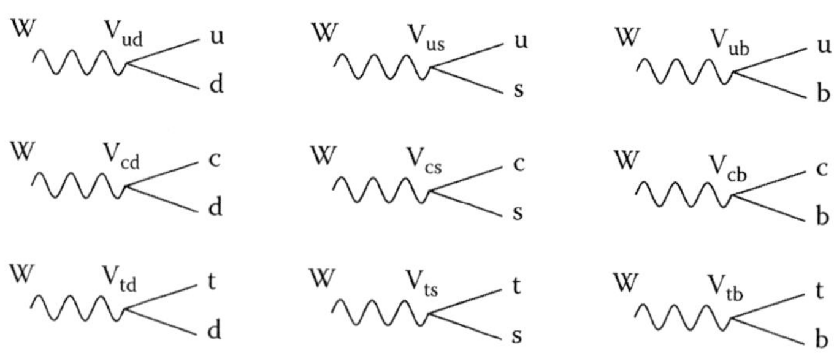

그림 9.7 W게이 $B^{-} - \rightarrow D^{0}\pi^{-}$지 보손들의 쿼크와 결합표현. (Representation of couplings).

표 9.1에서 각 항(entry)은 복소수(complex number)이다. 즉 두 가지 숫자를 가지고 있는데 부록 3에서처럼 하나는 크기이고 하나는 위상각(phase angle)이다. 표 9.1은 기술적으로는 행렬이다. 확률은 보존되므로 이 행렬은 단일행렬(unitary matrix)이다. 단일 행렬은 부록 4에 설명되어있다. 이런 행렬 특성에 따라 행렬의 9개 성분 중 3개만이 독립적인 성분이다. 이는 d_W, s_W 및 b_W 사이 관계(relations)나 d, s, b사이 관계로부터 Cabibbo-Kobayashi-Maskawa 행렬의 어떤 행(row) 원소들의 제곱의 합은 1이어야 한다는 사실에 의해 설명할 수 있다. 비슷하게 그 행렬의 열(column) 원소들의 제곱의 합도 1이다. 사실 쿼크의 4번째 그룹과의 어떤 혼합(mixing)이 있는지 알기 위하여 각 행과 열의 원소들의 제곱의 합이 1이 되는지 실험으로 검증하였다. 현재의 실험 오차 내에서 4번째 쿼크 그룹과의 혼합은 없는 것으로 확인되었다.

표 9.1 W 게이지 보손과 쿼크 사이의 상호작용의 세기를 결정하는 Cabibbo-Kobayashi-Maskawa(CKM) 행렬

W	d	s	b
u	V_{ud}	V_{us}	V_{ub}
c	V_{cd}	V_{cs}	V_{cb}
t	V_{td}	V_{ts}	V_{tb}

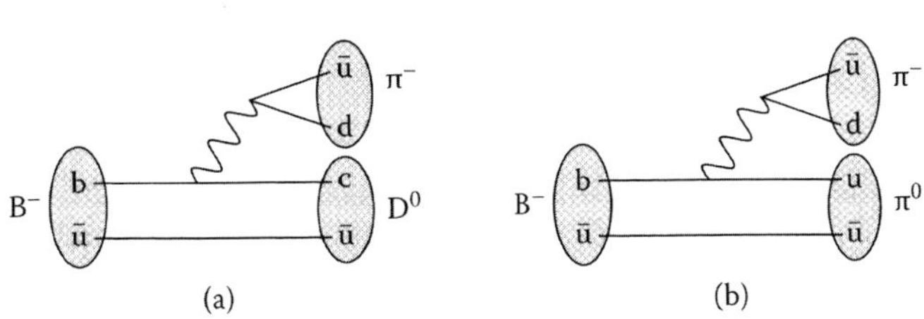

그림 9.8 (a)와 (b) $B^- \longrightarrow \pi^0\pi^-$의 붕괴 진폭의 주된 파인만 다이어그램. 붕괴율은 이들 진폭의 제곱에 비례한다.

행렬 원소들(elements)의 크기에 따라 붕괴 비율이 달라진다. 예를 들면 b 쿼크와 $\bar{b}$ 쿼크로 구성된 B^- 중간자의 D^0(c쿼크와 $\bar{u}$ 쿼크로 구성된 매혹 중간자)와 음의 파이온으로 붕괴 비율은 표 9.1의 cb가 있는 $|V_{cb}|^2$에 비례한다. 비슷하게 B^-의 중성의 파이온과 음의 파이온으로 붕괴비율은 $|V_{ub}|^2$에 비례한다. 이들 붕괴에 대한 주된 파인만 도표(Feynman diagram)는 그림 9.8에 나타냈다. V_{cb}는 V_{ub}보다 훨씬 크기가 커서 매혹 입자(charm)로 붕괴되는 비율이 매혹 입자가 없는 상태로 붕괴되는 것보다 훨씬 크다.

표 9.2 Cabibbo-Kobayashi-Maskawa(CKM) 행렬 원소들의 위계(Hierarchy)에 대한 대략적 그림

W	d	s	b
u	1	1/5	1/125
c	1/5	1	1/25
t	1/125	1/25	1

노트: 크기가 대각선에서 멀어질수록 감소하는 것을 주목하라.

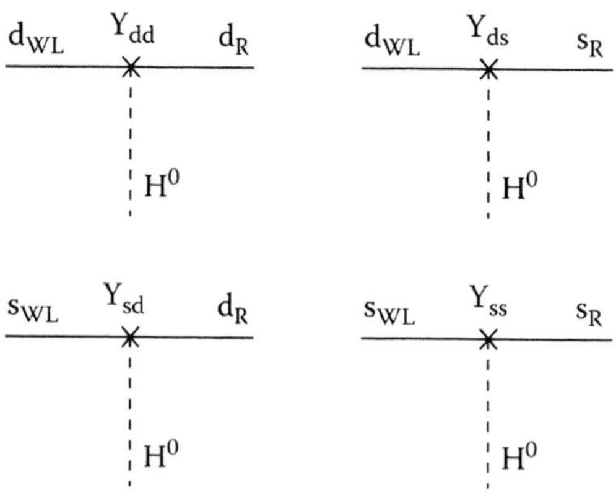

그림 9.9 힉스 입자와 장들인 d_w와 s_w사이 결합들의 그림 표현

B 중간자의 붕괴 율이 측정되었으므로 V_{us}가 V_{ud}보다 훨씬 작은 것처럼 V_{cb}가 V_{us}보다 훨씬 작다는 것은 분명하게 되었다. 비슷하게 V_{ub}는 V_{cb}보다 매우 작다. 이처럼 붕괴 율에 근거하여 행렬 원소들의 크기를 대충 적어보면 표 9.2처럼 된다. 3개로 알려진 쿼크 그룹들은 바로 이 책의 부록 B에서 설명되는 것처럼 관측된 CP 깨짐과 일맥상통한다.

9.4 유가와(Yukawa) 결합, 질량 그리고 혼합

우리는 8장에서 유가와(Yukawa) 결합에 의해서 쿼크들이 힉스 스칼라 입자(Higgs scalar)와 얼마나 잘 결합하는지를 언급하였다. 몇몇 결합들을 그림 9.9에 나타냈다. 간단히 설명하기 위하여 단 두 개 쿼크 그룹만 고려하였다. 앞에서처럼 쿼크 d_{wL}은 d 쿼크가 u 쿼크 및 W 보손과 결합되는 것을 나타낸다. 쿼크 s_{wL}은 s 쿼크가 c 쿼크 및 W 보손과 결합되어 있는 것을 나타낸다.[23] 여기서 관심이 있는 것은 힉스 장(Higgs field)이 d 장을 s 장으로 변환시킨다는 것이다.

한편 물리적(physical)인 d 쿼크와 s 쿼크는 힉스 장 때문에 그림 9.10에 있는 결과가 된다. 물리적 관점에서 보면 d 쿼크는 그대로 d 쿼크가 되고 s 쿼크는 s 쿼크가 된다. 이것이 힉스 메커니즘(Higgs mechanism)에 의한 쿼크가 질량을 얻게 되는 과정이다. 질량은 힉스 결합 곱하기 힉스 진공 기대치(vacuum expectation) v에 비례하므로 힉스 결합은 m/v로 나타낼 수 있다. 따라서 그림 9.7에 있는 Cabibbo각과 혼합

23 힉스 장을 도입하기 전에 쿼크는 모두 질량이 없다. 이는 쿼크에 질량을 주는 힉스 진공 기대치이다. 왜냐하면 힉스 결합은 일종의 d와 s의 혼합이며, 분명한 질량을 가진 물리적인 d 쿼크와 s 쿼크는 d_w와 s_w의 혼합이기 때문이다.

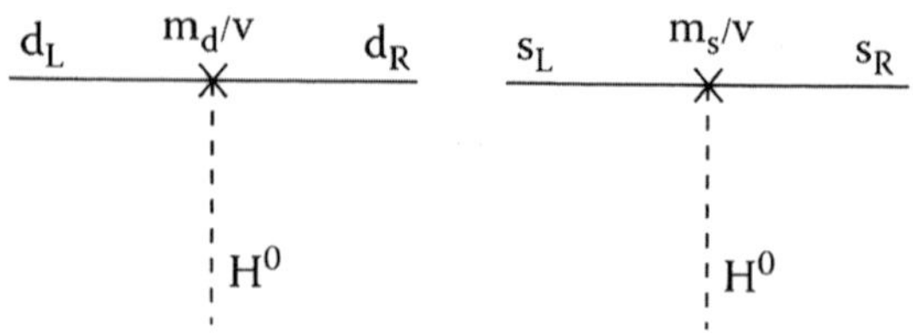

그림 9.10 물리적(physical) 쿼크 d와 s의 힉스와 결합의 표현

(mixing)은 Yukawa결합에서 유래한다.

비슷하게 표준 모형의 Cabibbo−Kobayashi−Maskawa 행렬은 3개 쿼크 그룹으로 구성되었고, Yukawa결합에 근거를 두고 있다. 이는 Yukawa결합에 대한 이론적 중요성을 보여준다: 이렇게 하여 페르미온(fermion)의 질량이 정해지고 이들의 혼합, 그리고 CP 깨짐도 설명된다.

노트(NOTES)

❶ 공식에서, $g_{ud} = g_\mu \cos\theta_c$ 그리고, $g_{us} = g_\mu \sin\theta_c$

❷ $d_W = d\cos\theta_c + s\sin\theta_c$ 를 사용하였다.

❸ $s_W = -d\sin\theta_c + s\cos\theta_c$ 를 사용하였다.

❹ 그림 9.3a에 있는 도표(diagram)는 $(g^2\cos\theta_c\sin\theta_c)$에 비례하나 그림 9.3b에 있는 도표는 $-(g^2\cos\theta_c\sin\theta_c)$에 비례한다. 만일 m_u가 m_c와 같다면 마이너스 부호의 차이는 한쪽 도표가 다른 쪽 도표의 기여를 완전히 상쇄시켜버릴 것이다.

❺ 우리는 모든 것을 단순화 시켰고 전하 2/3 쿼크를 이미 질량 기반(mass basis) 위에서 기술하였다. 이러한 이유로 전하 2/3 쿼크와 −1/3 쿼크사이 대칭성이 깨진 것처럼 되었다. 실제 처음 이론에서 기술할 때는 전하 2/3 쿼크와 −1/3 쿼크 모두를 약 상호작용 기반(weak basis)에서 기술

하였다. Yukawa 결합(coupling)에 의해 같은 전하를 가진 쿼크들은 혼합(mix)된다. u_W 쿼크와 c_W 쿼크를 질량 기반으로 θ_u만큼 회전되고 d_W 쿼크와 s_W 쿼크가 질량기반으로 θ_d만큼 회전될 때 Cabibbo각은 $\theta_c = \theta_d - \theta_u$로 주어진다. 다르게 말하면 Cabibbo각은 다음 두 가지 요건의 충돌 때문에 발생된 것이다: (1) 우리는 쿼크를 질량 기반에서 기술해야한다. 이러한 질량기반에서는 왼손잡이(left-handed) 2/3 전하 쿼크와 -1/3 전하의 쿼크는 약간 다른 각도를 가지게 된다. (2) 이러한 왼손잡이(left-handed)의 쿼크들은 약한 상호작용으로 연결되어 있으므로 똑 같은 식으로 회전해야한다. 우리는 처음부터 전하 2/3 쿼크를 질량 기반으로 회전하는 관례를 따랐다. 이러한 불일치는 Cabibbo 각 θ_c만큼 회전하는 -1/3 전하 쿼크들 때문이다.

CHAPTER 10

자연의 기본 구조에 대한 현대론적 관점 (우리가 지금까지 배운 것)

우리는 지금까지 입자 물리에 대한 현대론적 지식의 근원을 논의해 왔다. 이 시점에서 책의 다음 장들에서 현재 탐구되고 있는 어떤 중요한 주제들을 논의하기 전에 현재의 입자물리의 상황을 생각해 보자.

10.1 자연의 4 가지 상호작용

물리학은 모든 크기의 우주를 연구하는 과학이다. 질점(point particle) 같은 경입자(lepton)와 쿼크의 반응부터 핵과 원자와의 반응까지; 작은 분자에 있는 원자 사이의 반응부터 DNA(생명의 근원)를 형성하는 4 개의 거대 분자의 반응과 단백질 폴딩(folding)까지; 세포막을 통과하는 영양소의 전달부터 우리 몸에서의 정보전달까지; 지구에서의 기후 변화부터 태양계를 통과하는 지구의 운동까지; 은하수의 사건부터 은하계의 성단의 형성과 전체적으로 우주의 운명까지 이 모든 것을 총 망라한다. 물리학은 모든 주제를 다룬다. 이러한 주제들에 관심이 있다면 물리학을 좋아하는 것이다.

호기심을 자극하는 수만 가지 현상이 존재한다. 아마도 입자물리학에 있어서 가장 괄목할만한 성과는 바로 이것이다: 즉, 이러한 셀 수 없을 만큼 많은 현상의 근원에는 단지 4 가지 상호작용뿐이라는 사실이다. 기본적으로 이러한 상호작용은 수학적으로 기술할 수 있다. 복잡한 일상생활의 뒤에는, 단지 4 가지의 상호작용이 있다. 이것을 그림 10.1에 나타내었다. 주어진 규모(크기)에서는 어떤 상호작용이 다른 상호작용보다 잘 맞지 않을 수도 있다.

다른 상호작용들은 어떤 크기 규모에서 더 큰 효과를 나타낸다. 예를 들어, 중력은 행성이나 더 큰 크기의 물체에는 매우 적당한 상호작용이다. 그러나 중력은 개개의 원자들을 연구하는데 있어서는 너무 미약하여 거의 영향이 없다. 이에 반해 전자기 상호작용은 행성 규모나 매우 작은 규모에서나 모두 적당하다. 핸드폰 작동에도 해당되고 두뇌에

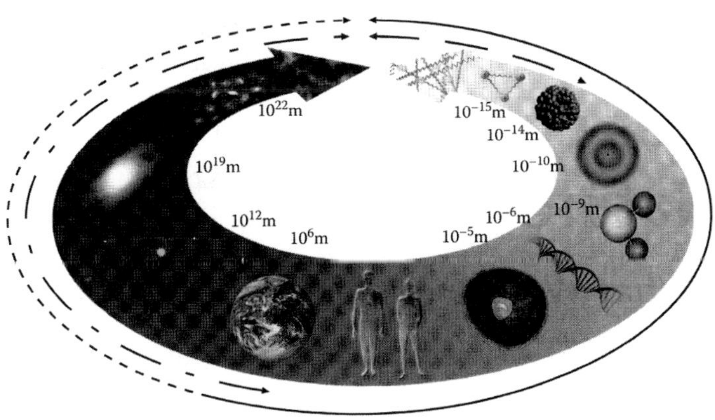

그림 10.1 자연계의 4 가지 상호작용. 이들 상호작용들이 미치는 영역은 중력은 막대-점선(dash-dotted), 전자기 상호작용은 실선에서 점선으로 바뀌지고, 강한 상호작용과 약한 상호작용은 막대 선(dashed line)으로 표현되었다. (R.S. Mackintosh, J.S. Al-Khalili, B. Johnson, and T. Pefia. Canopus, Nucleus: A trip into the heart of matter, Canopus Publishing, Jamie Symonds, 허가를 받고 발췌함)

서의 정보 전달에도 해당되고, 개개의 경입자나 쿼크를 포함하는 반응을 연구할 때도 당연히 고려되어야 한다. 전자기 상호작용은 나아가 더 큰 규모의 현상을 이해하는 데에도 중요한데 그것이 큰 규모의 현상에 직접 영향을 미친다는 것이 아니라, 우주의 어떤 부분에서 오게 되는 거의 모든 정보가 이들이 방출하는 전자기 방사선형태이기 때문이다.[24]

전자기력은 두 물 분자 사이의 상호작용의 기반이다; 이를 통해 음으로 하전된 전자가 양으로 하전된 핵 주위를 도는 이유를 설명할 수 있으며, 전자기력은 산소 원자와 두 개의 수소원자가 어떻게 함께 결합하여 분자를 형성하는지 설명할 수 있다. 그러나 전자기력만 가지고 설명할 수는 없는데 일단 핵 안을 들여다보면 어떤 수수께끼를 풀어야 한다. 산소 핵은 매우 작은 공간에 8 개의 양성자를 가지고 있으며, 그들 사이의 전기적 반발력은 너무 커서 산소 핵은 파괴되어져야 한다. 그러나 파괴되지 않는다. 따라서 양성자들 사이의 전기적 반발력보다 더 큰 그들을 함께 묶을 수 있는 상호작용이 있어야 한다. 이 상호작용이 전자기 반발력보다 더 크기 때문에 물리학자들은 이 힘을 강력(strong force)이라고 부른다.

자연에 존재하는 산소는 8 개의 양성자와 몇 개의 중성자, 즉 8, 9, 10 개의 중성자를 가지고 있다. 그들은 99.757, 0.038 및 0.205%의 존재비로 존재한다. 명백히 몇 만개의 산소 원자 중 몇 개만이 9 개의 중성자를 가지고 있다. 그러나 우리 몸속에는 수 조 개의 산소가 있기 때문에 이러한 산소도 아주 많다. 이 중성자 수를 고려해 보면 11 개의 중성자를 가진 산소(모든 산소의 양성자 수는 8 이지만)도 존재할 수 있을

24 예외는 중성미자와 우주선(cosmic ray) 이다. 중성미자 천문학의 기원은 C 파트에서 논의한다. 우주선은 주로 양성자 및 더 무거운 핵간 입자로 이루어져 있다. 그들은 먼 은하로부터 온 것인데 고에너지로 가속된다.

것 같다. 이는 참으로 가능하기는 하지만 단지 27초 정도만 존재할 수 있다. 27초가 지나면 완전히 사라져 버리고, 전자 한 개, 반중성미자 한 개, 그리고 9 개의 양성자와 10 개의 중성자를 갖는 플루오린(fluorine) 핵이 된다. 이 과정에서 산소 핵으로부터 한 개의 중성자가 한 개의 양성자로 붕괴되고 한 개의 전자와 한 개의 반중성미자가 나오게 된다. 이러한 붕괴는 중력, 전자기력 및 강한 상호작용[**역주:** 힘은 상호작용의 협의 뜻이다. 그래서 상호작용은 힘의 개념을 포함한다]으로는 설명할 수가 없다. 이를 위해서는 전자기력보다 약한 상호작용이 필요한데 물리학자들은 이것을 약한 상호작용(weak interaction)이라고 불렀다.

강한 상호작용과 약한 상호작용은 아원자 과정(subatomic process)에 적당하다. 그들은 원자보다 더 작은 규모에 적당하다. 만일 입자의 에너지가 매우 크다면 매우 짧은 거리도 탐구할 수 있다. 별 및 매우 초기 우주에서는 온도가 매우 높고 입자들은 매우 큰 에너지를 가지고 있었다; 바로 여기서 나타나는 현상에는 약한 상호작용과 강한 상호작용이 적당하다.

주의사항: 모든 물질은 똑 같은 기본 입자로 이루어져 있고, 단지 4 가지 상호작용만 있기 때문에, 또한 모든 기본 입자와 그들 사이의 상호작용을 관통하는 든든한 수학적 프레임이 있기 때문에 모든 현상을 계산으로 파악할 수 있다고 믿으려고 할 수도 있다. 그러나 이것은 틀렸다. 예를 들어, 물 분자들 사이의 상호작용은 자연적으로 전자기력이라고 알고 있다. 그러나 소량의 물에도 수많은 분자가 존재하고 따라서 실제 계산을 수행하기는 매우 어렵다. 할 수 있는 가장 좋은 방법은 액체상에서의 상호작용을 모델링하는 것이다. 그러나 결과는 모델을 설계하는 과정에서 들어가는 가정(assumption)에 매우 민감하게 변한다. 기본 이론으로부터 계산할 수 있는 물리의 특별한 성질들이 있지만 많

은 입자계의 대부분의 성질을 그러한 첫째 원리로부터 계산되기를 바랄 수는 없다.

10.2 물질의 기본 구조

역사 기록을 통해 인간은 똑 같은 감질나게 하는 질문에 직면하였다. 우리는 무엇으로 만들어져 있는가? 우리는 다른 생명체와 어떤 것을 공유하고 있을까? 우리는 바위와도 구성성분을 공유하고 있을까? 더 나아가 별(star)과도? 이와 같은 복잡성 뒤에는 어떤 간단함이 숨어있을까? 설계도는 얼마나 많을까?

이제 우리는 이러한 여러 질문에 답들을 갖고 있다. 기본 수준에서 모든 것은 같은 성분을 가지고 있다. 우리가 보고 있는 거의 모든 것은 개개의 전자, 업(up) 쿼크 및 다운(down) 쿼크로 이루어져 있다. 이는 표 10.1의 첫째 줄에 전자 중성미자와 함께 나타나 있다. 표 10.1에 더 많은 줄(즉 그룹(families) 또는 세대(generations))을 가지고 있다는 사실에 비유하여 I.I. Rabi는 유명한 말을 하였다: "누가 이렇게 주문(order)하였는가?" 아인슈타인의 $E=mc^2$에 의하면 이러한 무거운 입자들은 우주선에 의한 사건(cosmic event)이나 인위적으로 설계된 실험을 통해 얻을 수 있는 상당한 에너지의 원천(source)을 통해서만 생성된다. 왜 오직 3 가지 그룹만 있어야 하는지는 알 수 없다. 이것은 21세기에 대한 질문이다; 젊은 독자들이 답해야 한다.

표 10.1의 모든 입자에 대해 반대 전하를 갖는 반입자들이 있다. 알 수 있듯이 반전자 (양전자)는 디랙(Dirac)에 의해 수학적 공식에 맞추어 최초로 발명되었는데 나중에야 실험적으로 발견되었다. 이것이 아마도 젊은 독자들에게 주는 메시지가 될 것이다: 수학적 공식화는 단순히 실

표 10.1 물질의 기본 입자

Family	렙톤		쿼크	
	전하 -1	전하 0	전하 -1/3	전하 +2/3
1차	e^-	ν_e	d	u
	전자	전자 중성미자	다운 쿼크	업 쿼크
2차	μ^-	ν_μ	s	c
	뮤온	뮤온중성미자	Strange 쿼크	Charm 쿼크
3차	τ^-	ν_τ	b	t
	타우	타우 중성미자	Bottom 쿼크 (beauty 쿼크)	Top 쿼크 (truth 쿼크)

체에 대해 생각하는 구조적 방법이다. 이런 구조화 과정은 보이지 않는 입자의 예측이 암시되었을 때조차도 믿을 수 있을 만큼 신뢰적이다. 그래서 수학은 배울만하다: 물리학 노벨상 수상을 통해 디랙(Dirac)이 번 돈은 천만 스위스 크로나(약 1,600만 달러)이다.

우리는 반입자가 아닌 입자로 이루어져 있다. 사실상 보이는 우주는 거의 절대적으로 입자로 이루어져 있다. 이론적으로는 입자와 반입자가 같은 수만큼 있는 것처럼 보이지만 왜 반입자보다 입자가 압도적으로 많을까? 그것은 이 수수께끼를 푸는 몇 가지 생각이 있지만, 지금까지는 합의할만한 해가 없다. 이것이 21세기의 또 다른 질문이다.

경입자는 강한 상호작용을 느끼지 않는다. 전자, 뮤온 및 타우는 그들이 전자기 상호작용을 느끼게 만드는 전기 전하(electric charge)를 가지고 있다. 전기 전하는 양전하와 음전하가 있다. 반입자는 대응하는 입자와 질량이 같다. 또한 절대 전하값은 같지만 부호는 반대이다. 편의상 전자는 음전하를 띠고 양전자(반전자)는 양전하를 띈다고 한다. 중성미자는 전하가 없고 전자기력을 느끼지 못한다. 중성미자는 오직 약한 힘(weak force)만 느끼기 때문에 검출하기가 극히 어렵다.

쿼크는 전하를 가지고 있으므로 전자기 상호작용을 느낀다. 하지만 쿼크는 강한 상호작용, 즉 강한 전하를 느끼게 만드는 성질을 가지고 있다. 색의 3원색과 유사한 3 가지 형태의 강전하(strong color)가 있다. 강전하는 "색깔(color)"로 알려져 있으며 red, yellow, green 으로 이름을 붙인다. 반쿼크는 antired, antiyellow, antigreen 의 color를 운반한다. 강한 상호작용은 거리에 따라 증가하므로 쿼크는 절대로 자유 입자의 형태로 발견되지 않는다. 그들은 항상 쿼크–반쿼크 조합이나(중간자(meson)으로 알려진) 3 개의 쿼크의 조합이나(중입자(baryon)으로 알려진) 3 개의 반쿼크의 조합(anti–baryon으로 알려진)으로 나타난다. Meson, baryon 및 그 반입자는 모두 통틀어 강입자(hadron)로 알려져 있다. 강입자 내에서 쿼크의 색은 전체적으로 강전하가 0 이어야한다는 것이다: 즉 색깔이 흰색(white)이어야 한다.

두 가지 추가적인 메모: 쿼크의 서로 다른 형태(down, up, strange, charm, bottom, top)는 쿼크 flavor 라고 한다. 경입자와 쿼크를 통틀어 물질의 입자라고 한다. 이것은 이제 설명할 상호작용을 매개하는 입자와는 구별된다.

10.3 입자에 의해 매개되는 상호작용

현대 이론은 양자 장(quantum field)을 기본으로 구성되는데, 이 양자 장은 기본 입자라고 부르는 것의 입자성과 파동성을 둘 다 가지고 있다. 표 10.1에 수록한 입자들 외에 W 와 Z 보손 및 광자뿐 아니라 글루온(gluon) 등의 입자들이 있다. 그들은 약한 상호작용, 전자기상호작용, 강한 상호작용을 매개하는 역할을 한다.

그들 질량과 커플링(coupling) 세기는 이들 상호작용이 얼마나 감지될 수 있는지 결정한다. 우리가 어떤 상호작용을 생각할 때, 우리는 다음 몇 가지 질문에 흥미를 느낀다 : 상호작용이 다른 것과 비교하여 얼마나 강한가? 상호작용이 얼마나 멀리까지 느껴지는가? 물질이 더 많으면 축적된 효과를 통해 더 강한 상호작용이 있다는 것을 의미하는가? 틀림없이 이것은 정성적인 생각이다. 이것을 정확하게 정의할 방법은 없지만 메신저 입자의 관찰을 통해 어떤 정성적인 해답을 찾을 수 있다.

전자기 상호작용과 관련된 입자는 광자이며, 그 질량이 0이다. 결과적으로 그것은 모든 기준 프레임에서 빛의 속도로 움직인다. 4장에서 광자는 자유 전자의 정점(vertex)에서 튀어 나오는 광자는 가상 입자로 여겨져야 한다고 설명하였다. 이들 가상입자는 에너지와 운동량 보존과 일치하는 방법으로는 설명될 수 없고, 또한 실제 입자에서 성립하는 특수 상대론적 에너지-운동량-질량 관계식도 성립하지 않는다. 불확정성 원리를 이용하면 우리는 왜 전자기 상호작용이 무한대 영역을 가지는지 설명할 수 있었다.[25]

정점에서 전자기 상호작용의 세기는 입자의 전하에 의해 결정된다. 모든 기본 입자는 전자의 전하에 연관되는 전하를 가지고 있다. 그러므로 전체적인 전자기 상호작용의 세기가 결정된다. 많은 전하가 축적되면 상호작용의 세기가 증가된다. 이것은 대략적으로 천둥이 칠 때 구름 속에서 일어나는 것이다. 결과적으로 강력한 번개가 방전된다. 그러나 보통 상황에서는 물체에 음전하만큼 양전하가 있다. 즉 전기적으로 중성이다. 단지 물체 내에 전하가 불균등하게 분포되기 때문에 생기게 되는 여분의 전기적 상호작용이 있을 수 있다. 예를 들어, 두 물 분자 사

25 실제로, 무한대 범위의 의미는 힘이 거리의 제곱에 따라 감소한다는 것을 의미하고, 유한한 범위는 지수적으로 감소한다는 것을 의미한다.

이의 전기적 상호작용은 전하의 불균등 분포 때문에 생기게 된다; 각 분자 내에서 두 수소 원자 가까이에는 양전하가 약간 더 많고 산소 원자 가까이에는 음전하가 약간 더 많다. 그러나 이러한 상호작용은 두 전자 사이의 상호작용보다 더 작다. 큰 물체들 사이의 전기적 상호작용은 전형적으로 더 작다.

광자와 유사하게 약한 상호작용과 연관된 3 가지 매개하는(mediating) 입자가 있다. 둘은 입자–반입자 쌍을 형성한다. 질량은 대략 양성자의 85배 정도이며, 전하는 전자 전하와 크기는 같지만 부호는 반대이다. 그것은 W 보손(boson)으로 알려져 있으며 W^+ 와 W^-로 나타낸다. 그들은 전하를 띠고 있기 때문에 광자와 상호작용한다. 이 상호작용은 그림 10.2a의 파인만 다이어그램의 도움을 받아 표현될 수 있다. Z 로 나타내는 약한 상호작용의 세 번째 운반체가 있는데, Z 보손으로 알려져 있고, 질량은 대략 W 보손의 13% 정도이다. 이는 중성 입자 (전하량이 0)이므로 광자와 상호작용하지 않는다. 그러나 다양한 방법으로 다른 약한 상호작용의 게이지 보손과는 반응한다. 그 중 하나를 그림 10.2b에 나타내었다.

정점에서 약한 상호작용의 세기는 약한 전하(weak charge)에 의해 결정되며, 전기전하(electric charge)보다 조금 더 크다. 그러나 두 정점 사이의 상호작용을 매개해야하는 가상 W와 Z 보손은 질량이 크기 때문에, 낮은 에너지에서 실제 상호작용 세기는 전자기력보다 훨씬 더 작다. M_zc^2 보다 높은 에너지에서는 약한 상호작용과 전자기 상호작용은 세기가 비슷하다.

강한 힘의 매개 입자는 강입자 내에 있는 쿼크를 함께 묶는 역할을 하기 때문에 글루온(gluon)으로 부르고 8 개가 있다고 알려졌다. 그들은 광자처럼 질량이 없다. 전하를 가지고 있지 않은 광자와는 다르게 글루온은 특별한 방법으로 강한 전하를 가지고 있다. 예로서, 우리는 red/ antigreen 강전하들을 갖는 글루온이 있을 수 있다. 이 글루온이 green 쿼크에 다다르게 되면 green 쿼크를 red 쿼크로 변환시키면서 흡수될 것이다. 강전하는 color 로 알려져 있기 때문에 강한 상호작용의 이론은 Quantum Chromodynamcis(QCD) 이라고 명명되었다. 글루온은 질량이 없기 때문에 마치 광자처럼 강한 힘의 범위가 무한대가 된다고 예상할 수 있다. 그러나 글루온은 강한 상호작용으로 속박되어 있어서 역시 자유 입자로서 발견될 수 없다.

우리가 하나의 쿼크를 끌어당기거나 하나의 글루온을 내보낼 때 글루온 장(gluonic field)에서의 에너지는 매우 커서 궁극적으로 입자–반입자 쌍이 나타나고 이들 쌍 대신 새로운 강입자가 형성될 것이다. 잘 알려진 유사 예로는 탄성 고무줄을 들 수 있다. 강한 힘은 스프링 같은 것이다. 잡아당기기 시작하면 탄성 고무줄은 손에 작은 힘을 느끼게 한다. 고무줄을 잡아당길수록 고무줄은 점점 손에 더 센 힘을 느끼게 한다. 결국 고무줄을 끊을 만큼 강한 힘을 주면 고무줄은 작은 두 조각으로 끊어지게 된다.

이것은 변하는(running) 커플링 상수(coupling constant) 때문이다. 작은 거리(고 에너지)에서는 강커플링 상수(strong coupling constant)가

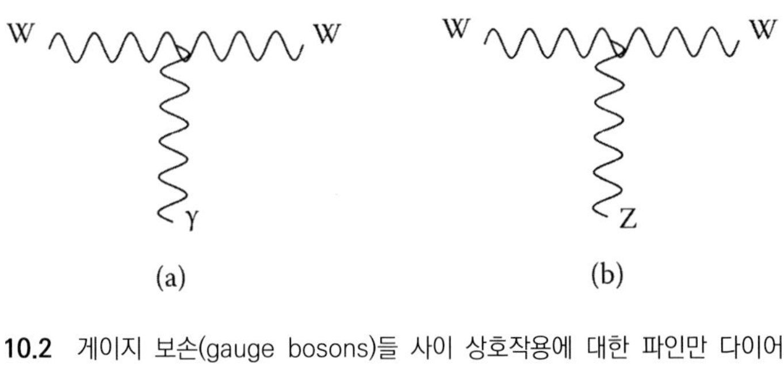

그림 10.2 게이지 보손(gauge bosons)들 사이 상호작용에 대한 파인만 다이어그램.

작고 쿼크는 궁극적으로 자유롭게 된다. 이는 점근적 자유도(asymptotic freedom)로 알려져 있으며 1973년 Gross, Politzer, Wilczek 에 의해 설명되었다. 역으로 큰 거리 (약 에너지)에서는 강한 커플링 상수는 매우 커지게 되므로 강입자 내로 쿼크와 글루온이 가두게 된다. 이는 confinement 로 알려져 있으며 아주 중요하다. 장의 양자론에서의 계산은 근사적인 방법(approximation method)을 통하여 이루어졌음을 상기하자. 우리는 먼저 장이 없는 곳에서 시작하여 점차로 상호작용이 결과를 어떻게 변화시키는지 생각한다. 첫째, 정점이 하나일 때, 두 개일 때, 3 개일 때, 그리고 더 많이 있을 때 등으로 정점의 효과를 생각한다. 각 정점은 커플링 상수를 포함하고 있기 때문에 여러 항들을 얻을 수 있고, 각 항은 커플링 상수의 연속적인 곱을 포함한다. 예를 들어, QED를 논의할 때 기본 수준 다이어그램은 커플링 상수의 제곱에 비례한다. 만일 커플링 상수가 작으면 일련의 여러 항들에서 각 새로운 항은 앞 선 항보다 더 작다(규격화가 적용되었을 때).[**역주:** 커플링 상수가 약 1/137로 1보다 작아서 제곱하면 제곱할수록 더 작아진다] 그러나 커플링 상수가 매우 크다면 새로 나타나는 항은 앞서 계산된 항보다 더 크게 된다. 이렇게 되면 우리가 앞으로 계산해야 할 항들은 마지막으로 계산한 결과보다 훨씬 더 큰 값을 가지기 때문에 우리가 지금까지 계산한 것은 쓸모없어지게 된다. 이럴 경우 perturbative expansion이 깨졌다고 말한다. 이는 정확히 강입자 내부에서 쿼크에 대해 일어난 것이다. 쿼크-글루온 상호작용의 이론을 어떻게 사용하는지 알고 있기 때문에 강입자 내에서 쿼크가 붙잡힌 방법과 연관된 모든 것을 계산할 수 있으리라 기대할지 모르겠다. 그러나 결단코 그렇게 할 수 없다!

강입자를 포함하는 과정에 대한 이론적인 계산은 실제로 마지막 상태의 쿼크를 가지고(글루온을 사용하는 것도 가능하다) 수행한다. 강입자

안으로 쿼크가 붙잡히는 것을 강입자화(hadronization)라고 한다. 6 장에서 보았듯이 매우 높은 에너지에서는 많은 입자(pion과 같은)로 되어 있는 쪼뼛한(narrow) 젯(jet)을 검출하는 것이 가능하다. 이 젯은 원래의 상호작용[**역주:** 원래의 상호작용이란 강입자화 하기 바로 전의 상호작용을 뜻함]에서 생성된 쿼크나 글루온으로부터 발생하는 것으로 이해된다. 그러나 더 낮은 에너지 단계에서는 쿼크-단계 계산은 하지 않을 것이다; 왜냐하면 쿼크 계산으로부터 관측된 강입자 계산으로 가야하기 때문이다. 한 가지 방법은 쿼크로부터 강입자로 가기 위해 QCD를 사용하는 것이다. 이를 위해서는 극히 정교한 컴퓨터 계산이 필요한데, 아직도 많은 경우 정확도가 매우 제한적이다. 따라서 강입자의 약한 및 강한 상호작용의 이론을 정확히 테스트하기는 대단히 어렵다. 그럼에도 불구하고 많은 실험 결과를 비교하고 조합함으로써 우리의 현재 표준 모형을 꽤 정확하게 확정하였다.

중력에 대한 상황은 매우 어렵다. 1912년 아인슈타인은 중력에 대한 뉴턴의 법칙을 특별한 경우로 포함하는 일반 상대성 이론을 공표하였다. 이것은 모든 입자와 상호작용이 작용되는 정적인 장(static theater)으로서의 공간-시간의 개념을 완전히 바꾸어 놓았다; 공간-시간 그 자체가 이 관점에서 주인공이 되었다. 이 이론 또한 양자화되고 , 중력자(graviton)라 알려진 질량이 없는 양자(quantum)가 있을 것이다. 중력은 작용범위가 무한대이기 때문에 graviton은 질량이 없어야 한다. 아쉽게도 아무도 예측이 가능한 양자 중력 이론을 만들 수 없었다. 1984년 Green과 Schwartz 는 초끈(superstring, 또는 초현(超弦)) 이론으로 알려진 이론이 양자 중력의 후보가 될 수 있음을 보였다. 초끈 이론은 지난 20년 동안 후보의 자리에 있지만, 많은 진전에도 불구하고 그것이 올바른 개념이라는 아무 실험적인 증거가 없다.

중력은 중성자와 양성자 크기에서는 극히 미약한 상호작용이다. 따라서 입자물리학의 소위 표준 이론(단지 전자기력, 약한 및 강한 상호작용만 포함한다.)에는 포함되지 않는다. 그러나 중력은 항상 인력이기 때문에 축적된다. 중력은 물체의 질량에 비례한다. 바위는 엄청나게 많은 기본 입자를 가지고 있다. 그 각각은 질량이 매우 작고 전하량도 매우 작다. 바위에는 음전하뿐만 아니라 양전하도 많아서 전기적으로 중성이 되기 때문에, 또 다른 바위와 전기적 상호작용을 하지 않는다. 두 바위 사이의 중력 또한 작지만 다른 이유 때문이다. 개개 입자의 질량은 너무 작아서, 바위 안에 그 입자 수가 엄청나게 많을지라도 전체 질량은 여전히 중력의 축적된 효과가 감지할 수 있을 만큼 되기에는 충분하지는 않다. 그러나 중력은 축적되기 때문에 바위들이 행성을 형성한다면 중력은 측정될만한 효과가 나타날 만큼 크게 된다.

매개 입자의 성질에 대한 요약을 표 10.2에 나타내었다. 이 표는 Contemporary Physics Education Project[26]에 의해 편집된 "Table of

표 10.2 매개 입자

상호작용	메신저 입자	두 개의 업쿼크에 대해서 전자기력에 대한 상대적 세기	
		10^{-18} m	3×10^{-17} m
약한 상호작용	W^+, W^-, Z	0.8	10^{-4}
전자기력	광자	1	1
강한 상호작용	8 글루온s	25	60
중력	Graviton	10^{-41}	10^{-41}

노트: 전자기와 중력은 광자와 중력자(graviton)들이 질량이 없으므로 작용범위가 무한대다. 하지만 글루온(gluons)들 또한 질량이 없으나 강한 상호작용의 작용범위는 제한성(confinement) 때문에 짧다. 상당히 먼거리에서 다른 상호작용은 W와 Z 보손들이 질량이 무겁기 때문에 세기가 약하다. 중력자에 대한 직접적 증거는 없다.

26 더 자세한 정보는 웹사이트 http://www.cpepweb.org 참조.

Particle Properties"에서 발췌하였다. "Table of Particle Properties"는 세계 도처에서 찾을 수 있으며 수많은 젊은 학생들이 과학적 삶을 받아들이도록 결정할 수 있게 만들어 준다. 이 표에 대한 얼개는 Helen Quinn이 그녀의 부엌 바닥에서 여러 어려운 문제로 씨름하면서 작성되었다. Helen Quinn은 주로 남자들이 다수인 물리학계에서 물리학, 물리교육 및 물리학 행정(미국 물리학회의 전임 회장)에 중요한 기여를 한 여성 과학자이다.

전자기와 중력은 광자와 중력자(graviton)들이 질량이 없으므로 작용범위가 무한대다. 하지만 글루온(gluons)들 또한 질량이 없으나 강한 상호작용의 작용범위는 제한성(confinement) 때문에 짧다. 상당히 먼 거리에서 다른 상호작용은 W 와 Z 보손들이 질량이 무겁기 때문에 세기가 약하다. 중력자에 대한 직접적 증거는 없다.

10.4 표준 모형과 거대 실험실

약한 상호작용, 전자기력, 강한 상호작용과 더불어 앞장에서 요약된 모든 물질 입자를 기술하는 이론이 있다. 이것은 장의 상대론적 양자론의 수학적 프레임 내에서 기술된다. 30여 년 동안 이 이론은 더 정확한 테스트를 받아왔다. 그 예측 능력은 그것이 입자 물리의 표준 모형이라고 알려질 만큼 신비로운 이론이다 (SM, for the specialists).

이 이론에서 약한 상호작용과 전자기 상호작용은 통합된다. 1850년대 Maxwell은, Faraday에 의해서 시작된, 전기적 상호작용과 자기적 상호작용 (그리고 광학)을 전자기력으로 통합하는 과정을 마무리하였다. 1960년대 Glashow, Weinberg Salam 은 전자기 상호작용과 약한 상호작용이, 한 이론(전기 약 (electroweak)라고 알려진)의 두 면으로 고려될 수 있다는 것을 보여주었다. 그 공로로 그들은 1979년 노벨상을 수상하였다. 이 이론은 단지 1972년에야 관심이 증대되었는데, 그 후 Hoofit 과 Veltman 은 앞에서 논의한 QED 와 같은 의미에서 전자 약 이론(electroweak theory)이 재규격화(renormalization) 된다는 것을 보여주었다. Hoofit 과 Veltman 은 이 공로로 1999년 노벨상을 수상하였다.

이 두 번째 통합은 약한 상호작용과 전자기 상호작용의 영역과 세기가 다름에도 불구하고 아무 무리 없이 진행되었다. 앞에서 지적한 것처럼 쉽게 통할할 수 있었던 부분적인 이유 중 하나는 W 와 Z 보손의 큰 질량을 가지고 있기 때문이다. 비슷하게 이러한 이론은 소위 게이지 보손의 존재를 암시하는데, 이는 1983년 CERN 에서 두 가지 실험을 통해 발견되었다. 디랙(Dirac) 의 양전자와 더불어, 수학적 기술에 대한 믿음이 실제로 존재하는 입자의 예측을 또 다시 이끌어 내었다.

약한 상호작용과 전자기력 사이의 가장 큰 차이는 W 와 Z 보손이 큰 질량을 가지고 있는 반면 광자는 질량이 없다는 사실로부터 나온다. 표준 모형에서 질량은 힉스(Higgs) 장과의 상호작용의 결과이다. 이론에 의하면 고 에너지 충돌에서는 힉스 장과 관련 있는 입자인 힉스 보손이 생성되어야 한다. 지금까지는 어떠한 힉스 보손도 발견된 적이 없다.[**역주:** 2012년 스위스 CERN의 ATLAS와 CMS 실험에 의해서 발견됨] 이는 아마도 표준 모형이 완전하다고 보면 빠져있는 부분이라고 생각된다. 이론이 옳다면 힉스 보손은 제네바에 있는 새로운 가속기 Large Hadron Collider (LHC)에서 발견될 것이다. 이 경우 표준 모형에서의 모든 입자를 발견하는 데에는 40년 이상이 걸릴 것이다. 만일 힉스 보손이 발견되지 않는다면 더 흥미로울지도 모르겠다. 그것은 여전히 더 기본적인 새로운 물리학이 발견되어야 한다는 것을 의미하기 때문이다.

입자 물리학의 이론을 시험하고 오늘날 새로운 발견이 있기 위해서는 입자를 고에너지로 가속시킬 수 있는 큰 기계장치가 필요하다. 첫 번째 새로운 입자인 양전자, 뮤온, 파이온이 발견되었을 때 실험은 cosmic ray 에 의존하였다. 실험을 통제하기 위해 첫 번째 가속기가 Cockcroft 와 Walton에 의해 1932년 영국에서 만들어졌다. (1951년 노벨상). 이것은 전기장을 가로질러 양성자를 가속시키는 것이었다. 큰 에너지를 얻기 위해 E. O. Lawrence (1939년 노벨상) 는 cyclotron을 발명하였다. 이 장치를 이용하여 양성자가 자기장 주위를 돌도록 하는데, 한 번 돌 때마다 더 높은 에너지를 얻도록 계속하여 전기장으로 밀어낸다. 특수 상대성 이론에 맞추어 전기적 펄스를 제 시간에 싱크로사이클로트론으로 주의 깊게 넣어 주어야 한다. 몇 년 후 더 큰 가속기들이 지어졌다. 6.3 km 의 고리를 갖는 Fermilab에 있는 Tevatron 에서 최고 성능이 발휘되었을 때 각각 1 Tev 의 에너지를 갖는 양성자와 반양성자를 충돌시켰다. 여기에서 기본 입자의 마지막인 top 쿼크가 발견되었다. 이제 에너지를 수배나 가속시킬 수 있는 LHC 가 CERN에서 작동에 들어갔다. 전자와 양전자를 충돌시키는 가속기에서도 중요한 발견이 이루어졌다. 이것은 그만큼 에너지가 높지는 않지만 대체적으로 실험을 분석하기는 더 쉽다. 전에 논의한 것처럼 스탠포드에 있는 SLAC에서 charm 및 tau−lepton 의 발견이 이루어졌다. 최근에는 SLAC에서의 BABAR 실험과 일본의 KEK에서의 BELLE 실험은 B 중간자 (meson)에 대한 명확한 연구가 이루어졌다. CERN에서의 LEP 실험은 전자와 양전자를 각각 100 GeV로 가속시켰으며, 표준 모형의 정확한 테스트와 힉스 질량의 최저값을 제공하였다.

CERN (원명은 Conseil Européen pour la Recherche Nucléaire 에서 따 왔다)은 프랑스와 스위스의 국경에 걸쳐 있는 유럽의 엄청난 과학적 시설이다. 그 곳에는 대략 25,000 의 종사자가 있지만 양 8,000명은 세계 각국에서 온 과학자들이다.(대개 절반은 세계의 입자 물리학자이다.) CERN

종사자의 명세를 들여다보는 것도 재미있을 것이다. 우리가 기대한 것과는 달리 과학자들은 10분의 1도 안 된다. 많은 사람들이 청소부나 짐꾼으로 또는 비서실 등에서 일하고 있는 보조 종사자들이다. 주 멤버는 엔지니어와 테크니션이다. 비록 몇 안 되지만 실로 장인이라고 불러도 좋을 만큼 기술이 정교한 사람들도 있다. 여기서는 몇 가지 중요한 교훈이 있다. 미디어는 보통 핵심요인으로 여기는 재치 있고 고립된 교수의 비즈니스처럼 과학을 조명한다. 이것은 과학이 어떻게 만들어 졌는지 와는 전혀 무관하다. 과학은 모두 저마다의 개성과 기술을 가지고 있는 다양한 사람들에 의해 만들어진다. 그것은 인간이 그 능력을 초월하는 그러한 이질적인 재능들이 만날 때 이루어진다. 또 다른 교훈은 젊은이들에게 특히 중요하다. 여러분이 과학을 좋아하고 필요한 오랜 시간 동안 종사하기를 원한다면 얼마든지 환영한다. 특히나 수학을 잘한다면 정말 환영한다. 실제로 수학을 좋아하지 않을 수도 있겠지만 쓸만한 실기(practical skills)를 가지고 있어도 과학을 잘 할 수 있다. 그 기술이 무엇이건 간에 과학에는 유용하다.

LHC는 양성자가 빛의 속도 가까이로 가속되고 충돌되는 27 km 링(ring)이다. 아인슈타인의 $E=mc^2$에 따르면 이 충돌로부터 생기는 엄청난 에너지가 수많은 다양한 입자로 변환됨을 보여준다. 그러한 충돌의 첫 번째 목표는 힉스 입자를 생성하는 것이다.

이러한 입자를 관측하기 위해 커다란 ATLAS와 CMS 검출기가 지어졌다. 본질적으로 이것은 입자를 촬영할 수 있는 사진기 같은 것이다. 이런 카메라는 6층 높이이고 그 무게는 약 만 톤에 달한다. 그들은 기술적인 관점에서 발전소(power house)이다. 가속기 그 자체 또한 기술적인 경이로움이다. 예를 들어, 양성자 빔을 인도(guiding)하는데 포함된 자석은 어마어마하게 크고 −271.3℃에 놓여 있는데 그 온도는 고작 절대 0 도보다 1.9° 더 높다. LHC는 실로 세계에서 가장 큰 냉장고이다. 그 작동은 매우 복잡해서 세계 각국에서 온 수많은 과학자들 간의 긴밀한 협동과정을 통해 이루어진다.

여러분은 이 협동과정에 있어서의 문제를 예상할 수 있으리라. 어떻게 타이페이, 스드니, 런던, 리스본, 샌프란시스코, 베를린 피트버그 및 그 외 수 많은 다른 도시에서 온 과학자들이 스위스와 프랑스 국경에 놓여 있는 6층짜리 빌딩을 함께 관리할 수 있을까? 이 문제를 정확하게 해결하기 위해 1990년 World Wide Web 이 CERN 에 있는 Tim Berners–Lee 에 의해 발명되었다. 맞다. 여러분이 책도 사고, 콘서트 티켓도 구입하고, 시장도 보는 바로 그 Web 이 실제적인 문제를 해결하기 위해 입자물리학자에 의해 발명되었다. 그것은 그들의 상아탑에 고립되어 있는 괴팍한 과학자들에 의해 발명된 것이 아니다. 여러분이 한 가지 프로젝트에 많은 기술을 모으고자 할 때 비로소 괄목할만한 발전이 가능한 것이다.

많은 사람들이 이 시설의 비용에 대해 말한다. 우리는 다음과 같은 주장을 한다. Web 은 국제적 비영리 단체에서 발명되었기 때문에 공짜다. 그 대신 개인 회사가 그것에 대한 특허를 가지고 있다고 생각해 보자. 여러분이 링크에 접속할 때마다 그 회사에 돈을 지불해야 할 것이다. 이는 확실히 여러분의 흥미나 세계 경제를 반감시킬 것이다. 비슷한 성공 스토리가 캘리포니아의 SLAC(the Stanford Linear Accelerator Center, 이것은 미국 내 첫 번째로 지어진 Web 서버이다); 시카고 근처의 FermiLab(Fermi National Accelerator Laboratory); 일본 츠쿠바 시에 있는 KEK(High–Energy Accelarator Research Organization); 이 외 많은 시설에도 있다. 그들은 과학의 선구자를 자처하기 때문에 첨단 기술전달에 대한 비용을 충분히 지불했다고 볼 수 있다. 그러나 자세히 살펴보면, 이러한 면에서 이득도 현저하지만 가장 중요한 이익은 인간이라는 존재를 특징하는 지식에 대한 목마름을 충족시키기 위해 여전히 과학이 진행 중이라는 것이다.

PART B

CP 깨짐: 물질과 반물질 사이 비대칭

전자의 디랙(Dirac) 이론에 바탕을 둔 양자 전기역학(quantum electrodynamics)에는 입자와 반입자 사이에 대칭성이 존재한다. 예를 들면 전자와 양전자(positron) 사이에 전하 공액 변환(charge conjugation) C라는 대칭성이다. 양성자에 대해서도 비슷한 대칭성이 있느냐는 문제는 계속 의문이었다. 그러나 반양성자가 처음 발견된 것은 1955년이었고 양성자와 양전자를 결합하여 반수소 원자(antihydrogen atoms)를 만드는 것이 수년 후에 가능했다. 그러한 C 대칭성은 양성자와 반양성자에도 성립하는 것처럼 보였다. 따라서 C 대칭성은 물질과 반물질사이 대칭성이라 불리게 되었다.

7장에서 이야기한 것처럼 패리티(parity)의 깨짐이 발견되었을 때, 전하 대칭성 C도 또한 깨짐이 발견되었다. 그러나 CP 변화에 대한 대칭성은 깨지지 않는다고 보았다. 따라서 CP 대칭성은 물질과 반물질 사이 대칭성이라 생각하였다. 이러한 대칭성이 사실이라면 왜 우주는 반물질은 거의 없고 물질로만 되어있느냐는 의문이 있을 수 있다. 이에 대해 제시된 한 가지 가능성은 은하수와 근처의 은하들은 약간의 변이(fluctuation) 때문에 물질로만 되어 있고 다른 은하들은 모두 반물질로 구성되어 있다는 것이다. 그러나 은하 사이는 물질로 채워져 있다는 것이 사실이다. 이러한 은하 사이에서 물질과 반물질의 소멸(annihilation) 현상이 있을 것이고 이로부터 발생되는 감마선이 있을 것인데 실제 이러한 감마선은 발견된 적이 없었다. 현재 보이는 우주는 완전히 물질로만 이루어진 것처럼 보인다.

1964년에 CP 대칭성이 아주 작게 깨진다는 것이 발견되었다. 이에 대하여 Andrei Sakharov는 우주는 처음 물질과 반물질의 대칭성으로부터 출발했고 이후, CP가 깨짐에 따라 초기 우주에서 어떤 과정을 통해 순수한 물질만 남게 되었다는 제안을 하였다. 이러한 과정을 중입자생성(baryogenesis)이라 부른다. 중입자 수(Baryon number) B라는 양을 정의하여 양성자와 중성자는 B = 1이라면, 이들의 반입자는 B = -1이 된다. Sakharov는 물질과 반물질 사이 비대칭성이 있으려면 중입자 수를 위반하는 어떤 과정이 있어야 한다고 주장했다. 마지막으로 열적 평형이 있다면 반물질에서 물질이 생성되는 여러 반응들이 있을 것이고 반대의 과정도 있을 것이다. 그러면 어떤 비대칭성도 없어질 것이다. 따라서 열적 비대칭성이 있어야 한다.

표준 모형(standard model)에는 이러한 모든 요소들이 포함되어 있다. 즉 CP 깨짐이 있고, 중입자수가 깨지는 과정*도 있고, 힉스(Higgs) 장에서 발생되는 어떤 진공 기대치(vacuum expectation) 때문에 열적 균형이 안 이루어지는 상전이(phase transition)도 있다. 그러나 자세한 계산에 의 하면 표준 모형에서 CP 깨짐은 중입자 비대칭을 일으키는 충분조건이 아니라는 것이 밝혀졌다.

Sakharov의 이러한 제안을 토대로 많은 이론적 아이디어가 나왔다. 이러한 아이디어들은 모두 CP 깨짐에 근거를 둔다. 이것이 바로 CP 깨짐의 근거가 무엇인지 이해하려는 노력에 관심을 두는 이유이다.

---

* 이들은 비섭동적 효과(nonperturbative effects)다. 이는 바로 4장에서 기술한 섭동적인 기술로는 계산할 수 없다는 것을 뜻한다. 하지만 이는 매우 높은 에너지에서만 유효하고 실험실에서 가능한 에너지 영역에서는 별로 중요하지 않다.

CHAPTER 11

케이온(kaon) 붕괴에서 CP 깨짐

CP 대칭의 깨짐은 7장에서 이야기한 것처럼 중성의 케이온 중간자의 붕괴 연구에서 1964년 처음 관측되었다. K^0 중간자는 d쿼크와 $\bar{s}$ 쿼크가 합하여 구성된다고 볼 수 있다. 여기에 CP 변환을 시켜보면 $\bar{d}$ 쿼크와 s 쿼크로 된다. 이는 바로 $\overline{K^0}$ 입자로 알려졌다 (케이제로바라고 부른다).

따라서 K^0와 $\overline{K^0}$는 확실하게 CP 양자수는 아니다. 그러나 K^0와 $\overline{K^0}$의 중첩을 기술할 수 있는 양자역학적인 파동함수는 정의 할 수 있다. 이러한 파동함수를 양자역학적인 표기로 상태(state)라 부른다. 예를 들면 다음과 같은 중첩상태를 만들 수 있다.

$$K_+ = \frac{1}{\sqrt{2}}(K^0 + \overline{K}^0),$$

$$K_- = \frac{1}{\sqrt{2}}(K^0 - \overline{K}^0).$$

우리가 이러한 상태들을 이처럼 단순하게 정의할 수 있는 것은 양자

역학적 중첩 때문이라고 강조하고 싶다. 이러한 상태에서 s쿼크와 $\bar{d}$ 쿼크로 구성된 입자로 발견될 확률이 50%, $\bar{s}$ 쿼크와 d쿼크로 이뤄진 입자로 발견될 확률도 50%이다. CP는 K^0를 $\overline{K}^0$로 바꾸므로 다음 식을 쉽게 이해할 수 있다.

$$K_+ \xrightarrow{CP} +K_+,$$

$$K_- \xrightarrow{CP} -K_-$$

이는 K_+가 CP = +1의 양자수를 갖는 반면 K_-는 CP = −1의 양자수를 갖는다는 것을 뜻한다. 만일 CP가 보존된다면 이러한 입자들은 명확한 질량과 평균 수명을 가질 것이다.

중성의 케이온은 둘 내지 세 개의 파이온으로 붕괴될 수 있다. 먼저 두 개의 파이온으로 붕괴되는 경우를 생각해보자. 케이온과 파이온들은 스핀(spin)을 가지고 있지 않기 때문에 각운동량 보존 법칙에 의하면 붕괴에서 발생된 두 파이온의 상대적 각운동량은 영이다. 이 시스템에 C, P 특성을 고려하면 최종상태 $(\pi^+\pi^-)$와 $(\pi^0\pi^0)$는 CP = +1을 갖는다. 따라서 CP가 보존된다면 K_+는 $(\pi^+\pi^-)$나 $(\pi^0\pi^0)$로 붕괴될 것이다. 반면 K_-는 CP가 −1이므로 이렇게 붕괴되지 못한다. 다음엔 3개의 파이온으로 붕괴되는 경우를 살펴보자: 즉 $(\pi^+\pi^-\pi^0)$와 $(\pi^0\pi^0\pi^0)$이다. 케이온은 영(zero)의 스핀을 가지고 있기 때문에 3개의 파이온들은 영(zero)의 상대적 각운동량을 가질 것이며 CP = −1[1]의 상태이다. 따라서 CP가 보존되면 K_-는 3개의 파이온 상태로 붕괴될 것

1 음의 부호는 각각의 파이온들이 -1의 고유 우기성을 가지고 있고, -1을 세제곱하면 -1이 되기 때문이다.

이고 K_+는 3개의 파이온으로 붕괴되지 못할 것이다.

이제 중성의 케이온과 두 개의 파이온 사이 질량 차이는 중성의 케이온과 3개의 파이온 사이 질량 차이보다 훨씬 클 것이다. 때문에 중성의 케이온이 두 개의 파이온으로 붕괴될 확률이 더 크다. 모든 것이 같다면 두 개의 파이온으로 붕괴될 수 있는 K_+는 그렇지 못하는 K_-보다 더 빨리 없어질 것이다. 따라서 중성의 케이온이 두 개의 다른 평균 수명을 갖는다고 예측할 수 있다. 이처럼 두 가지 수명을 갖는다는 사실은 실험을 통해 실제로 확인되었다. 케이온은 두 개의 중성 케이온이 존재한다. 하나는 9×10^{-11}초로 수명이 짧은 (K_s로 표기) 케이온과 좀 더 긴 수명 5×10^{-8}초를 갖는 케이온(K_L)이다. CP가 보존된다면 K_s는 K_+ 와 일치할 것이고, 두 개 파이온으로 붕괴될 것이다. 반면에 K_L은 K_- 와 일치하지만 두 개 파이온으로는 붕괴되지 않을 것이다.

K_L이 K_s보다 긴 수명을 갖는다는 것은 매우 흥미로운 결과이다. 처음에 같은 수의 K_L과 K_s를 갖는 빔을 생각할 때 K_s의 일부는 두 개의 파이온으로 붕괴되고 빔이 나아감에 따라 빔의 K_s 비율은 급속히 작아

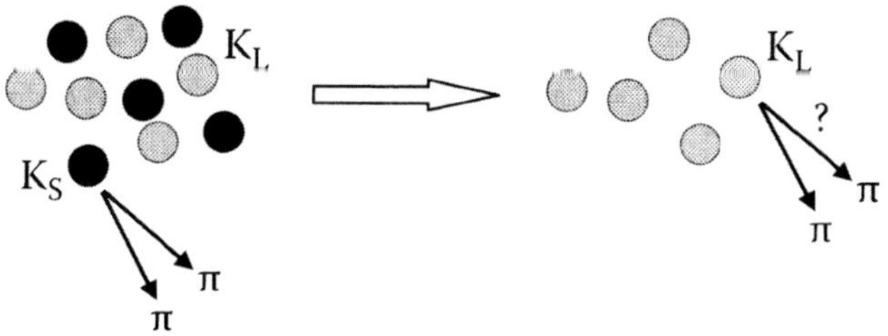

그림 11.1 CP깨짐을 찾기 위한 실험. K_s(검은색)빔과 K_L(회색)의 빔이 나란히 같이 간다. K_s 일부는 두 개의 파이온으로 붕괴하면서, 어느 정도 거리를 이동 후 모든 K_s 성분은 사라질 것이다. 또한 남아있는 K_L 또한 두 개의 파이온으로 붕괴하면 CP는 깨진다.

질 것이다. 어느 정도 빔이 지난 후에는 더 오랜 수명을 갖는 빔의 K_L 성분만 남을 것이고, CP가 보존된다면 K_L은 두 개의 파이온으로 붕괴되지 않을 것이다. 역으로 끝까지 살아남은 K_L이 두 개의 파이온으로 붕괴한다면 우리는 CP가 깨진다고 볼 수 있다. 그림 11.1은 이것을 실험하기 위한 그림이다. 이 실험의 결과는 1964년 Christenson, Cronin, Fitch 및 Turlay에 의하여 발표되었다. 그들은 K_L이 주로 3개 파이온으로 붕괴되는 반면 가끔 두 개의 파이온으로도 붕괴되는 것을 관측하였다. K_L이 반대 값 즉 -1과 +1의 CP값을 갖는 두 개와 3개의 파이온으로 붕괴되므로 CP 깨짐은 분명히 확인 되었다. K_L이 $(\pi^+\pi^-)$로 붕괴되는 확률은 K_s가 똑 같은 상태로 붕괴되는 확률보다 십 만분의 일 미만이다. 따라서 케이온 시스템에서 CP 깨짐은 작다. 기술적인 논문에서 CP 깨짐에 대한 비율을 매개변수 $|\epsilon|$로 표시하는데 0.002[2]로 적다. Cronin과 Fitch는 1980년 이 공로로 노벨상을 수상하였다.

또 다른 예를 들면 이해에 도움이 될 것이다. CP가 보존된다면 같은 질량의 다른 입자가 없으므로 −1의 CP값을 갖는 K_L은 K_L로 변환될 것이다. 따라서 K_L은 $\pi^+e^-\overline{\nu}_e$로 붕괴할 수 있고 C 변환된 상태인 $\pi^-e^+\nu_e$로 붕괴할 수도 있다. 이들 상태로 변환되는 것을 고려하고 모든 가능한 운동량, 스핀을 고려한다면 이 붕괴율은 바로 CP[3]와 연결되어있다는 것을 알 수 있다. 바꿔 말하면 K_L의 $\pi^+e^-\overline{\nu}_e$과 $\pi^-e^+\nu_e$로의 붕괴율 차이는 바로 CP 깨짐을 나타내는 것이다. 실험적으로 π^-가 π^+보다 더 자주 관측된다. 이러한 CP 깨짐의 정도는 아주 적게 관측되었

2 7장에서 이야기한 CPT이론이 맞는다면 이는 바로 시간 역전(reversal)에 대한 대칭성이 깨진다는 것을 뜻한다.

3 K_L의 CP 변환에서 오는 - 부호는 붕괴율 계산에서 제곱이 되므로 붕괴율에 영향을 미치지는 않는다.

고, 이는 케이온 혼합과도 직접 관련될 수 있으며 $|\epsilon|$의 값으로 정확하게 계산될 수 있다.

그럼 이러한 CP가 깨지는 원인은 무엇인가? 우리 저자 중 한명인 Lincoln Wolfenstein에 의해 제안된 한 가지 가능성은 보통의 약 상호작용보다 더 약한 새로운 상호작용 때문이라는 것이다; 이것은 초약 이론(superweak theory)이라 명명되었다. 이렇게 명명된 이유는 단지 4개 쿼크(8장 참조)만 포함하는 약한 상호작용의 Weinberg이론에서 비록 CP 깨짐이 잘 설명되진 못하지만 좋은 이론이라고 받아들여질 수 있는 가능성이 있기 때문이다.

초약이론에 의하면 CP 깨짐은 K^0와 $\overline{K}^0$의 혼합(mixing) 상태와 관계가 있고 명확한 질량과 수명을 갖는 K_L은 전부가 K_-(CP 홀수)는 아니고 그 중 일부는 $\pi^+\pi^-$로 붕괴되는 K_+(CP 짝수)가 섞여있다.

K^0는 기묘도(strangeness)가 S = +1이고, $\overline{K}^0$는 S = −1이기 때문에 이들을 혼합하기 위해서는 S를 2만큼 바꿔야 한다. 약한 상호작용의 표준 모형에서는 S를 1 만큼 바꾸기 때문에 K^0, $\overline{K}^0$의 혼합이 만들어지기 위해서는 약한 상호작용을 두 번 적용해야 한다. 이에 대한 것은 그림 11.2에 설명되어있다. 4개 쿼크에 관한 표준 모형에서는 q는 매혹 쿼크인 c나 업 쿼크인 u 쿼크이다. 그리고 약한 상호작용이 두 번 적용되기 때문에 매우 작은 질량 차이밖에 없고 CP 깨짐은 설명할 수 없다.

초약 상호작용에서는 S가 2만큼 변화하는 것이 허용되지만, 그것은 그림 11.2에서 설명되듯이 약한 상호작용의 2차적 효과(second-order effect)보다 적다. 초약 이론으로 예측해 보면 K^0 시스템에서 관측된 작은 CP 깨짐을 제외하고 이러한 새로운 상호작용에 대한 어떤 신호나 다른 CP 깨짐 현상은 발견되지 않는다는 것이다. 이러한 예측은 1964년 이래 25년 동안 사실처럼 여겨졌다.

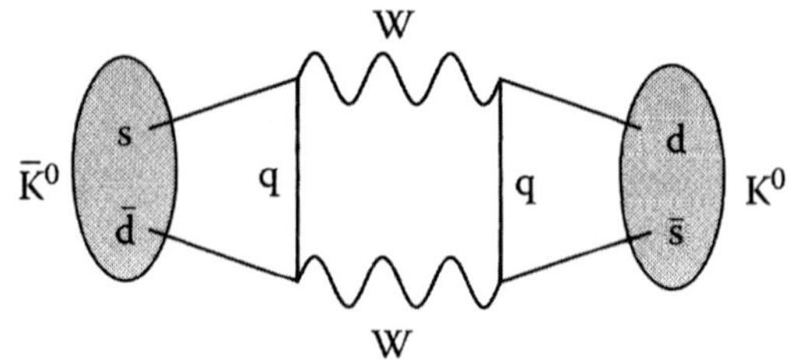

그림 11.2 표준 모형에서 $K^0-\overline{K^0}$ 혼합을 나타내는 박스 다이어그램. 원래의 표준 모형에서는 q는 u나 c였고, 어떤 CP깨짐도 없었다. CP깨짐을 설명하기 위하여 q에 t를 더하는 것이 필요하다.

핵심은 전적으로 혼합(mixing) 때문이 아니라 붕괴 과정 자체와 관련이 있는 CP 깨짐을 발견하는 것 이었다; 이것을 직접 CP 깨짐(direct CP violation)이라 한다. 원래 CP 깨짐에 관한 실험은 K_L이 $\pi^+\pi^-$로 붕괴되는 것을 관측하는 것이었다. 이제 목표는 더 어려운 $\pi^0\pi^0$ 로의 붕괴 채널을 관측하는 것인데, 두 개의 중성의 파이온 붕괴에서 나오는 4개의 광자를 검출하고 정밀하게 측정해야 한다. 그러면 우리는 K_L에서 이러한 두 붕괴모드에 대한 비율과 K_S에서 두 붕괴 모드로의 비율을 비교할 수 있다. 이 두 비율은 그 붕괴들이 모두 K_+ 붕괴라면 같아야 한다. 이 비율의 차이는 새로운 매개변수 ϵ'로 측정되고 [노트 1] 이제 직접적인 CP 깨짐에 대한 척도이다.

1980년대 CERN과 Fermilab에서 ϵ'을 각각 측정하였지만 너무 오차가 크고 일치하지 않았다. 따라서 새로운 두 가지 실험이 시작되었는데 하나는 Fermilab의 KTev이고 하나는 CERN의 NA48이다. 가장 중요한 문제는 K_L 붕괴와 K_S붕괴가 같은 검출기에서 검출되어야 한다는 것이다. 4개의 광자 에너지를 측정하기 위해서는 크고 정밀한 측정이 가능한 전자기에너지 측정기(electromagnetic calorimeters)가 있어야 했

다: KTev 실험에서는 세슘아이오딘(cesium iodide) 결정을 사용하였고, NA48에서는 액체 크립톤(krypton)을 사용하였다. 1990년대 말 비로소 두 실험에서 일치된 결과가 나왔고, ϵ' 값은 0.002ϵ 과 일치했다. 이 값은 비록 아주 적지만 의심할 여지없이 직접 CP 깨짐을 보여주고 있다.

노트(NOTES)

수학적으로 다음과 같이 쓴다.

$$A(K_L \longrightarrow \pi^+\pi^-)/A(K_S \longrightarrow \pi^+\pi^-) = \epsilon + \epsilon',$$

$$A(K_L \longrightarrow \pi^0\pi^0)/A(K_S \longrightarrow \pi^0\pi^0) = \epsilon - 2\epsilon'$$

CHAPTER 12

Cabibbo-Kobayashi-Maskawa 행렬

표준 모형에서 CP 깨짐

1973년 b 쿼크와 t 쿼크가 발견되기 전 Progress of Theoretical Physics 논문집의 한 구절에서 현재의 4개 쿼크 대신 6개 쿼크가 존재한다면 Weinberg모델을 확장시켜 CP 깨짐을 설명할 수 있다고 제안되었다. 이 논문의 저자는 Kobayashi 와 Maskawa 였다. 이 모델은 CP 깨짐에 대한 표준 모형이 되었고, 2008년에 Kobayashi 와 Maskawa는 노벨물리학상을 수상하였다.

출발점은 처음 디랙(Dirac)이 제안했던 것처럼 스핀 1/2인 입자에 대한 어떤 장이론도 반입자들을 포함하는 이론이라는 것이다. 다른 중요한 점은 약 붕괴(weak decay)같은 과정의 진폭(amplitude)은 복소수로 표현된다는 것이다. 부록 3에서 설명하듯이 복소수는 화살의 길이와 시계의 바늘처럼 방향을 나타내는 다이얼(dial)로 나타낸다. 그 방향을 복소수의 위상이라 부른다. 위상은 CP 깨짐 이론에서 아주 중요한 역할을 한다.

약한 상호작용의 기본이론은 그림 12.1[4]에서 표현한 것처럼 두 개

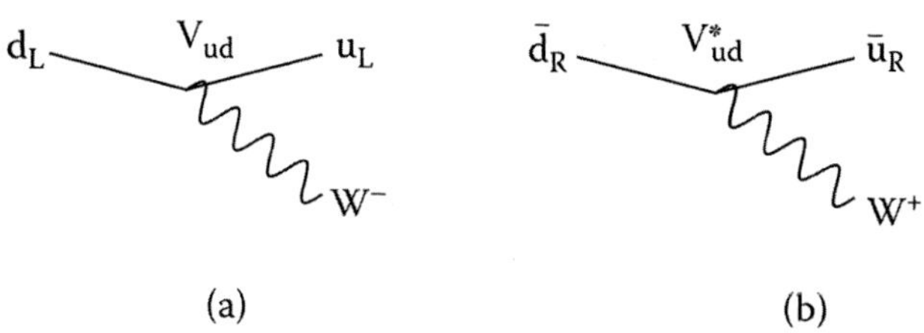

그림 12.1 표준 모형에서 약한 상호작용을 기술하는 두 개의 항: (a) 왼손잡이 d쿼크가 왼손잡이 u쿼크와 W^-로 바뀌지고; (b) 오른손 방향의 $\bar{d}$쿼크가 오른손 방향의 $\bar{u}$쿼크와 W^+로 바뀌진다.

항(terms)으로 기술된다. 그림 12.1a에 표현된 항은 d_L이 u_L과 W^-로 되는 중성자의 베타 붕괴에 대한 것이다. 이 붕괴는 복소수인 V_{ud}에 비례하고 화살표로 표시하거나 혹은 실수와 다이얼로 나타낸다. 그림 12.1b에 있는 항은 오른손 방향(right-handed) $\overline{d_R}$ 쿼크가 오른손 방향 $\bar{u}$ 쿼크와 W^+로 가게 되는 것을 표현한다. 일반적인 양자이론에 의하면 이런 결합은 V^*_{ud}에 비례한다. 여기서 별표는 우리가 V_{ud}를 나타내는 화살표를 가져와서 수평축에 대해 반영한다는 뜻이다. 바꿔 말하면 V^*_{ud}에서 다이얼(위상)은 V_{ud}와 똑 같지만 반대 방향이라는 것이다. V_{ud}와 V^*_{ud}의 크기(대응되는 화살표의 크기)는 같다. 따라서 그림 12.1에서 두 상호 작용은 같은 세기(intensity)를 갖는다.

전하 공액변환(Charge conjugation)은 그림 12.1에서처럼 입자를 반입자로 반입자를 입자로 바꾼다. 패리티(parity) 변환은 스핀(왼손방향을 오른손방향으로 혹은 반대로)을 바꾼다. CP변환은 그림 12.1a를 그

4 쿼크위에 선은 대응되는 반쿼크를 표시하고 $\bar{u}$는 u 쿼크의 반입자이다. 여기서 우리는 가끔 u bar로도 표현할 것이다.

림 12.1b로 혹은 반대로 변환시킨다. 그래서 CP가 대칭(good symmetry)이 명확하다면 두 그림에서 결합세기는 같아야 할 것이고 V_{ud}와 V_{ud}^*는 같아야한다. V_{ud}와 V_{ud}^*에 대응되는 화살표는 반대 위상을 갖기 때문에 이들 결합세기는 이들의 위상이 영이 될 때만 일치할 수 있다. 즉, CP가 보존되면 V_{ud}는 보통의 실수일 것이다. 실수가 아닌 결합세기는 표준모형에서 유일한 CP깨짐이 일어나는 곳일 것이다.

그러나 대부분의 위상은 특별한 물리적 의미가 없다; 예를 들면 d 쿼크의 위상을 바꾸더라도 특별한 물리적 변화가 일어나지 않는다. 단지 한 쿼크의 위상을 바꿀 때는 상대적 위상이 변하지 않는다면 물리적 의미가 있다; 그런데 단지 4개 쿼크만 다룰 때는 어떤 의미 있는 위상이 존재하지 않는다는 것이 밝혀졌다. 6개 쿼크로는 CKM 행렬로 알려진 3개 행과 열로 구성된 9개의 V_{ud}같은 요소로 된 표를 얻게 되었다(표 9.1에서처럼). 일반적으로 이 행렬은 크기 3개와 위상 1개[5]의 매개변수만 알면 결정할 수 있다.

CKM 행렬을 결정하는 4개의 매개변수를 정하는 방법은 여러 가지가 있다. 일단 (표 9.2에서처럼) 실험에 의해서 크기 순서를 정한다. 저자 중 한 분인 Lincoln Wolfenstein은 그 행렬을 표 12.1에 있는 것처럼 쓰자고 제안하였는데, 이 방법이 행렬을 쓰는 표준 방법이 되었다. 중요한 점은 작은 매개변수 λ를 사용하는 것이다. 실험적으로 λ는 0.22이고 λ^4의 항(0.0023 정도)과 더 작은 항은 무시하였다. 어떤 실험에서는 λ^4항을 포함시키지만 대부분 실험에서는 λ^4항을 빼도 상관없다. t 쿼크와의 결합을 나타내는 제일 아래 행(row)은 표 12.1에서 내부적 일관성을 충족하도록 결정 된다.[6] 이는 거의 모든 t 쿼크가 B 중간자로 붕괴

5 단위행렬(unitary matrices)은 부록 4장 참조.

표 12.1 Cabibbo-Kobayashi-Maskawa(CKM)행렬에서 Wolfenstein 매개변수

W	d	s	b
u	$1-\lambda^2/2$	λ	$A\lambda^3 r$
c	$-\lambda$	$1-\lambda^2/2$	$A\lambda^2$
t	$A\ \lambda^3(1-r^*)$	$-A\lambda^2$	1

하는 것을 나타낸다. 현재 B 중간자로의 붕괴에 가장 적합한 A 값은 약 0.8이고 r의 크기는 약 0.4 이다. CP 깨짐은 이 행렬에서 r 에 위상 γ 를 넣어서 포함된다. 반면 r^*는 r과 같은 크기를 가졌으나 위상은 $-\gamma$ 이다.[7] 이 하나의 위상 γ 가 표준 모형에서 CP 깨짐과 유일하게 관계되는 양이다. 이 행렬의 두 원소는 큰 위상 값을 가지고 있다: V_{ub}는 γ, V_{td}는 β(사실 γ와 관련이 있다.)의 위상이다.

이제 케이온 시스템에서 CP 깨짐 문제로 돌아가 보자. K^0와 $\overline{K}^0$ 혼합(mixing)에서 CP 깨짐과 관련이 있는 매개변수 ϵ은 그림 11.2의 박스 다이어그램(box diagram)을 사용하여 계산된다. 여기서 쿼크 q는 u, c 쿼크뿐 아니라 t 쿼크도 뜻한다. q가 t 쿼크로 설정된 다이어그램에서 세기는 $(V_{ts}V^*_{td})^2$에 비례하고 따라서 $(V^*_{td})^2$의 위상에 비례한다; 이 위상은 2β(2배 베타로 부른다)이다. t 쿼크를 가진 이 다이어그램은 λ^8 (거의 0.0000055)에 비례하고 c 쿼크를 가진 다이어그램은 λ^2(거의 0.05)에 비례하므로 매우 억제된다. 그러나 자세히 계산해 보면 t 쿼크가 큰 질량을 가지고 있어서 t 쿼크 다이어그램이 얼마간의 증가가 있

6 이러한 일관성 조건은 부록 4장에서 설명하듯이 단일 제약(unitary constraints)으로 알려져 있다.

7 수학적인 표현으로 r는 복소수이고, r^*는 공액 복소수(complex Conjugate) 이다. r은 $\rho-i\eta$로 쓸 수 있고 r^*는 $\rho+i\eta$로 쓸 수 있다. 위상 γ는 $\tan\gamma=\eta/\rho$로 기술된다.

다. 하지만 계산에는 얼마간의 불확정성이 존재하지만 결과는 위상 2β가 상당히 큰 실험값 ϵ = 0.002와 잘 일치하였다. (다른 실험에서 정해진 β값에 대해선 다음 장에서 논의한다.)

케이온 붕괴에서 CP 깨짐은 어떻게 될까? 케이온이 $\pi^0\pi^0$로 붕괴되는 이유는 $\bar{s}$ 쿼크가 u 쿼크, $\bar{u}$ 쿼크, $\bar{d}$ 쿼크로 직접 변환되었기 때문이다. 이런 붕괴는 그림 12.2a에서처럼 CP 깨짐 위상이 존재하지 않는다. 케이온 붕괴에서는 그림 12.2b에서처럼 케이온 붕괴가 V_{td}의 위상과 직접 관련이 있기 위해서는 주된(dominant) 다이어그램에 t 쿼크를 포함하는 루프(loop)가 더해져야한다. 이 케이온 붕괴에서 CP 깨짐이 일어나기 위해서는 최소한 그림 12.2에서처럼 다른 위상을 갖는 두 개의 다이어그램이 있어야한다. 그림 12.2b의 다이어그램은 λ^5에 비례하고 그림 12.2a에 있는 다이어그램은 λ에 비례하므로 CP 깨짐은 실험에서 아주 작게 관측된다.

그림 12.2b의 루프(loop) 다이어그램은 팽귄(penguin) 다이어그램이라고도 부르는데 이는 물리학자들의 남다른 유머감각을 보여준다. 이야기는 John Ellis(CERN의 물리학자)와 Melissa Franklin(지금은 하바

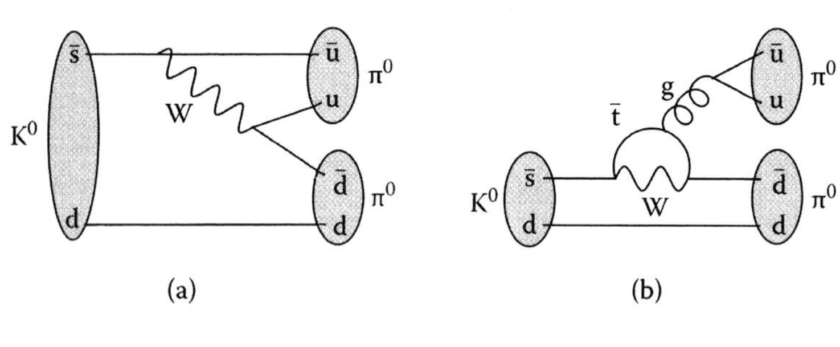

그림 12.2 K^0가 $\pi^0\pi^0$로 붕괴하는 다이어그램. (a) CP깨짐을 일으키지 않는 $K_s \longrightarrow \pi^0\pi^0$ 붕괴의 주된 다이어그램. (b) K_L이 붕괴하기 위한 팽귄(Penguin) 다이어그램이고 글루온 대신 광자가 들어가는 다이어그램도 있을 수 있다.

그림 12.3 John Ellis가 어떻게 그림 12.2b가 팽귄으로 되는지 보여주고 있다.

드 대학교 실험 물리학자)이 선술집에서 다트(darts) 게임놀이를 하면서 내기를 걸었다. 게임을 진 Ellis는 그의 다음 과학 논문에 팽귄이라는 단어를 넣어야 했다. 그는 그림 12.2b의 다이어그램의 위 부분을 약간 변형하면 그림 12.3의 그림으로 바꿀 수 있다는 것을 알았다. 잘 생각해보면 그림 12.3이 팽귄과 같게 볼 수도 있다는 것을 여러분은 알 것이다. 따라서 팽귄 다이어그램이라는 용어가 과학적 은어(jargon)가 되었다.

글루온(gluon)이 광자로 바뀐 광자 루프 다이어그램 또한 중요하고 글루온의 루프 다이어그램과 상쇄(cancel)될 수 있다. 표준 모형에서 ϵ' 계산은 오차가 크기 때문에 매우 어렵다. 이론에서의 오차 범위내에서 실험값과 이론은 일치한다. 쿼크 3세대(3 quark families)의 표준 모형에서 설명될 수 있지만 케이온 물리(kaon physics)로는 CP 깨짐 이론을 정량적으로 검증할 수는 없다. 그래서 B 중간자(B mesons)연구가 필요하게 되었다.

CHAPTER 13

B 중간자에서 CP 깨짐

13.1 많은 B를 만들어내는 장치에서 CP 깨짐

지금까지 두 개의 중성 B 중간자가 발견되었다. 그 중 하나인 B^0 중간자는 d쿼크와 b 반쿼크의 조합으로 구성되는데, 여기에 CP 변환을 시켜보면 $\overline{d}$ 쿼크와 b 쿼크가 된다. 이 중간자는 $\overline{B}^0$로 알려졌다. 케이온 시스템에서처럼 B^0와 $\overline{B}^0$는 서로 혼합 상태로 존재하므로 이들은 명확한 질량이나 수명을 갖는 중간자는 아니다. 명확한 질량을 갖는 입자는 B_H(좀 무거운 B 중간자)와 B_L(가벼운 B 중간자)이다. 이들 사이의 수명 차이는 매우 적어서 케이온 시스템에서처럼 수명으로 구분하지 않고 질량으로 구분한다. 케이온 시스템에서 K_L은 긴 수명을 갖는 K 중간자이고 K_S 중간자는 K_L 중간자에 비해 수명이 짧다. 충분히 긴 시간을 가지고 K_L과 K_S이 섞어진 케이온 빔을 관측하면 K_S는 붕괴하여 사라지고 모두 K_L만 남는다. 이것이 B 중간자에 대해서는 불가능하다. 다행히도 그들의 질량차가 그들의 평균 질량보다 10^{13}분의 1 정도

밖에 안되지만 우리는 B_H가 B_L보다 무겁다는 것을 확인할 수 있다. 이런 사실은 이들 입자 평균 수명의 역(inverse)에 비례하는 붕괴 너비(decay width)[**역주:** 붕괴 너비가 커지면 붕괴 확률도 커진다]가 바로 질량 차와 비슷하기 때문이다.

표준 모형에서 B 중간자의 혼합 상태는 그림 13.1[노트 1]의 박스 다이어그램(box diagram)으로 설명된다. 이 다이어그램이 B_H와 B_L의 질량차[**역주:** 질량은 붕괴 너비의 역에 비례한다는 것과 관련지어 생각해야 함]를 설명해 준다. 이 다이어그램에서 4개의 약 정점(weak vertices)들이 존재하는데 이 때문에 질량차가 매우 적어진다. (섭동이론(perturbation theory)에서 약 정점이 추가로 많아지면 약 결합 상수(weak coupling constant)의 제곱만큼 늘어난다는 것을 상기하자). 이러한 추가 약 정점으로 인한 증가는 $(V_{tb}V_{td}^*)^2$에 비례한다. 케이온 시스템과 반대로 V_{td}에서 발생되는 큰 위상이 포함된 이 다이어그램은 B^0와 $\overline{B}^0$ 혼합 상태의 대부분을 이룬다. 따라서 혼합에서 큰 CP 깨짐 현상이 예측된다.

이러한 CP 깨짐을 검출하는 가장 최상의 방법은 B^0와 $\overline{B}^0$의 혼합 상태가 최종상태 f로 가는 변환 시간 의존성을 연구하는 것이다. 여기서 최종상태 f는 CP의 명확한 값 즉, +1 혹은 −1을 갖는다. 혼합 상태이므로 CP 깨짐은 이러한 변환 시간이 모두 똑 같지 않다. 붕괴과정

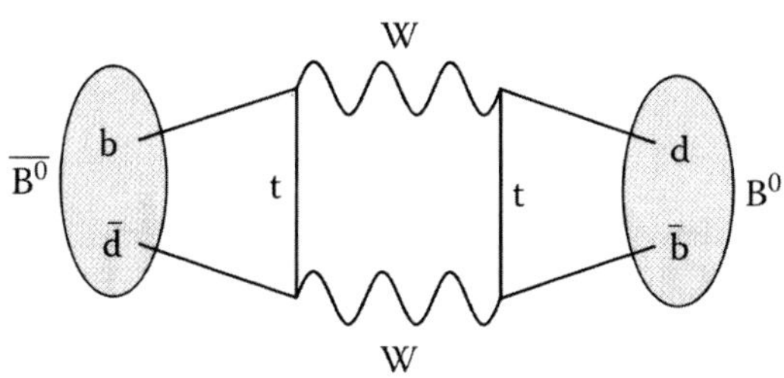

그림 13.1 $B-\overline{B}$혼합을 기술하는 주된 박스 다이어그램

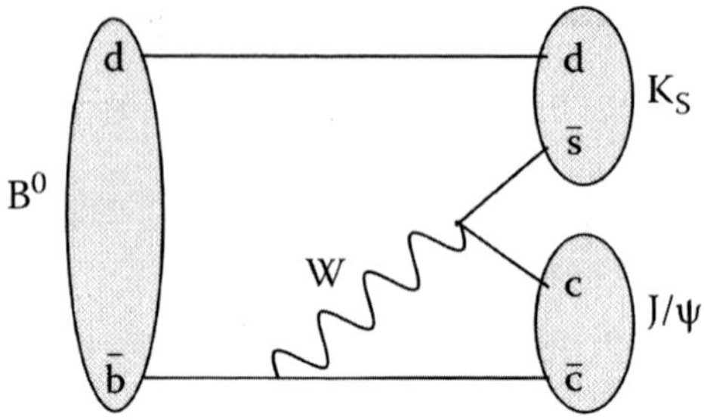

그림 13.2 $B-\rightarrow J/\psi\ K_S$ 붕괴를 기술하는 기본 수준(tree-level) 다이어그램. 이는 $V^*_{cb}V_{cs}$에 비례한다.

자체에 어떤 CP 깨짐이 없다면 이들 차이는 V_{td}의 위상 때문이다.

특히 좋은 예는 최종상태 $J/\Psi K_S$이다. 여기서 J/Ψ는 6장에서 이미 언급했듯이 스핀 1을 갖는 $c\bar{c}$상태이다. K_S는 기본적으로 수명이 짧은 K 중간자이다(11장 참조). 이 $J/\Psi K_S$의 CP 상태는 CP = +1이다. B 중간자의 $J/\Psi K_S$로의 붕괴는 종종 금 도금된 붕괴(Gold-plated decay)라고도 한다. 이런 붕괴는 비교적 발견하기 쉽다. J/Ψ는 뮤온과 반뮤온 쌍으로 붕괴하여 알 수 있고 K_S는 두 개의 파이온으로 붕괴하여 알 수 있다. 이렇게 붕괴된 4개의 하전된(charged) 입자들은 현대의 검출기에서 쉽게 발견할 수 있다.

표준 모형에서 $B\rightarrow J/\Psi K_S$ 붕괴모드는 그림 13.2에 있는 다이어그램으로 설명된다. 표 12.1에 있는 Cabibbo-Kobayashi-Maskawa행렬에서 이 붕괴모드의 CP 깨짐은 없다; 즉 그림 13.2에 있는 Cabibbo-Kobayashi-Maskawa행렬의 원소(element)에서 위상이 없다. 따라서 아래 실험에서 기술된 CP 깨짐은 완전히 그림 13.1에 있는 혼합 상태 때문이다.

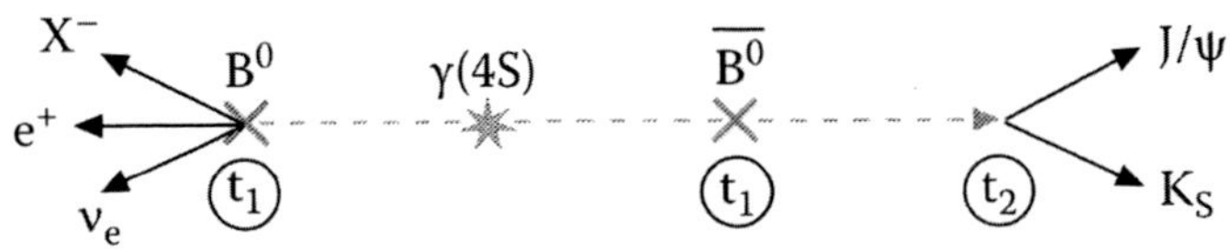

그림 13.3 $\gamma(4S)$에서 발생되는 완전 붕괴 사슬(chain)

중성의 B 중간자를 만드는 단순한 방법은 $Y(4S)$(윱실론 4에스로 발음한다)로 알려진 입자로부터이다. 이 $Y(4S)$는 전자와 양전자 충돌 가속기에서 만들어지고 b 쿼크와 $\bar{b}$ 쿼크의 구속 상태(bound state)이다. 이 입자의 질량은 커서 붕괴 시간의 절반은 B^0와 $\overline{B}^0$ 쌍 $B^0-\overline{B}^0$로 붕괴되는 것에 할애되고 나머지 절반은 B^+-B^- 쌍에 할애된다. 그림 13.3.에서는 이에 대한 전형적인 실험을 보여준다. 처음 $Y(4S)$는 $B^0-\overline{B}^0$ 쌍으로 붕괴하고 시간이 지남에 따라 B^0는 $\overline{B}^0$로 바뀌고 거꾸로 $\overline{B}^0$는 B^0로 바뀌면서 혼합 상태로 진행한다. 어느 시간 t_1에서 왼쪽의 입자가 B^0 중간자로 확인(예를 들면 반경입자 붕괴에서 방출된 양전자 때문)되는 붕괴를 한다면 양자역학에 의해 오른쪽의 중간자는 같은 시각에서 $\overline{B}^0$ 중간자여야 한다.[8] 시간이 지남에 따라 오른쪽의 $\overline{B}^0$는 B^0와 서로 뒤바뀌는 혼합 상태가 될 것이다. 시간 t_2에서 이 중간자는 $J/\Psi K_S$로 붕괴한다. 이러한 반응 사슬(chain of events)을 CP 공액

---

8 $Y(4S)$의 스핀은 1이다. B 중간자는 스핀이 영이므로 각운동량 보존칙에 의하면 B 중간자들은 +1의 상대적인 각운동량을 가져야한다. 그러나 대응하는 파동함수는 두 입자의 교환에 의해서 음의 부호를 갖는다. 만일 두 입자 모두 B^0 중간자라면 반대칭 상태에 존재하는 두 개의 보손(boson) 입자를 갖게 된다. 이는 페르미온(fermion) 입자에 대해서는 맞지만 보손의 경우는 불가능하다. 따라서 어떤 순간에 한쪽이 B^0 중간자이라는 것을 안다면 동시에 다른 쪽은 $\overline{B}^0$여야 한다. 이것은 Einstein, Podolsky 및 Roson의 전자에 대한 역설 실험의 보손(boson) 버전(version) 도구이다. 나중에 이러한 선각자들의 역설이 기술로 발전된다.

(conjugate)과 비교하면 CP 깨짐을 찾을 수 있다.

그러나 문제가 하나 있다. 우리가 (각각의 특별한 붕괴 시간과 관계없이) 모든 반응을 더하면 t_1이 t_2보다 앞서는지 혹은 반응이 다른 방법으로 발생했는지 알 수 없다. 이러한 시간-통합(time-integrated)된 분석에서는 간섭 CP 위반의 신호(signal of interference CP violation)[**역주:** 직접 붕괴와 혼합 붕괴사이 간섭에서 CP 깨짐]가 없는 것으로 밝혀졌다. 이러한 방법은 단지 직접 CP 깨짐(direct CP violation)을 찾는 데만 사용할 수 있다. 하지만 $J/\Psi K_S$로 붕괴하는 모드에서는 직접 CP 깨짐이 존재하지 않는다. 따라서 이러한 붕괴에서 CP 깨짐을 찾기 위해서는 시간별 진행방법(time evolution)을 따라야 한다. 우리는 그러한 시간을 반드시 알아야 한다.

하나의 붕괴와 다음 붕괴 사이 시간차는 두 붕괴 사이 거리를 실험에서 측정하면 알게 된다. 불행하게도 정지해 있는 $\Upsilon(4S)$에서 붕괴하여 발생되는 B 중간자는 평균 수명동안 단지 일천만 분의 일 미터밖에 못 간다. 이러한 거리는 너무 짧아서 측정하기 어렵다. 이 문제는 Piermaria Oddone에 의해 해결되었다. 그는 충돌하는 전자와 양전자 빔의 에너지를 다르게 하여 충돌하는 방법을 제안하였다.[**역주:** 전에는 전자와 양전자의 빔 에너지를 같게 하여 충돌시켜서 거의 정지된 $\Upsilon(4S)$를 만들었다] 이렇게 하여 비대칭 B 중간자를 다량으로 만들 수 있게 되었다.

두 개의 비대칭 B 중간자 생산 실험장치가 2000년경 가동되기 시작하였다. 하나는 미국의 아이들 책에서 유명한 캐릭터(character)인 코끼리 Babar의 이름을 딴 검출기와 함께 스텐포드 선형가속기 센터(Stanford Linear Accelerator Center; SLAC)에 있고, 또 다른 하나는 Belle라는 이름을 가진 검출기와 함께 일본 KEK 실험실에 존재한다.

SLAC에서는 전자의 에너지가 9 GeV까지 가속되고 단 3 GeV의 양전자와 충돌한다. 충돌에 의해 두 개의 B 중간자가 만들어지면 운동량 보존법칙에 의해 B 중간자는 빠르게 움직인다; 사실 이들의 속도는 거의 빛의 속도의 절반이다. 평균적으로 하나의 B 중간자는 붕괴하기 전까지 1밀리미터의 3분의 1을 움직인다. $\overline{B}^0$와 B^0의 붕괴 실험을 비교하기 위해서는 붕괴 지점을 정확히 아는 것이 필요하다. Babar 실험에서는 붕괴 위치를 수백분의 일 밀리미터까지 정밀하게 측정할 수 있는 실리콘으로 된 얇은 끈(thin strips of a silicon)을 사용하였다.

먼저 발생되는 붕괴는 인식(tagging)으로 알려진 방법에 의해 $\overline{B}^0$나 B^0로 확인된다. 예를 들면 양전자나 양의 뮤온이 발견되면 원래 붕괴는 $\overline{b}$ 쿼크에서 출발하였고($\overline{b}$ 쿼크가 $\overline{c}$ 쿼크와 양전자, 중성미자로 붕괴하는 것처럼) 이는 B^0 붕괴에서 오는 것으로 보는 것이다. 두 번째 붕괴에 대해서는 짝수의 CP를 갖는 상태(CP−even state), 예를 들면 $J/\Psi K_S$를 찾는다. $J/\Psi K_S$는 J/Ψ 붕괴에서 나오는 두 개의 뮤온과 K_S 붕괴에서 나오는 두 개의 파이온을 확인하면 된다. 이런 일련의 과정은 그림 13.3에 있다. 우리가 측정하는 것은 그림 13.4에 설명된 것처럼 $\overline{B}^0$로 인식되는(tagged) 비율과 B^0로 인식되는 비율의 차이이다. 그림 13.4에 그려진 것은 두 비율을 두 비율의 합으로 나눈 것을 시간 차이에 따라 표시한 것이다. 이는 비대칭이다. 이렇게 차이가 나는 이유는 $\overline{B}^0$가 B^0로 되는데 걸리는 시간에 따라 달라지기 때문이다. 역으로(vice versa)도 마찬가지다. 이는 그림 13.3에서 알 수 있는 것처럼 혼합(mixing)의 정도에 따라 달라진다. 따라서 비대칭은 그림 13.1의 CP 깨짐 위상과 관련 있고 이 위상은 바로 2β로 표현되는 V_{td}의 제곱이다. (표 12.1에서 β는 V_{td}위상임을 기억하라.)

케이온의 경우에 표준 모형을 사용하여 이론적인 계산을 하면 매우 큰 오차가 있을 수 있다. 그 이유는 여러 다이어그램에서 보는 것처럼

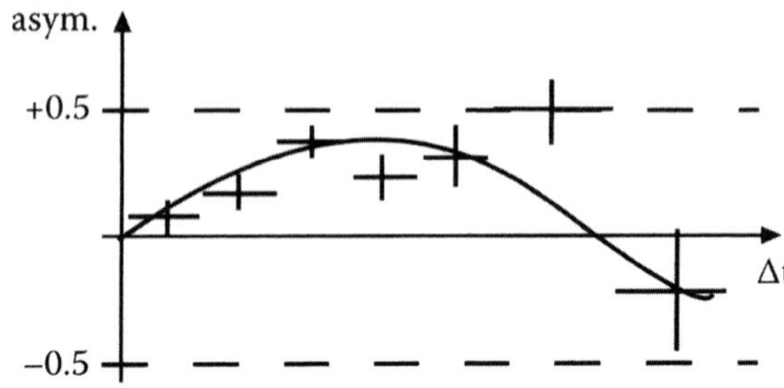

그림 13.4 B 중간자가 $J/\psi\ K_S$ 로붕괴할 때 CP깨짐 붕괴의 비대칭성 스케치(sketch). 열십자는 오차와 실험값을 나타낸다; 곡선은 실험값에 대한 이론적 예측의 적합(fit)을 보여준다. 여기서 Δt는 그림 13.3에서처럼 $t_2 - t_1$의 시간차이다. (B 중간자에 대한 스케치. Aubert et al., Babar Collaboration, Physical Review Letters 94, 161803(2005), 그림 2b), 페이지 161803-6)

계산을 주로 쿼크에 대하여 한다는 것이고, 쿼크에서 중간자로 가는 과정에서 큰 이론적 문제가 있을 수 있기 때문이다. 이는 2β를 정하는 것에 문제가 되지는 않는다. 왜냐하면 2β는 비율의 합과 비율의 차의 비로부터 정해지므로 오차가 상쇄되기 때문이다. 바꿔 말하면 중간자에 대한 비대칭은 쿼크와 똑 같다는 것이다.

비록 일본의 검출기와 가속기가 기술적으로 SLAC의 Babar와 많은 차이가 있지만 기본 아이디어는 같다. 두 실험의 결과를 비교하여 하나로 합해서 발표함으로서 실험 결과는 많은 신뢰를 얻게 되었다. 따라서 $Sin2\beta$ 값은 0.68이고 실험 오차는 0.04이었다. 이는 2β각도가 43°이고 오차는 2°라는 것이다. 이 결과의 중요성은 14장에서 논의될 것이다.

그림 13.4의 CP 위반은 $\overline{B}^0 - B^0$ 혼합의 위상 때문이라 할 수 있는데, 이런 점은 K^0 시스템의 엡실론(ϵ)과 유사하다. 그렇다면 K^0 시스템의 엡실론(ϵ)과 유사한 $\overline{B}^0 - B^0$ 혼합 붕괴에서 CP 위반은 무엇일까?

이것은 $B^0 \to K^+\pi^-$과 $\overline{B}^0 \to K^-\pi^+$의 차이에서 처음 관측되었고 이것의 효과는 약 10% 정도임이 밝혀졌다. 어떤 붕괴에서 CP 깨짐이 있으려면 다른 위상을 가진 두 개의 다이어그램이 있어야 한다는 점은 앞에서 언급하였다. 이 붕괴에 관한 두 다이어그램을 그림 13.5.에 나타내었다. 그림 13.5a에 있는 직접 다이어그램 혹은 기본 다이어그램(direct diagram or tree diagram)은 $V_{ub}^* V_{us}$[**역주:** 이 다이어그램의 붕괴가 일어날 확률로 이해하면 됨] 에 비례하고 $-\gamma$(마이너스 감마로 부름)로 알려진 위상을 가지고 있는 반면 그림 13.5b의 팽귄(penguin) 다이어그램은 $V_{tb}^* V_{ts}$에 비례하고 위상은 전혀 없다. 이들 두 다이어그램 사이 간섭에 의해서 바로 직접 CP 깨짐(direct CP violation)이 발생된다. 일반적으로 기본 다이어그램은 λ^4 정도만(약 0.002 [**역주:** λ는 1보다 적어서 제곱이 클수록 적어진다])만 억제 될 정도로 아주 잘 발생된다. 하지만 팽귄 다이어그램은 λ^2 정도(0.05) 억제된다. 이 결과 두 다이어그램은 서로 비교할 수 있을 정도가 되어 직접 CP 깨짐을 관측할 정도가 되었다. 이는 K^0 시스템과 반대다. K^0 시스템에서 팽귄 다이어그램은 아주 많이 억제되었고 표준 모형에서 이러한 비대칭을 이론적으로 계산하는

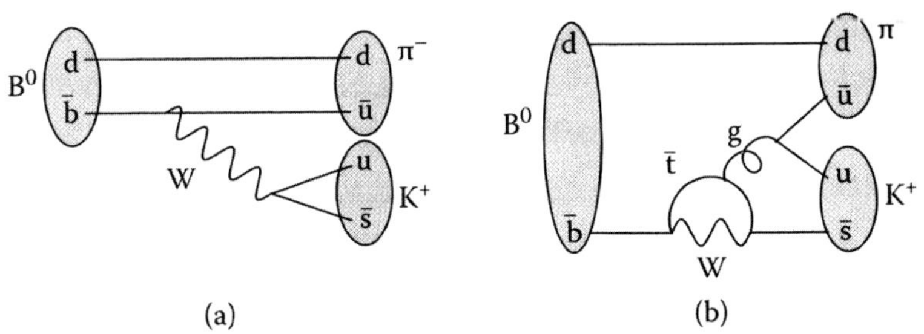

그림 13.5 $B^0 -- \to K^-\pi^+$ 붕괴의 두 가지 유형. 첫 번째 그림은 $V_{ub}^* V_{us}$에 비례하고, 두 번째는 $V_{tb}^* V_{ts}$ 에 비례한다.

것이 불가능하였다. 그 결과 실험에서 정량적인 확인만 가능하였고 γ 는 정할 수 없었다.

13.2 BS 시스템에서 CP 깨짐

$\bar{b}$ 쿼크와 d 쿼크로 구성된 B^0 시스템에 더하여 $\bar{b}$ 쿼크와 s 쿼크로 구성된 B_s 중간자가 있다. 비슷하게 b 쿼크와 $\bar{s}$ 쿼크로 구성된 $\overline{B}_s$ 중간자도 있다. B 중간자에서처럼 B_s와 $\overline{B}_s$는 서로 혼합되어 있어서 확실한 질량을 갖는 B_{S_H}(더 무거운)와 B_{S_L}(더 가벼운)로 나타난다고 말할 수 있다. 하지만 B 중간자와 다르게 B_{S_H}(더 무거운)와 B_{S_L}(더 가벼운)은 평균 수명이 서로 다르고 B_{S_H}가 더 긴 수명을 가지고 있다.

표준 모형에서 질량 차와 혼합은 그림 13.6[노트 2]의 상자 다이어그램(box diagram)에서 설명된다. 이 다이어그램은 $(V_{tb}V_{ts}^*)^2$에 비례하여 기여한다. 표 12.1에서 B^0와 B_s의 Cabibbo-Kobayashi-Maskawa 행렬은 두 가지 중요한 차이를 가지고 있다고 말할 수 있다. 첫째 질량 차는 $1/\lambda^2$(거의 21)만큼 크고, 둘째는 CP 깨짐 위상차는 없다. 만일 표 12.1보다 더 정밀하게 계산한다면 실제로 위상에서 λ^2(약 0.04)에 비례하는 작은 차이가 있다.[노트 3]

미래의 주된 목표는 CP 깨짐에 대한 표준 모형을 테스트하는 것과 CP 깨짐이 일어나는 새로운 종류의 입자를 발견하는 것이다. 특히 표준 모형에서 2차 효과를 지닌(second order effect) 혼합(the mixing) 상태는 새로운 CP 깨짐을 찾는데 더 유효하다고 생각된다. $\overline{B}^0$와 B^0실험과 비슷하게 B^0 와 $\overline{B}^0$ 를 B_s와 $\overline{B}_s$로 바꿔 실험적으로 $Sin2\beta$ 값을 측정해 보면 가능성이 있다. 이런 아이디어는 표준 모형에서 예측하는 것처럼 CP 깨짐이 아주 적은 지 확인하는데 도움이 될 것이다.

B 중간자의 경우, 금 도금된 붕괴는 잘 정의된 CP 특성을 갖는 CP 상태인 $J/\Psi K$에 대한 것이었다. B_S 중간자의 경우 상태 $J/\Psi\ \Phi$상태로의 붕괴를 고려할 수 있다. 이미 알려진 것처럼 J/Ψ는 c 쿼크와 $\bar{c}$ 쿼크로 구성되고, Φ는 본질적으로 s 쿼크와 $\bar{s}$ 쿼크로 구성되어 있다. 대응되는 붕괴 다이어그램은 그림 13.7에 나타내었다. 이는 명확히 CP 특성을 갖는 상태는 아니나 이론과 실험에 의하면 주로 CP = +1 상태임을 추측할 수 있다.[9] 그림 13.7의 붕괴에서 $V_{cb}^* V_{cs}$와 그림 13.6의 혼

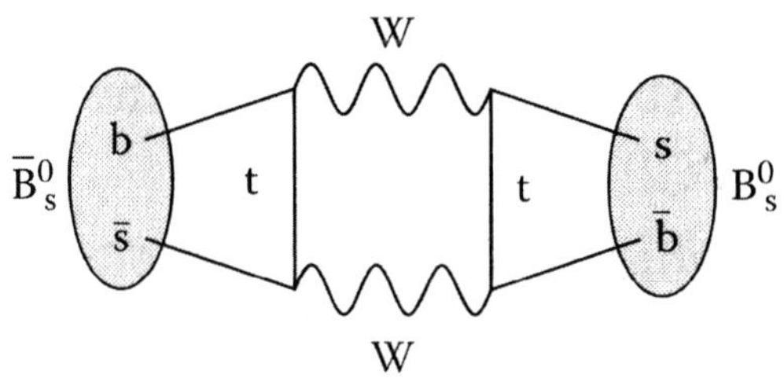

그림 13.6 B_s-$\overline{B_s}$ 혼합의 주된 박스 다이어그램(box diagram)

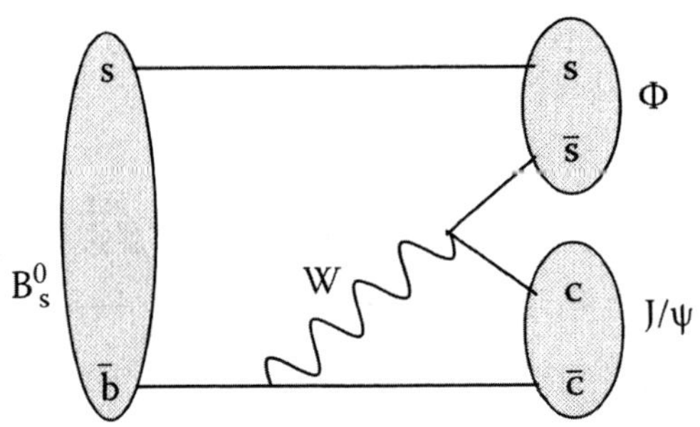

그림 13.7 $B_s \dashrightarrow J/\psi\Phi$ 붕괴에 대한 기본(tree-level) 다이어그램. 이 붕괴는 $V_{cb}^* V_{cs}$에 비례한다.

---

9 이는 Cp = −1을 갖는 상태도 작으나마 일부 있다는 것을 뜻한다.

합 다이어그램에서 $V_{tb}^{*} V_{ts}$ 사이 위상은 이 붕괴의 CP 깨짐 비대칭에 의해 명확히 측정된다. $J/\Psi\ K_S$에서처럼 이 붕괴[**역주:** 이는 B_S]는 $V_{cb}^{*} V_{cs}$에 비례하므로 CP 깨짐 위상은 없다. 그러면 우리는 $B_S \rightarrow J/\Psi\ \Phi$ 붕괴를 시간의 함수로 측정할 수 있고 이를 이 반응의 켤레 붕괴(conjugate decay) $\overline{B_s} \rightarrow J/\Psi\ \Phi$와 비교할 수 있다. 이러한 켤레 반응과 비교차이에 의해 B 중간자 시스템에서 $Sin2\beta$와 비슷한 것을 알 수 있다. 이 경우 붕괴에서 어떤 CP 깨짐이 없고 단지 혼합(mixing)에서 0.04 크기의 작은 CP 깨짐이 있기 때문에 B_S 와 $\overline{B}_S$ 사이에 아주 작은 비대칭이 예측된다.

B 중간자의 경우 어떤 특정 에너지의 전자 양전자 비대칭형 충돌 가속기(asymmetric B factory colliding an electron and a positron at a particular energy)의 어떤 특정 에너지에서 $B^0 \overline{B}^0$ 쌍을 많이 만들어 낼 수 있었다. 그러나 $B_S \overline{B}_S$ 쌍을 많이 만들 수 있는 장치는 아직 없다. 따라서 B_S에 관한 실험은 B_S 와 $\overline{B}_S$를 포함하여 여러 입자를 다수 만들 수 있는 고에너지 양성자–양성자 충돌형 가속기에서 이루어져야한다. 그 첫 실험은 Fermilab에서 이루어졌다. 그 실험에서는 항상 b 쿼크와 함께 $\bar{b}$ 쿼크가 함께 만들어진다. 따라서 원래의 중간자가 B_S 인지 $\overline{B}_S$인지는 태깅(tagging) 즉, 방출된 입자 속에 b 쿼크가 있는지 아니면 $\bar{b}$ 쿼크가 있는지를 확인함으로서 알 수 있었다. 예를 들면 알고자하는 중성(neutral)의 중간자가 B^+ ($J/\Psi\ K^+$ 로 붕괴하는)일 수 있다. 그러나 B^+는 $\bar{b}$ 쿼크를 포함하기 때문에 B^+라면 짝으로서 $\overline{B}_S$ 중간자가 있어야 한다. ($\overline{B}_S$ 중간자는 b 쿼크를 가지고 있고 B_S 중간자는 $\bar{b}$ 쿼크를 포함한다는 것을 기억하자.) Fermilab에서 발표된 첫 결과에 의하면 기대했던 것보다 상당히 큰 비대칭을 보여주었다. 그러나 새로운 물리에 대한 어

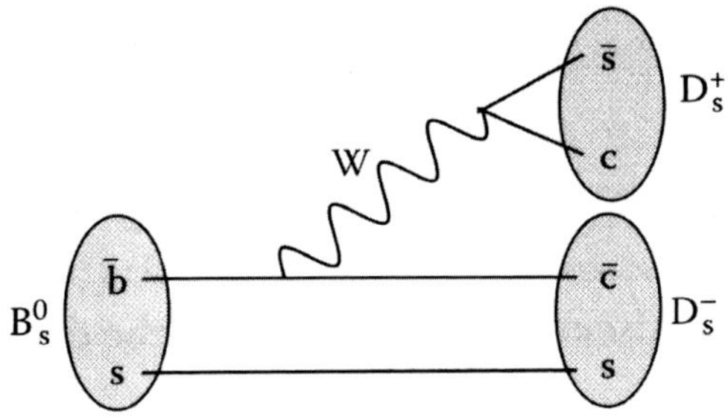

그림 13.8 $B_s \dashrightarrow D_s^+ D_s^-$ 붕괴에 대한 기본 다이어그램. 이 붕괴 또한 $V_{cb}^* V_{cs}$에 비례한다.

떤 신호라고 주장하기엔 실험 오차가 너무 크다.

이 같은 내용을 포함하는 상당수의 다른 붕괴가 있을 수 있다. 흥미로운 예는 그림 13.8의 다이어그램에 있는 B_S가 $D_S^+ D_S^-$로 붕괴하는 것이다. 이것은 최종 상태가 CP = +1을 갖는다.

Large Hadron Collider(LHC: 대형 강입자 충돌가속기)는 가장 새로운 양성자–양성자 충돌형 가속기인데 Gebeva의 CERN에서 처음 시작하였다. 주된 목적은 힉스 보손(Higgs boson)(이 책 D 부분 참조) 같은 새로운 입자를 만드는 것이지만 지금까지 가장 정밀하게 B 중간자와 B_S 중간자를 연구할 수 있는 LHCb라는 특별한 검출기도 있다. 특히 B_S 와 $\overline{B}_S$의 붕괴에서 CP 깨짐 비대칭을 0.02 정확도까지 측정하는 것이 목표이다. 그러면 표준 모형에서 예측하는 CP 깨짐 비대칭이 0.04보다 큰지 작은 지 결정할 수 있다.

노트(NOTES)

❶ 사실 9개의 박스(box) 다이어그램들이 있다. 여기서 전하가 +2/3인 두 개의 쿼크 조합은 uu, uc, ut, cu, cc, ct, tu, tc, 그리고 tt 등이 존재한

다. 그러나 정밀한 계산에 의하면 t 쿼크의 질량이 커서 그림 13.1에 나타낸 것처럼 tt 다이어그램이 가장 큰 역할을 한다고 생각된다. 케이온(kaon)과 달리 tt 다이어그램은 Cabibbo–Kobayashi–Maskawa 행렬 원소만큼 억제되지 않는다; 사실 9개 다이어그램 모두 λ^6에 비례하는 Cabibbo 계수를 갖는다.

❷ 사실 9개의 박스 다이어그램들이 존재하는데 여기서 전하가 +2/3인 두 개의 쿼크 조합은 uu, uc, ut, cu, cc, ct, tu, tc, 그리고 tt 등이 존재한다. 그러나 B^0 경우에서처럼 그림 17.1에 있는 tt 다이어그램이 크게 영향을 미친다.

❸ 표 12.1의 Cabibbo–Kobayashi–Maskawa 행렬의 근사적 형태에서는 CP 깨짐을 발견할 수 없다. 그러나 CP 깨짐에 해당하는 $2\eta\lambda^2 = 0.04$의 수정 사항이 존재한다.

CHAPTER 14

표준 모형의 시험

$\rho-\eta$ 평면

CP 깨짐은 표준 모형의 3번째 부류 쿼크(third family of quarks; b 와 t 쿼크)에서 발생된다. 이는 Makoto kobayashi와 Toshihide Maskawa에 의해 CP 깨짐이 2개 쿼크로만 기술되었을 때 이미 언급되었다. CP 깨짐은 위상에 의해 결정되고, 이러한 위상은 Cabibbo−Kobayashi−Maskawa 행렬의 원소 V_{ub}와 V_{td}에 포함되어 있다. 표 12.1에 주어진 행렬을 매개변수로 표현할 때 두 개의 매개변수는 아주 정확히 알려져 있으므로, 이를 $\lambda = 0.226$ 과 $A = 0.82$로 고정한다. 나머지 두 개의 매개변수는 원소 V_{ub}와 V_{td}에 포함되어있고 표 12.1의 매개변수 r 혹은 V_{ub}의 크기와 위상에 의해 정해진다.

r은 복소평면(complex plane)에서 하나의 화살표로 표기된다. 이화살표는 어떤 수(크기)와 다이얼(위상)을 가지고 있다. r^*는 r과 크기는 같고 위상은 반대이다. 바꿔 말하면 그림 14.1에서처럼 r을 수직과 수평성분으로 나눌 수 있는데, 이들 성분을 그리스문자 ρ와 η로 표기한다. 표준 모형에 대한 실험의 목적은 측정값들이 일관성이 있는지 혹은 표준 모형 이

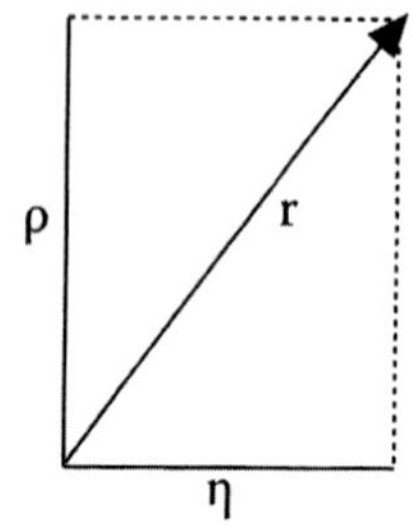

그림 14.1 화살표r의 수평 수직 성분(각각 ρ와 η)

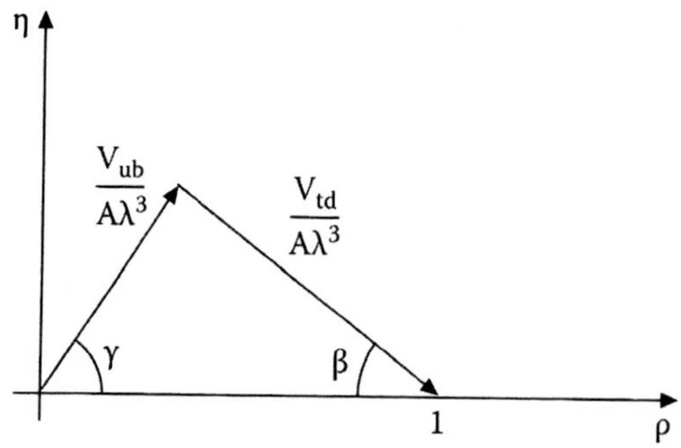

그림 14.2 유니테리(unitary) 삼각형

상의 어떤 물리가 필요한지를 살피기 위하여 여러 가지 방법으로 ρ와 η 값을 결정하는 것이다.

그림 14.2에서 Cabibbo-Kobayashi-Maskawa 행렬의 요소 ($V_{ub}/A\lambda^3$)과 ($V_{td}/A\lambda^3$)을 ρ와 η 평면에서 표현하였다. 물론 $V_{ub}/A\lambda^3$ 은 r로 정의했던 것이다. 또한 이 그림에는 V_{ub}와 V_{td}에서 어떻게 CP가 깨지는지를 보여주는 위상 γ와 β도 표시하였다. 부록 4에서 기술하였듯이 그림 14.2는 단일 삼각형(the unitary triangle)이라 부르는 그림이다.

ρ 와 η 를 정하는 한 가지 방법은 그림 14.2의 한 변을 측정하는 것

인데 이는 바로 V_{ub}와 V_{td}의 크기를 정하는 것과 같다. 여기서 B 중간자가 파이온, 전자 및 중성미자로 붕괴하는 것처럼 b→u 전이로부터 생기는 붕괴 비율은 V_{ub} 크기에 의해서 정해진다. 이론적 b→u 비율과 B 중간자가 파이온으로 붕괴하는 실험값과는 상당한 차이가 있으므로 $\sqrt{\rho^2+\eta^2}$를 측정하여 단지 r의 범위만 정한다. 예를 들면 실험에 의해서 r 값이 0.3과 0.5 사이에 있다면 그림 14.3의 ρ 와 η 평면에서 V_{ub}의 범위는 원안으로 정해진다.

V_{td}의 크기는 기본적으로 박스 다이어그램(box diagram) 13.1에서 결정되었듯이 두 중성 중간자 B_H와 B_L의 질량차 Δm_d로부터 정해질 수 있다. 강입자화(hadronization)에는 큰 불확정성이 존재한다. 즉, 그림 13.1에서 볼 수 있듯이 박스 다이어그램의 4개 쿼크가 관여된 B^0와 $\overline{B^0}$ 중간자 시스템에서 큰 불확정성이 존재한다. B^0에 대응되는 B_S시스템에서 질량차를 연구는 것도 많은 도움이 될 수 있다고 밝혀졌다.

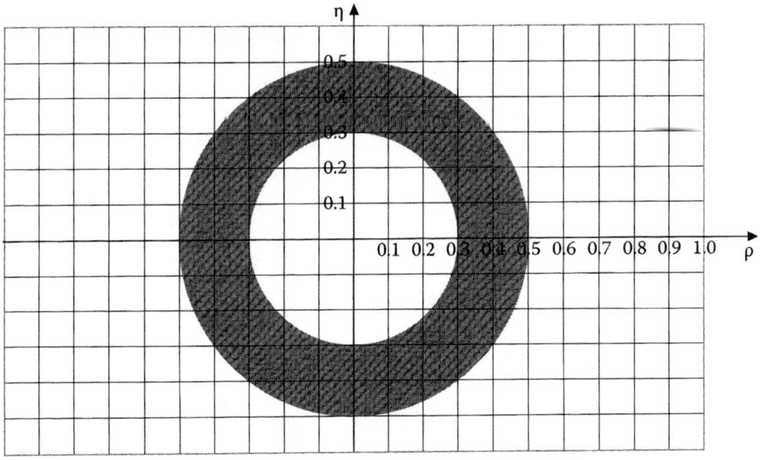

그림 14.3 $\rho-\eta$ 평면에서 V_{ub}측정의 제한조건

그림 14.1에 있는 $B_S - \overline{B}_S$ 혼합과 그림 13.1에 있는 $B^0 - \overline{B}^0$ 혼합사이 유일한 차이는 s를 d로 바꾼 것이다. 각각의 강입자화(hadrronization) 과정은 잘 알려지지 않았다. 오히려 앞에서 b 쿼크와 d 쿼크를 포함한 $B^0 - \overline{B}^0$ 혼합 상태는 V_{td}측정에 있어서 오차를 발생시킨다고 언급하였다. 비슷하게 $B_S - \overline{B}_S$혼합에서도 오차를 예측할 수 있다. 다행히도 이들 두 개를 비교하면 s 쿼크와 d 쿼크 사이 차이만 존재하기 때문에 훨씬 더 정확해진다. 결과적으로 이들 두 시스템에서 질량 차를 비교하면 V_{td}를 $B^0 - \overline{B}^0$ 혼합에서 정하는 것보다 $B_S - \overline{B}_S$ 혼합에서 더 정확하게 측정할 수 있다. V_{td} 와 직접 관련이 없는 $B_S - \overline{B}_S$ 혼합을 측정하면 오히려 강입자적인(hadronic) 불확정성이 더 줄어드는 효과 때문에 3배정도 V_{td}를 더 정확히 측정할 수 있다는 것은 아이러니하다. 실생활에서도 가끔은 예측치 못했던 장소에서 도움을 받을 수 있지 않는가!

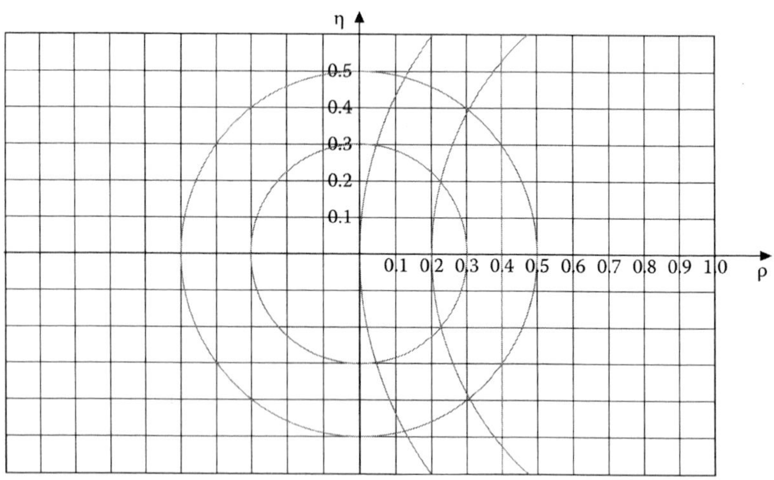

그림 14.4 $K_s \longrightarrow \pi^0\pi^0$ 평면에서 V_{ub}와 V_{td} 크기 측정에서 제한 조건

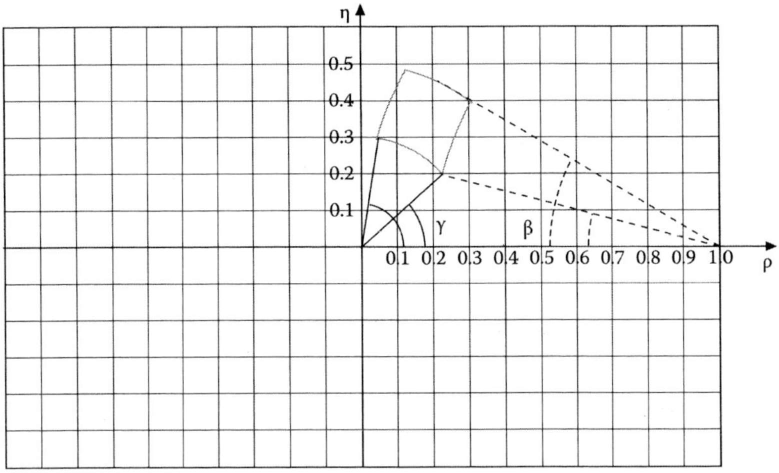

그림 14.5 그림 14.4와 비슷하게 V_{ub}(실선)와 V_{td}(점선)의 위상에 대한 극한(extreme)의 가능성을 곡선이 보여준다.

실험적으로 V_{td} 크기를 측정하면 중심이 $\rho=1$, $\eta=0$인 원을 그릴 수 있다. 예를 들면 $V_{td}/A\lambda^3$의 크기가 0.8과 1.0 사이에 있다는 것을 알 수 있다. V_{ub} 결과와 합하면 그림 14.4와 같이 된다. 표준 모형이 옳다고 가정한다면 두 곡선이 만나는 점에 의해서 ρ와 η에 대한 중요한 범위를 정할 수 있다. 비록 이러한 실험에 의해서 CP 깨짐 변수를 측정하지는 못하지만 그림 14.4에서 V_{ub}와 V_{td}의 위상이 확실하게 영이 아니라는 것을 알 수 있다. 그림 14.5에서 알 수 있듯이 그림 14.4의 주어진 범위에서 위상 γ와 β 값에 대한 범위가 제한됨을 알 수 있다.

13장에서 언급하였듯이 B^0와 $\overline{B}^0$의 $J/\Psi\ K_S$로 시간 의존적인 붕괴에서 CP 깨짐을 관측하면 실질적으로 어떤 이론적 오차 없이 $\sin(2\beta)$ 값을 알 수 있다. 이러한 β는 V_{ub}와 V_{td}의 크기에서 정해진 β 범위와 완전히 일치한다. 이는 표준 모형의 성공이라 볼 수 있다. CKMFitter

그룹[노트 1]에 의해 2007년까지 얻어진 $\rho-\eta$면에서 주된 범위(major constraints)에 대한 결과는 그림 14.6에 나타내었다. 모든 결과는 작은 땅콩 모양의 ρ 와 η 내에서만 허용된다는 것을 알아야한다. 이는 표준 모형이 완벽하게 여러 테스트에서 통과되었음을 의미한다. 이 결과에 의하면 $\rho-\eta$ 평면에서 $\rho=0.14,\quad \eta=0.34$ 근처의 작은 영역만이 허용된다. 따라서 Cabibbo−Kobayashi−Maskawa 행렬의 모든 원소를 상당히 정확하게 알게 되었다.

그림 14.6의 결과는 미래의 실험과 이론에서 보다 더 정확하게 측정될 수 있을 것이고 따라서 표준 모형에서 편차가 더 작아질 것으로 바라고 있다. 또한 ρ와 η값을 더 제한한다면 실험에서 추가적인 물리량이 더 정밀하게 측정되리라 기대한다.

위상 γ 와 V_{ub}를 직접 결정하는 것도 중요한 예가 될 것이다. 원칙적으로 b 쿼크가 u 쿼크로 진행해가는 붕괴에서 CP 깨짐을 발견하는 것

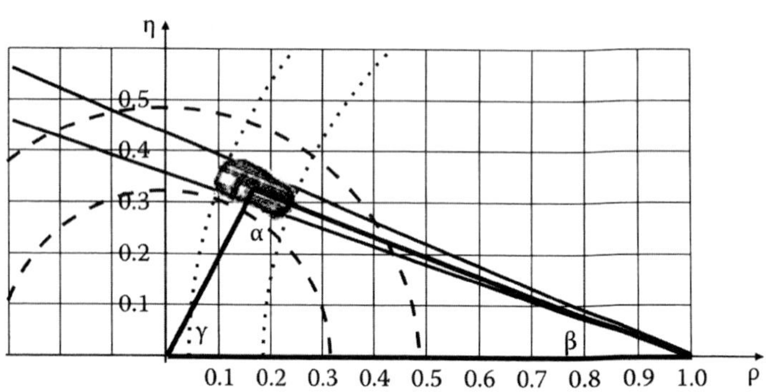

그림 14.6 2007년 말까지 가능한 $\rho-\eta$ 평면에서 가장 중요한 제한조건들(constraints)의 조합의 스케치. 이러한 제한조건은 B와 B_S의 혼합에서 나오는 V_{ub}(데쉬선)와 V_{td}(점선) 그리고 $B---\rightarrow J/\psi\ K_S$ 붕괴의 CP깨짐에서 얻은 β로부터 유래한다. 일단 위 실험과 다른 실험들의 데이터 통계를 고려하면 어둡고 땅콩 모양의 허용 영역(allowed region)을 얻는다. 또한 유니테리티(unitarity) 삼각형의 각 α,β, 그리고 γ각을 얻었다.

도 가능해야 한다. 예를 들면 $B \to \pi^+\pi^-$ 반응은 그림 14.7a 때문이라고 생각할 수 있다. 시간의 함수로 $B^0 \to \pi^+\pi^-$와 $\overline{B^0} \to \pi^+\pi^-$ 두 반응 차이를 연구한다면 B^0와 $\overline{B^0}$의 혼합(13장에서 논의했던 $J/\Psi\ K_S$로 붕괴에서처럼)과 이 붕괴에서 CP 깨짐을 발견할 것이다. 따라서 시간-의존적 붕괴율(time-dependent decay rate)에서 차이를 알면 $\sin[2(\beta+\gamma)]$를 측정할 수 있을 것이다. 이는 β가 주어지면 γ를 측정할 방법이 있다는 것이다.

그러나 문제가 있다. 이 붕괴에 주된 요인은 그림 14.7b의 팽귄 그림이다. 이는 원래 붕괴 진폭의 위상이 γ가 아니기 때문에 팽귄 오염(penguin pollution)으로 부르는데 γ를 정하는 이 방법은 신뢰성이 없다. 두 π 중간자와 두 ρ 중간자(π보다 무거운)로 붕괴하는 여러 종류의 실험을 해보면 팽귄 오염의 정도를 알 수 있다. 결론은 $(\beta+\gamma)$를 CP 깨짐 측정에서 약 $\pm 20^\circ$ 오차로 알 수 있다는 것이고 γ는 약 60° 라는 것이다. 이는 다시 그림 14.5 및 그림 14.6의 결과와 일치한다.

그림 13.5의 도표에서 $B \to K\pi$ 붕괴의 직접 CP 깨짐은 또한 γ에 따라 달라진다. 그러나 이론적인 오차가 너무 커서 γ를 정할 수 없지만 그림 14.6에서 큰 γ 값은 이들 붕괴에서 관측 값과 일치한다. 비슷

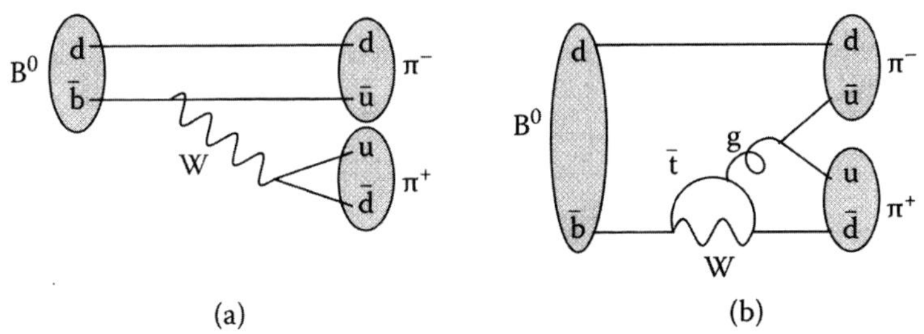

그림 14.7 $B -- \to \pi^-\pi^+$ 붕괴에 대한 두가지 기여: (a) $V_{ub}^* V_{ud}$ 에 비례하는 기본 수준(tree-level) 다이어그램, 그리고 (b) $V_{tb}^* V_{td}$ 에 비례하는 팽귄 다이어그램

하게 $K^0-\overline{K}^0$ 혼합에서 CP 깨짐을 측정하는 매개변수 ϵ은 β와 V_{td} 크기에 따라 달라진다. 이론적 오차 한도 내에서 실험값은 그림 14.6의 값과 일치한다.

노트(NOTES)

❶ http://ckmfitter.in2p3.fr/.

CHAPTER 15

CP 깨짐
여기서 우리는 어디로 가는가?

그림 14.6의 현재의 요약된 결과에서 Cabibbo-Kobayashi-Maskawa (CKM) 모델의 CP 깨짐에 대한 강한 증거를 확인하였 다. 남아있는 문제는 아직 발견되지 않는 CP 깨짐이 있는 다른 붕괴모드가 있는가이다. CKM 행렬의 CP 깨짐에서는 어떻게 우주의 물질-반물질 비대칭이 발생되었는지를 설명할 수 없다.

이 문제를 공략하는 두 가지 일반적인 방법이 있다: (1) $\rho-\eta$ 평면에서 범위를 더 정밀하게 정하는 것과 (2) 표준 모형에서 아주 작은 효과를 예측하는 CP 깨짐 효과를 찾는 것이다.

15.1 $\rho-\eta$ 평면의 더 정밀한 범위

아직 검출되지 않은 흥미로운 붕괴 중 하나는 K_L의 중성 파이온과 중성미자 및 반중성미자로 붕괴하는 반응이다. 이 최종 붕괴 상태는 CP가 짝수이므로 K_- 붕괴는 CP 깨짐 반응이다.[10] 이 붕괴 율은 그림 15.1의 도표에서 계산될 수 있다. 붕괴 진폭은 $A^2\lambda^5\eta$에 의해 주어지

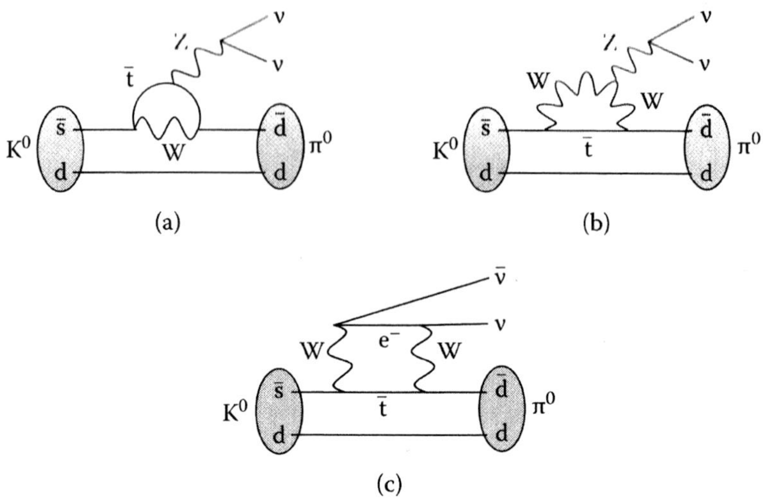

그림 15.1 K_L의 π^0와 중성미자 그리고 반 중성미자로 붕괴하는 다이어그램들. 이들 다이어그램에서는 두 번의 약한 상호작용을 수반하고 각 약한 상호작용에서는 $V_{td}\times V_{ts}$ 가 포함된다.

는 $V_{td}V_{ts}^*$ 의 CP 깨짐 부분과 정비례한다. 다른 붕괴와 다르게 이 경우 붕괴율은 아주 정확하게 η 항으로 계산될 수 있다. η 값이 B 붕괴에서 결정되므로 (그림 14.6에서처럼), 이는 표준 모형을 잘 검증할 수 있을 뿐 아니라 새로운 물리를 탐색하는 길을 제공할 수 있다. 현재의 η 값에 의하면 1,000억 K_L붕괴 중 단지 3개만이 CP 깨짐 붕괴(중성의 파이온과 중성미자 반중성미자로 붕괴)로 갈 것이므로 이런 실험은 매우 어려울 것이다. 한편 이와 같이 붕괴율이 매우 작다는 것은 CP 깨짐이 일어나면서 d쿼크와 중성미자 및 반중성미자로 직접 붕괴되는 어떤 새로운 상호 작용이, 표준 모형의 약한 상호 작용보다 거의 백만 배 정도로 약하지만, 여전히 이 붕괴 비율에 상당히 영향을 미칠 수 있다는 것을 의

10 K_L에 포함된 작은 K_+는 중요하지 않다.

미한다.

이러한 붕괴를 측정하기 위한 실험이 미국에 있는 Fermilab과 Brookhaven에서 제안되었으나 연구비를 받지 못하여 실행되지 못하였다. 이제 일본 JPARC의 새로운 가속기에서 새로운 실험이 계획되고 있다. 고밀도의 양성자 빔으로 표적을 때리면 매 3초마다 10억 개의 K_L 중간자들이 만들어진다. 이들 중간자들은 광검출기로 둘러싸인 진공 쳄버(vacuum chamber)로 들어가게 되고 여기서 움직이면서 붕괴되는 K_L 중간자의 붕괴 산물(decay products)이 검출된다. 붕괴에 대한 신호(signal)는 중성의 파이온에서 나오는 두 개의 광자만 검출되고 다른 신호는 어떤 것도 없는 것이다. 여기서 어떤 것도 없다는 것은 두 개의 중성미자이다. 최종 목표는 일 년에 일천 개의 이런 붕괴를 발견하는 것이다. 가장 큰 문제는 가짜 신호를 구분해내는 것이다; 심지어 아주 희귀한 반응 $\pi^0\pi^0$ 붕괴에서 나오는 4개의 광자 중 두 개는 검출 안 되고 두 개만 발견되어도 가짜 신호가 될 것이다. 상당수의 희귀한 다른 케이온 붕괴도 또한 연구되어야 할 것이다.

B 중간자 붕괴에 관한 대부분의 결과는 미국 SLAC 실험실과 일본(B 공장)의 전자-양전자 충돌형 가속기에서 얻어졌다. 미국에 있는 그 실험실은 점점 문을 닫고 있지만 일본에 있는 B 공장에서는 세기를 더 높여 더 많은 데이터를 얻기 위해 계획하고 있다. 새로운 이론적 계산과 더불어 추가 실험을 하면 그림 14.6에 요약된 결과의 불확실성을 감소시킬 수 있다는 희망이 있다. 남아있는 주된 목표는 V_{ub}의 위상 γ 를 직접 구하는 것이다.

γ를 구하는 좋은 방법이 Michal Gronan, Daniel Wyler 및 David London에 의해 제안되었다. 여기서는 B 중간자가 D 중간자와 K 중간자로 붕괴되는 것을 이용한다. 기본 아이디어는 B^0가 $D^0(\overline{D}^0)$ 와 K^0

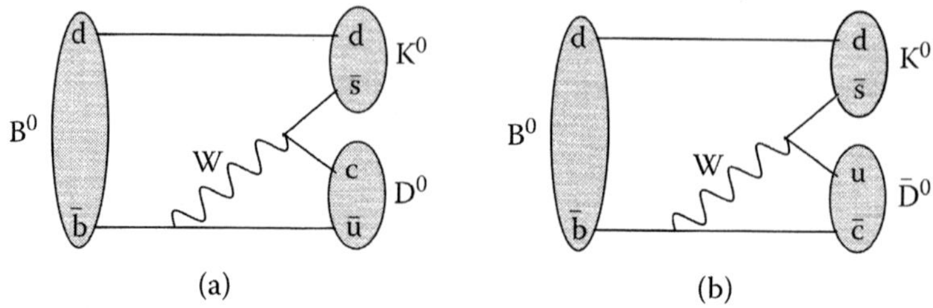

그림 15.2 B^0 붕괴에 대한 간단한 다이어그램들: (a) $B^0 \dashrightarrow D^0K^0$ 그리고 (b) $B^0 \dashrightarrow \overline{D^0}K^0$

로 가는 과정을 나타낸 그림 15.2의 도표에 기술되어 있다. 그림 15.2a의 다이어그램은 위상이 γ이며 D^0K^0로 붕괴하고, 15.2b의 다이어그램은 CP 깨짐 위상은 없으며 $\overline{D}^0K^0$로 붕괴한다. D^0와 $\overline{D}^0$ 붕괴의 특성을 이용하여 각 붕괴의 비율을 측정할 수 있다. 예를 들면 D^0는 $K^-\pi^+$로 붕괴하고, $\overline{D}^0$는 $K^+\pi^-$로 붕괴한다. 그러면 또한 $K_S\pi^0$같은 명확한 CP특성을 갖는 상태로 붕괴하는 것도 관측 가능하다. 이는 최종상태에는 D^0와 $\overline{D}^0$가 같은 비율로 혼합된 상태(equal mixture of D^0 and $\overline{D}^0$)가 포함되어 있다는 것을 뜻하는데, 이 붕괴의 진폭은 그림 15.2a와 그림 15.2b의 진폭을 더하면 된다. 이는 그림 15.2a와 그림 15.2b의 상대적 위상 γ에 따라 달라진다. 따라서 $K_S\pi^0$로 가는 붕괴율을 측정하면 비록 CP 깨짐이 관측되지 않아도 위상 γ를 알 수 있게 된다. 또한 똑 같은 방법으로 CP 깨짐이 수반되는 $\overline{B}^0$에 대해서도 위상 γ를 알 수 있다. 이런 아이디어와 비슷한 여러 가지 방법이 있다. B 중간자가 D와 K로 붕괴되는 과정도 단지 2°의 오차 범위에서 위상 γ를 결정할 수 있으리라 기대된다. LHCb 검출기가 있는 대형 강입자 충돌가속기(Large Hadron Collider: LHC)에서 보충 결과(complementary result)가 얻어질 것이다.[**역주:** 서로 상대의 결과를 확인해주는 실험]

15.2 표준 모형에서 적은 양 (Quantities that are small in the standard model)

새로운 물리를 찾는 좋은 방법은 표준 모형에서 매우 작은 물리량을 측정하는 것이다. 표준 모형에서 이렇게 작은 물리량이 새로운 물리에선 작지 않을 수도 있다. 따라서 비록 새로운 물리 상호작용이 표준 모델보다 일반적으로 더 작을 수도 있지만, 관측에서 나타날 수 있다. 14장에서 논의했던 예가 바로 $B^0 - B^0$ 시스템에서 β 와 유사한 $B_S - \overline{B}_S$혼합에서 비대칭이다.

또한 LHCb에서는 지금까지 한 번도 관측된 적이 없었던 B_S가 뮤온과 반뮤온으로 붕괴하는 희귀 반응도 관측되었다. 표준 모형에서 이 붕괴는 그림 15.3에 있는 루프 다이어그램(loop diagram)을 통하여 일어난다. 이는 약 3×10^{-9}의 분지비(branching ratio)를 보인다. 이 반응은 복잡한 루프 다이어그램을 통하여 일어나기 때문에 어떤 새로운 무거운 입자(만일 존재한다면)때문 일수도 있다.

b 쿼크가 s 쿼크와 광자로 붕괴하는 것도 또한 중요하다. 이런 붕괴율은 약 10% 정밀도로 측정되었고, 그림 15.4의 다이어그램으로 계산한 이론값과도 일치하였다. 표준 모형에서 이에 대한 CP 깨짐은 무시

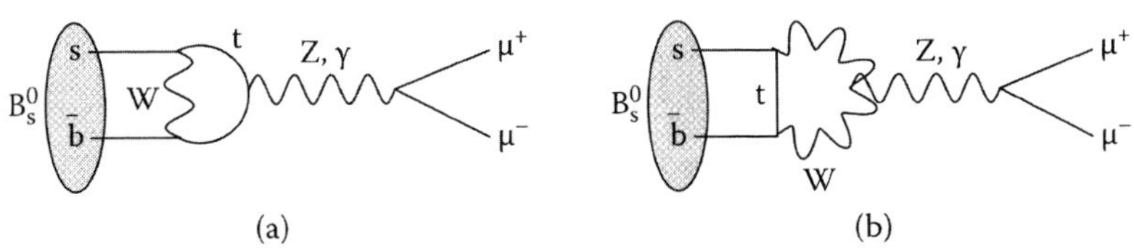

그림 15.3 붕괴 $B--\to\mu^+\mu^-$의 표준 모형 다이어그램

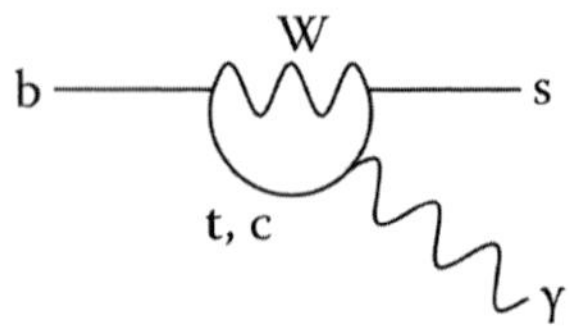

그림 15.4 붕괴 $b\text{---}\rightarrow s\gamma$의 표준 모형 다이어그램

할 정도이다; 즉 b 쿼크가 s 쿼크와 광자로 붕괴되는 비율은 $\bar{b}$ 쿼크가 $\bar{s}$ 쿼크와 광자로 붕괴되는 비율과 같다. CP 위반을 실제 관측한다면 표준 모형 CP 깨짐과 간섭하는 CP 깨짐 진폭에 대한 증거를 찾게 되는 것이다.

D^0 중간자는 c 쿼크와 $\bar{u}$ 쿼크로 구성되나, $\overline{D}^0$ 중간자는 $\bar{c}$ 쿼크와 u 쿼크로 구성된다. 최근 $K^0-\overline{K}^0$ 나 $B^0-\overline{B}^0$ 혼합 상태와 유사하게 적은 양의 $D^0-\overline{D}^0$ 혼합 상태가 관측되었다. 이 혼합 상태는 그림 15.5처럼 중간에 s나 d 쿼크가 있는 것으로 추정된다. 이러한 혼합 상태에서는 중간에 b 쿼크가 작용하므로 세기가 $(V_{cb}V_{ub})^2$에 비례하고 이는 바로 λ^{10} 즉 10^{-7}정도의 아주 작은 세기이므로, 아주 작은 CP 깨짐이 예측된다. 이는 혼합상태의 중간에 s나 d 쿼크가 있는 과정 즉, CP깨짐 정도가 λ^2에 비례하는, 즉 4×10^{-2} 정도인 과정 비교해 보면 된다. 따라서 1% 이상의 수준으로 CP 깨짐이 관측된다면 새로운 물리에 대한 신호가 될 수 있다. 즉 CP 불변성이 위배된다면 작은 양의 새로운 물리가 관여했다는 의미이다.

CP 깨짐이 있는 새로운 물리학을 탐지할 수 있는 완전히 다른 방법이 있다: 즉, 시간 불변성 T가 깨지는 것을 발견하는 것이다. 요점은 우리가 생각하는 어떤 이론도 CPT 불변성이 깨져서는 안 된다는 것이다. 따라서 CP가 깨지면 T도 깨진다는 것이다. 그러나 우리가 지금까

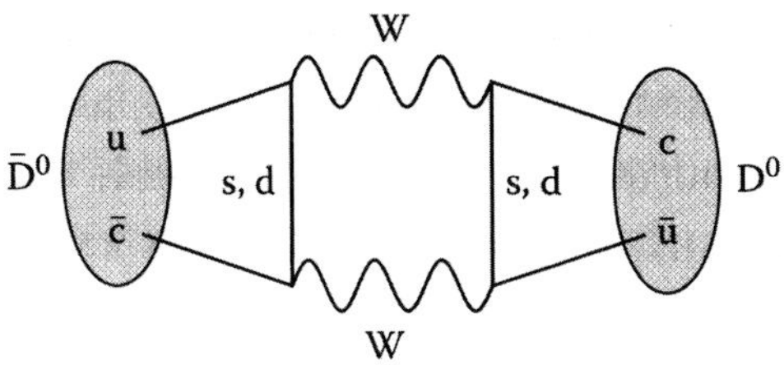

그림 15.5 $D^0 - \overline{D}^0$ 혼합(mixing)에 중요한 표준모델 기여

지 했던 실험에서 T 불변성 여부를 실험하기는 매우 어렵다. 실제로 약상호작용(weak interaction)의 붕괴를 역으로 진행하게 할 수 없고, 고에너지 반응도 역으로 진행하게 할 수 없다. 따라서 저-에너지 핵 및 원자 물리에서 그런 T 불변성 여부를 실험하고자 한다.

핵심은 전자나 중성자의 전기 쌍극자 모멘트(electric dipole moment)를 찾는 것이다. 이런 입자들은 3장에서 이야기했던 것처럼 스핀을 가지고 있어서 자기 모멘트를 가지고 있는 전하가 회전하는 것과 같다.[11] 이들이 외부 자기장과 상호작용할 때 자기장과 평행한 스핀 방향이 반 평행(anti parallel)하게 되면 에너지가 변한다. 이 스핀이 외부자기장과 수직이 되면 스핀은 외부자기장 주위로 회전하게 되는데 이를 세차운동(precession)이라 한다.

그러나 전기장에서는 이러한 변화가 없다. 이는 바로 T 불변성 때문이다. 요점은 시간을 거꾸로 하는 것은 스핀과 자기장의 방향을 모두 바꾸는 것이다. (자기장은 전류와 관련 있다는 것을 기억하라.) 그러나 정전하(stationary charges)에 의해서 발생된 전기장은 시간을 거꾸로 한다고 하여

11 중성자는 비록 총 전하 합이 영이지만 전하를 가지고 있는 u 쿼크와 d 쿼크로 구성되어 있다.

도 변하지 않는다. 전기 모멘트(electric moment)가 영이 아니라는 것은 T 불변성이 깨질 수 있다는 신호이고, CP 깨짐 상호작용에서 발생되었을 것이다.

표준 모형에서 중성자의 전기 쌍극자모멘트는 단지 아주 복잡한 다이어그램에서만 발생될 수 있다. 이 때문에 계산하기가 아주 어렵고, 거의 10^{-32} e−cm 정도이다. 이는 자기 쌍극자 모멘트의 10^{-18}정도로 작다. 이 전기 쌍극자 모멘트를 측정하려는 여러 실험이 있었지만 현재까지 알려진 바로는 그 모멘트가 10^{-26}이하라는 것이다. 새로운 실험에서 더 나은 결과를 얻기를 바라지만 표준 모형에서 예측하는 값에 도달하기는 어려울 것 같다. 하지만 이는 앞으로 실험에서 새로운 물리를 발견할 가능성이 있음을 의미한다.

현재의 한계 값을 얻은 두 실험 중 하나는 프랑스 Grenoble에서의 실험이고 또 하나는 러시아 St. Petersburg(전에는 Leningrad)에 있는 핵발전소에서 나오는 중성자를 사용하여 실험한 것이다. 이 중성자들은 적절한 물질을 통과시켜 매우 낮은 속도로 감속된다. 자석을 사용하여 중성자의 스핀을 편극(polarized)시키면, 즉 모든 중성자의 스핀들이 모두 한 방향을 향하도록 하면 중성자들은 짧은 시간동안 큰 원통형 통에 갇히게 된다; 중성자들은 벽에서 반사되므로 통 안에 가두는 것이 가능하다. 자기장을 중성자의 스핀에 직각으로 켜면, 자기 쌍극자 모멘트 때문에 스핀은 세차운동을 한다. 중성자들이 통을 떠날 때 스핀의 방향을 측정하면 중성자 스핀이 회전하는 비율을 측정할 수 있다. 전기 쌍극자 모멘트가 있다면, 여기에 강한 전기장이 추가될 때 중성자 스핀이 회전하는 비율이 바뀔 것이다. 이 실험은 아주 작은 오차라도 피하기 위하여 자기장 속에서 매우 조심스럽게 수행되어야 한다; 지금까지는 어떤 변화도 관측되지 않았다.

민감도(sensitivity)가 100배 더 높은 새로운 실험이 계획되고 있다. 이 실험은 10년 이상 준비되었고 가까운 장래에 곧 시작되리라 본다. 이 실험은 미국의 Oak Ridge 실험실의 중성자 발생 소스(Neutron Spallation Source)에서 양성자 빔으로 표적을 때려 중성자를 발생시킬 것이다. 여기서 새롭고 주된 아이디어는 통을 액체 헬륨으로 채우는 것이다; 헬륨은 절대온도 4K 에서만 액체가 된다. 더 많은 중성자들이 통에 저장되고 오랜 시간동안 머무를 것으로 기대된다. 자기장을 제어하기 위해서는 다른 수단들이 있다.

표준 모형에서 전자의 전기 쌍극자 모멘트는 중성자의 전기 쌍극자 모멘트보다 훨씬 적고 너무 적어서 지금까지 측정된 적이 없다. 이는 새로운 물리를 찾는데 있어서 좋은 수단이다. 우리는 자유 전자의 모멘트를 측정할 수 없다. 왜냐하면 전자가 전하와 상호작용하면 실험을 망치기 때문이다. 중요한 것은 원자나 분자의 전기 쌍극자 모멘트를 측정하는 것이다. 그리고 원자 물리를 이용하여 원자 내부에 있는 전자의 전기 쌍극자 모멘트를 계산하면 된다. 어떤 경우에 원자나 분자의 전기 쌍극자 모멘트가 전자의 전자 쌍극자 모멘트보다 몇 배 더 크다는 실험 결과가 나왔다. 이것은 이 실험의 민감도를 크게 향상시킨다. 현재까지 전자의 전기 쌍극자 모멘트 한계 값(limit)은 중성자의 전기 쌍극자 모멘트 한계 값보다 10배정도 더 좋다고 한다.

PART C

중성미자의 놀라운 이야기

파울리(Pauli)가 중성미자를 이론적으로 제안한 이후 1955년 중성미자가 처음 검출될 때까지 25년이 흘렀다. 두 번째 중성미자인 뮤온 중성미자는 1962년 검출되었다. 파울리가 제안한 이후 1970년까지 40년이 흘렀지만 그것이 모든 것이었다: 이 검출되기 힘든 두 중성미자가 모두이다. 그러나 이후 30년 동안 중성미자 실험은 입자물리 연구의 핵심부가 되었고, 천체물리에서도 중요하게 되었다. 중성미자 물리가 관심을 끌게 되자 처음 관측한 물리학자들은 노벨상을 수상하게 되었다: 뮤온 중성미자에 대하여 1988년 Schwartz, Lederman와 Steinberg가 전자 중성미자에 대하여 1995년 Fred Reines가 수상하였다.

8장에서 언급한 바와 같이, 1973년 CERN 가속기 센터에서 실행된 중성자와 전자로부터 뮤온 중성미자의 탄성 산란 실험에서 약 상호작용의 표준 모형의 중요한 특성인 중성류 상호작용(neutral current interactions)을 처음으로 확인하였다. 중성미자 물리학은 중성미자가 약하게 상호작용하고 검출하기가 어려워서 서서히 발전하였다. 한편, 중성미자는 다른 상호작용을 안 하기 때문에 CERN의 중성미자실험은 약 상호작용에 대하여 배울 수 있는 굉장한 수단을 제공하였다.

중성미자의 초기 역사는 대부분 인간이 만든 중성미자 원천(source)인 핵발전소와 입자 가속기에 의존하였다. 다음 중성미자 진보는 자연에 의해서 주어진 원천 즉 대기 중성미자, 그리고 태양 중성미자에 의해 이루어졌다. 지구는 바깥 우주로부터 오는 고에너지 입자에 의해 충돌된다. 이들 고에너지 우주선 입자는 주로 양성자들이다. 이들 양성자가 산소나 질소 핵을 치면 파이온이 발생된다. 이들 파이온은 뮤온과 뮤온 중성미자로 붕괴한다. 이들 뮤온은 붕괴하면서 전자 중성미자와 뮤온 중성미자를 만든다. 전체적으로 하나의 파이온이 붕괴하면 하나의 전자 중성미자와 두 개의 뮤온 중성미자가 나온다. 이들은 대기 중성미자라 부른다. 별은 핵에너지로 빛을 내는데; 이들 핵에너지의 일부가 핵 과정(nuclear process)에 의해서 중성미자가 방출된다. 여러분이 별빛을 보면 그 별에서는 중성미자 흐름(flux)도 방출되고 있을 것이다. 태양으로부터 오는 중성미자를 태양 중성미자라고 부른다.

이들 중성미자를 연구하여 처음으로 중성미자가 질량이 있다는 증거를 확보하였다. 표준 모형에서는 중성미자 질량이 영이었는데, 이 결과는 표준 모형을 넘어선 물리에 대한 첫 증거였다. 실제로 우리는 중성미자 질량을 아직 모른다. 단지 3개의 다른 질량이 있고, 모두 전자 질량보다 백만 배나 적을 정도의 아주 적은 질량을 가지고 있다는 것만 안다.

CHAPTER 16

실종된 중성미자의 미스터리

대기 중성미자의 체계적 연구는 매우 큰 물(water) Cerenkov 검출기를 개발하면서 시작되었다. 고에너지 하전 입자(charged particle)가 물속을 움직일 때 입자는 광자 폭포(cascade of photons)를 방출하는데 이 현상은 1934년 Pavlov Cerenkov에 의해 발견되었다.[노트 1] 이 검출기는 매우 큰 물탱크로 둘러싸인 광자를 검출하는 광전자증배관(photomultipliers)으로 구성되어있어서 입자가 지나가는 자국을 추적할 수 있다.(그림 16.1) 이 검출기의 목표는 검출기 내부로 들어온 중성미자가 검출기의 산소핵이나 수소핵과 충돌하여 검출기내부에서 발생되는 전자나 뮤온을 보는 것이다. 전자와 뮤온을 구분할 수 있다는 것은 매

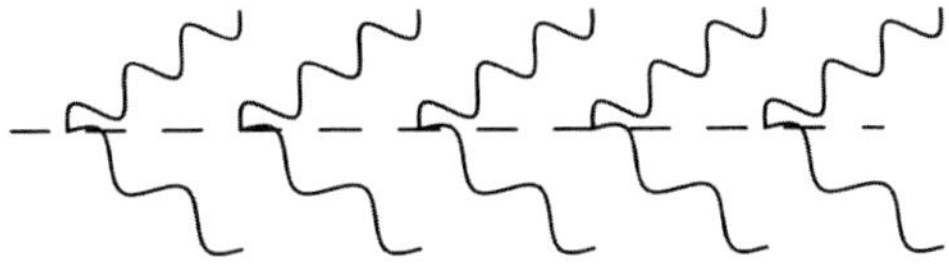

그림 16.1 물속에서 움직이는 전자로부터 방출되는 Cerenkov 광. 데쉬선(dashed line)은 전자를 나타내고 구불구불한 선은 방출된 광자들이다.

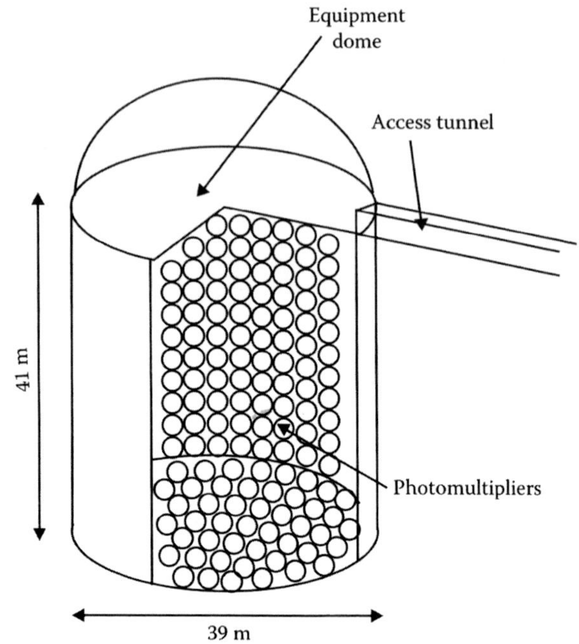

그림 16.2 슈퍼카미오칸데 실험의 개략도. 큰 원통형 실린더는 물로 채워있고, 광전자증배관(photomultipliers)들로 둘러 싸여있다.

우 중요하다. 전자는 매우 가벼워서 물속에서 산란이 되므로 광자를 검출하는 검출기에서는 아주 다른 모습을 보인다.

1980년대에 두 개의 다른 검출기가 가동되었다: 하나는 일본 카미오카 광산(Kamioka mine)에 있는 Kamiokande이고 미국 소금광산(salt mine)에 있는 IMB 검출기이다. 이들 검출기의 원래 목적은 양성자 붕괴를 찾는 것이었다. 그러나 그들은 양성자 붕괴를 찾지 못하였고, 중성미자 물리를 하게 되었다. 대기 중성미자를 관측하면서 뮤온 중성미자와 전자 중성미자 비는 2:1 보다 약간 적은 것처럼 보였다. 이 비율은 파이온이 붕괴하고 난 다음 뮤온이 붕괴하면서 각각 하나씩 뮤온 중성미자가 나오고 뮤온 붕괴에서 하나의 전자 중성미자가 나오기 때문이다.

확실한 증거는 그림 16.2에서 볼 수 있듯이 5만 톤의 물로 둘러싸여 있는 11,000여개의 20인치 광전자증배관으로 구성된 슈퍼카미오칸데(SuperKamiokande) 검출기가 가동되었을 때 나왔다. 대기 중성미자는 지구의 모든 곳을 때린다. 중성미자 검출기는 위로부터 내려오는 중성미자를 검출하지만 지구 다른 쪽 방향에서 오는 중성미자도 검출한다. 중성미자는 약하게 상호작용하기 때문에 천분의 일보다도 적은 확률로 지구를 통과하여 오는 중성미자가 검출될 것이다. 지구를 통과하여 올라오는 중성미자 수만큼 지구 위에서 내려가는 중성미자들이 있다. 이 결과는 그림 16.3에 있다. 뮤온 중성미자에 대해서는 약 절반만 올라온다.

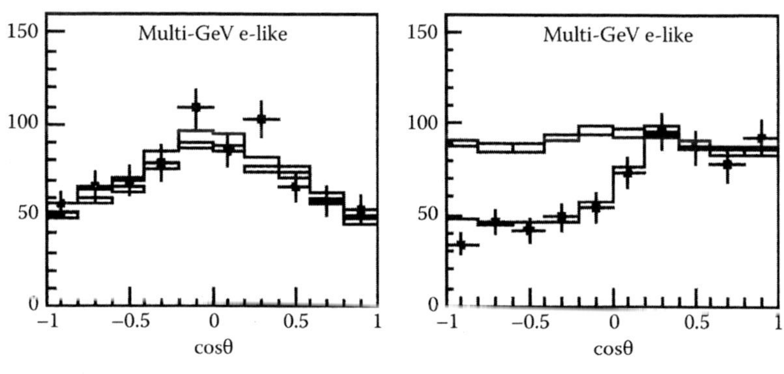

그림 16.3 슈퍼카미오칸데에서 전자 중성미자와 뮤오 중성미자로 확인된 관측된 대기 중성미자들의 각분포. $Cos\theta = +1$은 아래 방향이고 $Cos\theta = -1$은 위방향이다. 오차가 표시되어있는 검은 점들은 각 다른 각분포 칸에서 데이터를 나타낸다. 작은 박스들은 진동이 없다고 가정할 때 나타나는 결과들이다. 실선은 진동이 있다고 가정한 데이터와 맞춘(fitted) 결과이다. (A Measurement of Atmospheric Neutrino Oscillation Parameters by Super Kamiokande 1, The Super Kamiokande Collaboration, Phys. Rev. D71, 112005-112023, 그림 31[그림의 3번째 줄의 첫두 그림들]로부터, [hep-ex/0501464]. 허락을 맡음.

이 설명을 어떻게 할 수 있을까? 지구 중심에 중성미자를 없앨 수 있는 무언가는 없을 것이다. 우주선의 세기는 지구 반대쪽에서도 같다고 알려져 있다. 결론은 뮤온 중성미자 절반이 8,000마일의 지구 속을 지나면서 다른 중성미자로 변환되었다는 것이다. 지표 위로 올라오는 전자 중성미자 수가 늘어나지 않았기 때문에 뮤온 중성미자는 아마 타우(tau) 중성미자로 변환되었을 것으로 생각된다. 하지만 아쉽게도 타우 중성미자는 검출하기가 매우 어렵고, 지표 위로 올라오는 타우 중성미자에 대한 증거는 매우 빈약하였다. 그럼에도 불구하고 이 결론은 다른 가능성을 하나하나 제거하면서 최후로 내린 결론이다. 중성미자가 변환될 수 있다는 가능성은 중성미자 진동(neutrino oscillation)으로 부르는데, 처음 Bruno Pontecorvo에 의해 제안되었고, 1962년 Maki, Nakagawa 및 Sakata에 의해 더 상세히 기술되었다. 중성미자 진동은 중성미자가 질량을 갖는다는 것을 뜻한다. 여러 해 동안 중성미자 진동이라는 아이디어는 여러 가능한 이론 중 단지 하나의 추론에 불과하였다; 그렇지만 점차로 이 아이디어가 사라지는 중성미자 문제를 해결할 수 있는 열쇠라는 것이 분명해졌다.

간단하게 뮤온 중성미자(ν_μ)와 타우 중성미자(ν_τ) 두 가지 중성미자만 생각해보자. 우리가 뮤온 중성미자라고 말할 때 중성미자가 상호작용하는 것을 보고 말한다. 따라서 뮤온 중성미자는 파이온 붕괴에서 뮤온과 함께 발생되고, 뮤온 중성미자가 상호작용하면 뮤온이 발생된다. 타우 중성미자에 대해서도 비슷하게 생각할 수 있다. 이제 중성미자가 두 종류의 질량 m_1, m_2를 가지고 있다고 가정하자. 중성미자 진동의 출발점은 ν_μ(혹은 ν_τ)가 두 질량 m_1과 m_2의 혼합(mixture)으로 되어있다고 가정하는 것이다. 예를 들면 파이온 붕괴에서 중성미자가 방출되었다고 가정할 때 질량의 절반은 m_1으로 측정되고 절반은 m_2로 측정된다는 것이다.

중성미자가 공간에서 움직일 때 전자나 광자처럼 우리는 중성미자가 파로 움직인다고 생각해야한다. 파는 파장이나 진동수에 따라 전파 특성이 달라지고 또한 에너지에 따라 달라진다. 그러나 에너지는 mc^2과 같으므로 질량에 따라 달라진다. 따라서 중성미자가 공간에서 움직이면 ν_1[**역주:** 질량 m_1을 갖는 중성미자]과 ν_2[**역주:** 질량 m_2를 갖는 중성미자]는 그림 16.4에서처럼 서로 위상이 다르다. 우리가 ν_μ로 관측한 것은 위상이 같은 ν_1과 ν_2의 혼합(mixture)이다; ν_1과 ν_2의 위상이 서로 반대이면 더 이상 뮤온이 아니다. 단지 두 종류의 중성미자만을 생각했을 때 이 ν_1과 ν_2의 위상이 반대인 중성미자는 ν_τ이다. ν_μ중성미자가 ν_τ중성미자로 변환되었다가 다시 ν_μ중성미자로 변환될 때까지 움직인 거리를 중성미자 진동길이(oscillation length)라 부른다.

두 중성미자의 질량차가 작으면 작을수록 진동거리는 커지고 중성미자 진동이 확인될 때까지 가야하는 이동거리도 길어진다. 따라서 하늘에서 내려오는 대기중성미자는 평균 15km를 움직이므로, 확인될 만큼의 진동현상이 나타나지 않는다. 하지만 지구 중심에서 지표 위로 올라오는 대기 중성미자는 8,000km를 움직인다. 원래 가속기에서 나오는 ν_μ 중성미자로 이러한 중성미자 진동을 보려고 했지만 검출기가 너무 가까이 있어서 실패하였다. 진동거리는 에너지가 증가함에 따라 더 늘어난다. 그 이유는 진동거리가 에너지에 대한 질량 차의 비에 따라 달라지기 때문이다. 예를 들어 $m_2 = 0.05eV$(전자 질량보다 천만 배 작다), $m_1 = 0$이면 [**역주:** 질량의 단위로 eV를 사용하는 것은 표 6.1과 관련하여 설명하였다] 진동거리는 약 1 GeV정도의 에너지를 갖는 대기 중성미자에 대하여 약 1,000km이다.

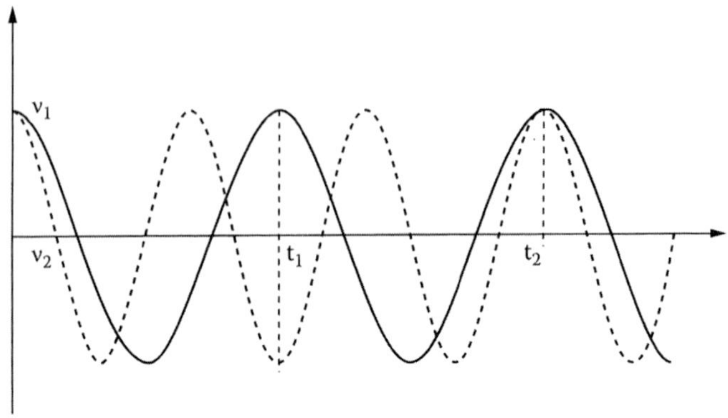

그림 16.4 곡선들은 시간의 함수 (혹은 거리의 함수)로서 ν_1(실선)과 ν_2(데쉬선)의 위상들을 나타낸다. 이들은 같은 위상에서 시작하여; 시각 t_1에서 위상이 반대로 되고, ν_1과 ν_2의 합인 ν_μ는 사라진다. 이제 원래 중성미자는 ν_τ인 $\nu_2 - \nu_1$상태가 된다. 어느 정도 시간이 지난후 t_2에서는 ν_1과 ν_2가 위상이 반대가 되고 원래의 중성미자는 다시 ν_μ가된다.

그림 16.4에 제시한 예는 두 질량의 중성미자 혼합체의 두 질량비가 같다고 가정하였다. 이는 대기 중성미자 진동과 잘 맞는다. 이 그림에서 볼 수 있듯이 에너지가 정확하면 중성미자는 진동을 하면서 어느 거리에서는 사라지고 완전히 다른 중성미자로 다시 나타난다. 대기 중성미자 실험의 경우 데이터는 어떤 에너지 범위에서 평균을 취하므로 중성미자 진동이 보이지 않는다. 대신 평균적으로 ν_μ 중성미자의 절반이 사라지는 것으로 나타난다.

이런 실험은 우리에게 실제 중성미자 질량에 대해서 무엇을 말하는 것일까? 그 해답은 질량 차이만 알 수 있다는 것이다. 더 정확히 말하면 진동거리를 알면 질량 제곱의 차이를 알 수 있다.[1] 따라서 대

1 mc^2의 값이 총 중성미자 에너지보다 훨씬 적다는 것이 근사적으로 아주 좋은 것이다(부록 5 참조)

기 중성미자 결과는 $m_2 = 0.05eV$, $m_1 = 0$ 혹은 $m_2 = 0.13eV$, $m_1 = 0.12eV$의 가정과 잘 맞는다.

더 일반적으로 두 질량이 같은 비율로 구성되지 않는 경우에는, ν_e 중성미자는 ν_2 중성미자는 작고 주로 ν_1 중성미자로 구성되고, ν_μ 중성미자는 주로 ν_2 중성미자로 구성되고 ν_1 중성미자는 비율이 작게 된다. 이런 혼합의 정도는 혼합각(mixing angle)으로 측정된다.

노트(NOTES)

❶ 어떤 입자의 속도도 진공에서 빛의 속도보다 더 빠를 수 없다. 그러나 물 속에서 빛은 진공에서 속도보다 더 느리게 간다. 그리고 어떤 입자는 빛이 물속에서 가는 속도보다 더 빠르게 물속에서 갈 수 있다. 그런 경우에 Cerenkov 방사광이라는 빛을 방출한다. 이는 우리가 핵 반응로에서 보는 청색광이다.

CHAPTER 17

태양에서 오는 중성미자

19세기 Lord Kelvin은 태양에너지의 근원이 무엇인가 라고 생각하였다. 모든 에너지는 어디에서 올까? 태양이 석탄 덩어리라면 매우 빨리 타버릴 것이다. 사실 그가 아는 에너지 근원(source)은 중력에너지였다. 처음 엄청 컸던 태양이 점차로 붕괴되면 처음의 위치에너지가 운동 에너지나 열에너지로 변환될 것이다. 이런 식으로는 태양은 단지 몇 백만년 동안만 빛이 난다. 이는 Charles Darwin의 진화론적 시간만큼 길게 빛날 수 없다. 우리는 지금 방사성 연대 측정법(radioactive dating)으로부터 우리 태양계가 45억년 되었다고 알고 있다.

이 문제는 핵에너지라는 새로운 형태의 에너지가 발견됨으로서 해결되었다. Earnest Rutherford는 태양은 방사성에너지가 나오는 방사성 물질로 만들어졌을 것이라고 제안하였다. 두 명의 젊은 물리학자 Geoffrey Atkinson과 Fritz Houtermans는 1930년 태양에너지는 태양 중심에서 일어나는 핵반응에서 나온다고 새로운 제안을 하였다. 두 핵이 서로 융합하여 새로운 핵이 만들어질 때가 탄소와 산소가 결합하여 이산화탄소가 만들어질 때 내는 에너지보다 백만 배나 많은 에너지가 발생한다. 이 핵 에너지로 태양은 수 십 억년 동안 빛을 낼 수 있었다.

1930년대 핵반응 연구에 많은 발전이 있었다. 이 분야에서 선두주자는 1933년 독일에서 미국 Cornell University로 피난 온 Hans Bethe였다; 그 후 그는 이곳에서 거의 65년 동안 연구를 지속하였다. 1936년과 1937년에 Review of Modern Physics 논문집의 3권에 실린 논문 대부분을 저자와 공저자로 실었다. 여기서 핵 이론을 자세히 설명하였다. 그 후 여러 해 동안 물리학자들은 이 논문집들을 소중히 여기고 베테 성서(Bethe Bible)로 불렀다.

태양 및 우주의 대부분은 수소와 헬륨으로 만들어져 있다. 태양은 4개의 수소가 헬륨 핵으로 변환되는 연속 핵반응을 통해서 에너지를 얻

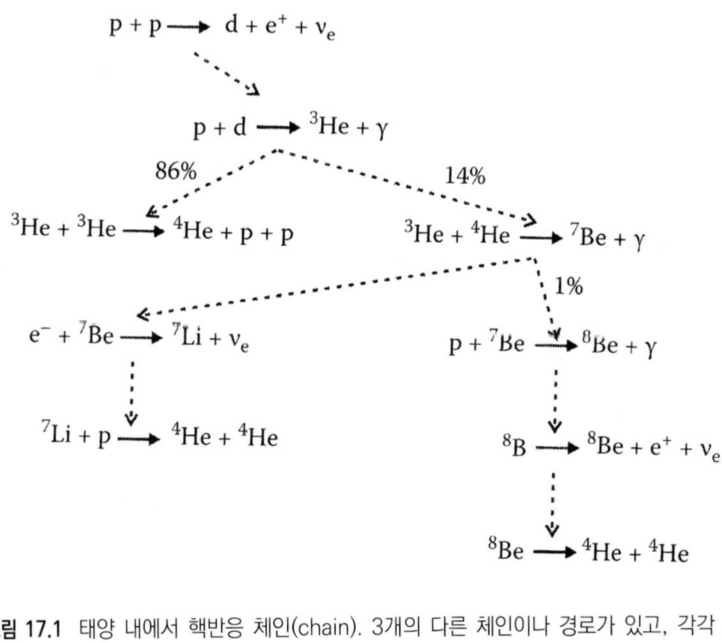

그림 17.1 태양 내에서 핵반응 체인(chain). 3개의 다른 체인이나 경로가 있고, 각각 보통의 헬륨 (^4He)을 생성하게 된다. 원소와 관련된 숫자는 그 원소 중에서 특정 동위원소의 질량수(양성자 수 더하기 중성자 수)를 나타낸다.

는다. 헬륨 핵은 두 개의 양성자와 두 개의 중성자를 포함하므로 양성자 두 개는 핵반응에서 중성자로 변환되어야 한다. 태양에서 일어나는 반응들은 1938년 Bethe와 Charles Critchfield에 의해서 함께 제안되었고, 그림 17.1에 나타내었다. 첫 단계는 두 개의 양성자가 약한 상호작용을 거쳐 d로 표기되는 중양자(deuteron)가 되는데 이는 중성자와 양성자로 구성되어 있다. 이는 무거운 수소원자인 중수소(deuterium)의 핵이다. 상호작용이 약하기 때문에 이 반응은 서서히 진행되며, 왜 그렇게 오래 동안 태양이 빛나는가를 설명할 수 있다. 별 속에서 일어나는 에너지 생성에 대한 발견으로 Hans Bethe는 1967년 노벨상을 수상하였다.

태양에서의 에너지 생성에 관한 이 이론을 어떻게 검증할 수 있을까? 태양 속으로 들어가서 검증할 수는 없다. 해답은 태양 속에서 발생하는 에너지의 약 3%가 중성미자 형태로 방출된다는 것이고 이 중성미자는 태양 속에서 만들어져 뚫고 나오면서 천분의 일 미만의 확률로 흡수되기 때문에 생성된 지 8분여 만에 지구에 도달한다. 우리가 태양 표면으로부터 받는 열과 빛은 수천 년 전에 발생한 핵반응으로부터 나온 것이다. 왜냐하면 빛과 열에너지가 태양 중심으로부터 표면까지 나오는데 오랜 시간이 걸리기 때문이다. 하지만 중성미자는 태양 중심부의 핵반응에서 단지 8분전에 발생되었다는 것을 알 수 있다. 약 1천억 개의 중성미자가 매초 우리 몸을 밤과 낮을 가리지 않고 통과하지만 이들은 물질과 약하게 상호작용하기 때문에 우리 몸에 어떤 해도 끼치지 않는다.

1960년대 이후 John Bahcall은 태양 속의 핵반응에서 중성미자가 어느 정도 나오는지를 예측하는 자세한 계산을 하였다. Bahcall은 실험물리학자들과 밀접한 관계를 유지하면서 많은 실험학자들이 그의 태양 중성미자에 대한 자세한 예측 값을 확인할 수 있도록 도움을 주었다. 이 책의 저자 중 한명인 Wolfenstein은 Princeton의 고등과학연구소(Institute for Advanced Study)에서 37년간 교수로 지내면서 Bahcall과 많은 의견을 나누었다. 하지만 아쉽게도 그는 2005년 노벨상을 받기 전 운명을 달리하였다. Bahlcall 계산의 첫 단계로 각각 다른 핵반응에 대한 비율이 필요하였다. 이 비율을 알기 위하여 가속기를 이용하는 빔 실험이 수행되었다. 사실 1958년 ^3He와 ^4He가 융합하여 ^7Be이 되는 핵융합 반응이 매우 큰 비율로 예기치 않게 발견되었다. 이를 발견한 Willy Fowler(1983년 노벨상)가 이끄는 Cal Tech그룹은 천체물리학에서 중요한 핵반응연구를 수년 동안 지속하였다. 두 양성자가 하나의 중양자(deuteron)로 되는 첫 핵반응은 너무 약하여(weak) 실험실에서 재현하기가 너무 어렵다. 따라서 약한 상호작용 이론을 사용하여 계산된다.

핵융합 반응의 비율은 온도에 매우 민감하게 변한다. 왜냐하면 온도에 의해 움직이는 핵의 운동 에너지가 바뀌고 두 양성자 사이 전기적 반발력을 극복하는데 추가적인 에너지가 사용되기 때문이다. 따라서 태양 표면의 온도로부터 에너지 전달율을 자세히 계산하여 태양 중심부의 온도를 계산하는 것이 필요했다. 그림 17.1에서처럼 개개 반응의 비율이 주어지고, 태양의 중심부의 어디에서 반응이 일어나는지 추적하면서 일어나는 연쇄반응(sequence of reactions)을 모델화하는 것이 필요했다. 그림 17.2에는 이 결과에 의한 태양 중성미자의 스펙트럼을 나타내었다. 중성미자의 3개의 주된 그룹이 있다: ^8B로부터 나오는 가장 높은 에너지의 중성미자는 ~0.02% 정도로 매우 희귀하다. 하지만 검출하기가 쉽다; 두 번째 높은 에너지의 중성미자는 ^7Be에서 발생되고 약 10%~15% 정도의 비율이다; 초기의 pp 핵반응에서 나온

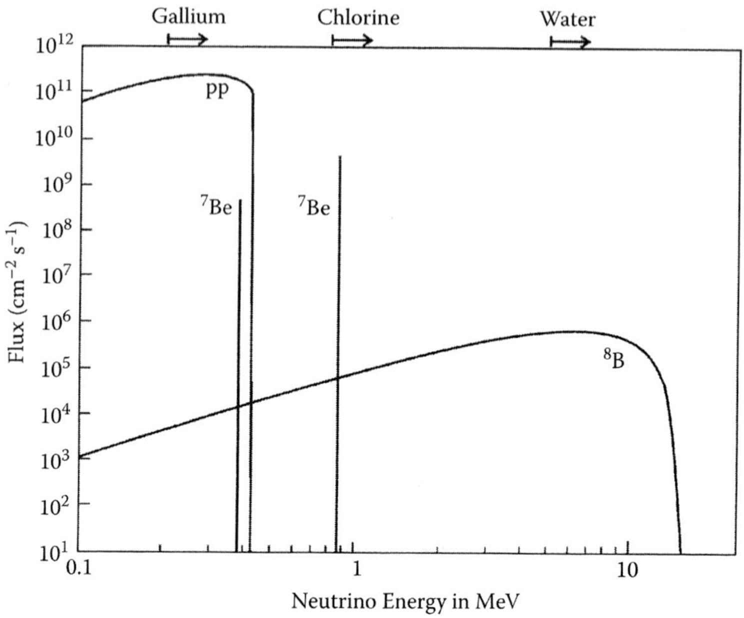

그림 17.2 에너지 함수로 나타낸 태양중성미자의 계산된 플럭스(flux). 눈금은 로그눈금이라는 것을 확인하시오. ^7Be 중성미자는 두 에너지에서 방출되고 다른 중성미자들은 어떤 에너지 영역에서 방출된다. 그림 위의 화살표는 특정 실험에서 가장 작은 에너지를 나타낸다.

중성미자가 가장 낮은 에너지이며 제일 많이 발생한다.

이처럼 태양 속을 들여다 볼 수 있는 엄청난 가능성이 있다면 이 중성미자를 검출하기 위한 많은 실험이 있을 거라 기대된다. 사실 1965년부터 1985년까지 20년 동안 한사람이 거의 홀로 태양 중성미자를 검출하였다. 그의 이름은 Raymond Davis였다. 2002년 비록 그는 화학자였지만 노벨물리학상을 수상하였다. 방사화학자(radiochemist)인 David는 그 당시 Bruno Pontecorvo의 제안에 따른 매우 민감한 기술을 독점 소유하고 있어서 염소(chlorine) 속의 중성자가 양성자로 바뀌면서 아르곤으로 변환될 때의 핵반응에서 발생되는 중성미자를 검출할 수 있었다. 이 핵반응의 확률이 전에 계산한 것보다 20배나 크다는 것을 Bahcall이 자세하게 이론적으로 계산한 것은 큰 진보였다.

Davis의 실험기구는 100,00 갈론(gallons)의 세정액(cleaning fluid)이 채워진 큰 탱크였다. 중성미자는 염소원자의 일부를 비활성 기체인 아르곤원자로 바꿀 것이고 아르곤원자는 세정액 속에서 떠다닐 것이다. 한 달 정도가 지난 후에는 아르곤 원자들은 제거될 것이다. 여기서 발생된 아르곤 동위원소는 사실 방사성이므로(radioactive) 몇 개의 아르곤이 만들어졌는지를 알 수 있다. 그러면 중성미자가 염소를 아르곤으로 바꿀 이론적 확률을 알기 때문에 몇 개의 중성미자가 들어 왔는지 알 수 있다. 이 검출기에 의한 실험은 희귀한 고에너지 ^8B에서 나오는 중성미자에 아주 민감하다.

Bahcall은 100,000 갈론의 세정액 속에서 평균적으로 하루 하나미만의 아르곤 원자를 발견할 것이라고 예견하였다. Davis가 그의 결과를 발표했을 때 하루 1/2 미만의 아르곤 원자를 발견하였다. 중성미자 플럭스(flux)는 단지 예상 값의 1/3 정도였다. 실험의 어려움과 이론에서의 불확실성 때문에, 수 년이 지나서야 대부분의 물리학자들은 이 결과에 문제가 있다고 인식하였다. 결국 우리는 이 태양 중성미자 문제를 피할 수 없게 되었다. 이는 천체물리학에서 굉장한 문제가 된 예이다: 이는 바로 우리가 태양에 대하여 잘 모르거나 아니면 중성미자에 대하여 잘 모르는 것이다. 그렇다면 이 문제는 천문학의 문제일까? 아니면 입자물리학의 문제일까?

이에 대한 확실한 답은 캐나다 Ontario Sudbury에 있는 니켈 광산의 깊은 굴속에서 실행된 SNO 실험에서 나왔다. 이 실험은 원래 1985년 Herb Chen이 제안하였으나 그는 실험이 시작되기 전에 운명을 달리하였다. 이 실험의 첫 결과는 2002년 발표되었다. 기본 아이디어는 앞에서 언급한 것처럼 물 Cerenkov 검출기를 사용하는 것인데 일반 물이 아니고 중수(heavy water)를 사용하는 것이다. 중수는 물 H_2O 에서 수소대신 중수소(deuterium)가 들어간 것이다; 이는 원자의 핵이 양성자와 중성자가 함께 있는 중양자(deuteron)라는 것이다. 이 실험에서는 1000톤의 중수가 사용되었다; 이는 캐나다에서만 가능한데 그 이유는 캐나다 정부가 CANDU 원자력 발전소에서 사용할 많은 중수를 가지고 있었기 때문이다. 이 중수의 가격은 약 3천만 달러 정도였는데 실험 후에는 정부에 반납하였다. 지표로부터 6,800 ft 아래에 있는 검출기는 우주선 뮤온을 차단하는데 아주 좋다. 물론 중성미자는 중수가 있는 검출기에 도달하는데 전혀 문제가 없다.

중성미자가 중성자를 칠 때 두 가지 반응이 가능하다:

1. 중성자가 양성자로 변하면서 전자가 방출된다; 이는 전자중성미자에서만 일어난다.
2. 중성미자가 중성류 상호작용(neutral−current interaction) 때문에 중성자와 탄성 충돌 하면서 중성자를 쳐 낸다; 이는 모든 형태의 중성미자에 대하여 같은 확률로 일어날 수 있다.[2]

Davis 실험처럼 이 실험은 고에너지 중성미자에만 민감(sensitive)하다. 전자의 비적(track) 수를 측정하면 전자 중성미자 플럭스(flux)가 Bahcall이 예측했던 값의 1/3 정도였고, 이는 Davis 실험과 일치하였다. 두 번째 반응은 되튀는(recoil) 중성자가 중양자에 포획되었을 때 방출되는 광자를 검출함으로서 측정되었다. 광자의 수를 세면 모든 종류의

2 산소 핵에 있는 중성자들은 너무 단단히 묶여있으므로 중수소에 있는 중성자만이 참여할 수 있다.

중성미자 플럭스가 결정되었고 예측과 잘 일치하였다. 결론은 태양에 대한 이론이 틀리지 않았고, 태양에서 발생된 전자 중성미자의 2/3는 다른 중성미자로 바뀌져 지구에 도달하였다는 것이다.

실제 이론을 검증하기 위해선 태양 중성미자의 99% 이상을 차지하는 낮은 에너지 중성미자를 관측하는 것이 확실히 바람직하다. 그러한 실험 중 첫 번째는 Davis 실험과 비슷하나 염소(chlorine)대신 갈륨(gallium)을 사용하였다. 갈륨을 방사선이 있는 게르마늄(germanium)으로 변환시킬 때 필요한 에너지는 염소 실험에서 검출을 위해 필요한 에너지보다 훨씬 적게 들었다(그림 17.2 참조); 그 결과 그림 17.2에 있는 모든 종류의 근원(source)으로부터 나오는 중성미자가 모두 검출되었다. 예측되었던 신호는 주로 낮은 에너지 중성미자였고, 이는 모든 태양 중성미자의 99% 이상이었다. 비록 Davis가 갈륨 실험을 제안하였지만, 그는 미국에서 펀드를 받을 수 없었다. 두 갈륨 실험이 이뤄졌다: 이탈리아의 GALLEX와 소련의 SAGE. 기대한 것처럼 이들 실험에서 Davis보다 더 많은 중성미자가 발견되었으나, 플럭스는 단지 Bahcall이 계산한 것의 절반을 약간 상회하였다. 아마 전자 중성미자 절반 이상이 진동을 하면서 다른 종류의 중성미자로 변환되었을 것이나 이들을 검출할 방법이 없었다.

Davis 실험에서 한 가지 질문은 어떻게 검출된 중성미자가 태양에서 온 것인지를 아느냐이다. 사실 이 방법은 제거(elimination) 과정이다; 중성미자가 나올만한 다른 근원(source)은 없어 보였다. 중성미자 방향을 잘 측정하는 첫 번째 실험은 SuperKamiokande였다. 이 실험은 비록 SNO 실험보다 더 반응 검출능력이 떨어지지만, 물속에서 전자와 탄성 충돌하는 전자 중성미자를 검출할 수 있다. 전자들은 가벼워서 산란될 때 전자 중성미자가 검출기 속으로 들어오는 방향으로 방출된다. 이 실

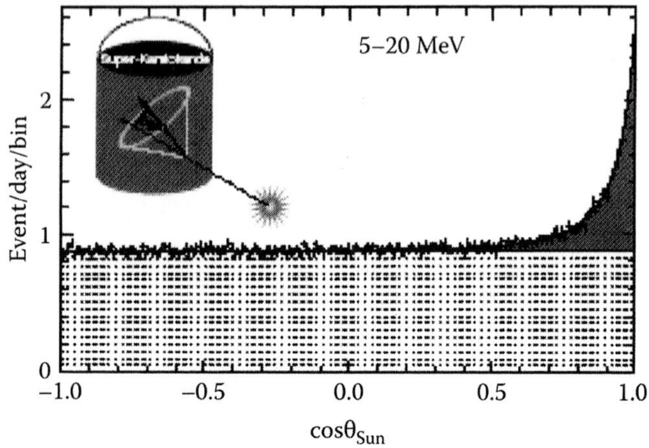

그림 17.3 슈퍼카미오칸데에서 전자들의 각분포. 태양의 방향은 $Cos\theta_{sun} = 1$이다. 곡선의 편평한 부분은 태양 중성미자와 관계없는 백그라운드(background) 때문이다. 태양방향에서 피크(peak)는 태양 중성미자의 산란 때문이다. ("Solar Neutrino Measurement in Super Kamiokande" Pys. Rev. D73, 11 2001[2006], pg.12001-12021, 그림 40으로부터 [hep-ex/0508053v2]. 허가를 받음.)

험의 중성미자가 오는 방향의 각 분포는 그림 17.3에 있다.

태양 중성미자가 중성미자 진동을 통하여 변환될 확률은 1969년 Gribov와 Pontecorvo에 의해 처음 제안되었다. 이들은 중성미자가 태양에서 지구까지 9,300만 마일을 이동할 때 중성미자가 진동하는 정도의 큰 진동 길이(oscillation length)를 생각했었다. 이렇게 큰 진동 길이는 지구에 있는 가속기나 핵발전소를 이용해서는 결코 검출할 수 없었다. 태양 중성미자 문제를 연구할 때, 진동거리를 더 줄일 수 있는가에 대하여 고려하였다. 일본에서 KAMLAND라는 검출기가 여러 발전소로부터 약 150km 떨어진 곳에 설치되었다; 2002년 스펙트럼(spectrum)의 변형을 살펴보니 분명하게 진동이 있음이 밝혀졌다.

KAMLAND 실험의 결과는 분명하게 진동 거리가 태양의 반경보다 훨씬 짧다는 것을 보여주었다. 중성미자 진동은 태양 중심부에서 바깥 표면까지 나오면서 태양 안에서 시작될 수 있다. 전에 이야기한 것처럼, 중성미자는 태양 속에 물질이 없는 것처럼 태양을 통과한다; 따라서 중성미자에 관한 한 태양을 통과하면 기본적으로 빈 공간을 통과한다고 믿는 것은 자연스럽다. 1962년 중성미자 진동이 처음 고려 대상이 되었지만, 16년이 지나서야 Lincoln Wolfenstein이 물질에서의 진동은 진공에서의 진동과 다를 수 있다는 것을 처음 지적하였다. 유리와 물은 빛에 대하여 둘 다 투명하지만 굴절률 때문에 빛에 영향을 준다. 태양도 중성미자에 대해 투명하지만 굴절률이 있다. 굴절률은 1에 가깝기 때문에 우리가 진동을 고려할 때 까지는 중요하지 않다.

진동은 중성미자를 파(wave)라고 생각할 때 영향을 받고, 질량은 파장에 영향을 준다. 비슷하게 굴절률은 파장에 영향을 준다. 중요한 것은 전자 중성미자와 다른 중성미자(뮤온 중성미자와 타우 중성미자)사이 굴절률의 차이이다. 왜냐하면 전자 중성미자는 원자 속의 전자와 상호작용하고 다른 중성미자는 상호작용하지 않기 때문이다.[3]

따라서 태양 속을 통과해 나오면서 전자 중성미자로 시작한 중성미자가 어떻게 변환하는지는 질량 차와 진공 경우에 대해 앞서 언급한 혼합(mixing) 그리고 굴절률의 차에 따라 달라진다. 낮은 에너지 중성미자에 대해서는 진공효과(vacuum effect)가 대부분이고, 물질 효과(effect of matter)는 상대적으로 그렇게 크지 않다; 따라서 갈륨 실험의 결과는 대부분 진공 공식을 사용하여 설명될 수 있는데 최대 혼합(maximal

[3] Z 교환에 의한 약한 상호작용은 전자, 뮤온, 타우 반중성미자에 대해 모두 가능하나 물질 속에 많이 있는 전자와 W 교환을 통해 약한 상호작용하는 중성미자는 전자 중성미자이므로 차이가 난다. 광학에서처럼 굴절률은 전방 방향의 산란 진폭과 관련 있다.

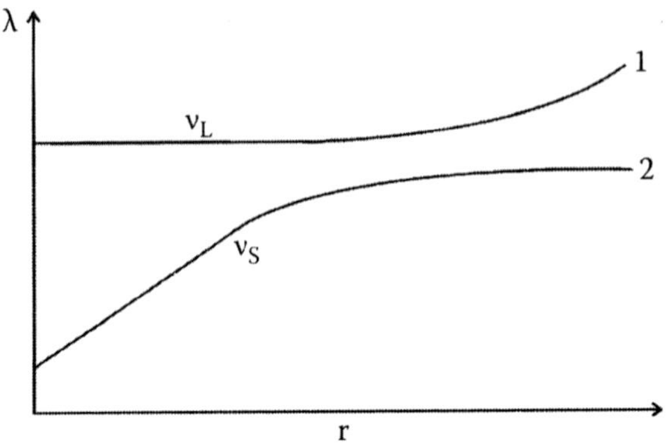

그림 17.4 고에너지 중성미자가 태양중심에서 출발하여 태양을 지나면서 중성미자 파동의 파장이 어떻게 변하는지 태양중심으로 부터 거리r의 함수로 나타낸 정성적 (qualitative) 다이어그램. 태양에서 생성된 전자 중성미자는 ν_s에서 출발하고 단열적인 근사(adiabatic approximation)에서는 1/3인 ν_e인 ν_2상태로 끝난다. 결국은 ν_L이 되지 못한다. 사실 중성미자가 파장 차이가 작게 되었을 때는 ν_s에서 ν_L로 점프할 확률이 있다. 이 확률은 작은 에너지 중성미자에 대해서는 훨씬 크다.

mixing)은 아니다. 굴절률은 고에너지 중성미자의 경우 중요하다.

태양의 중심에서 출발하는 두 종류의 중성미자에 대해서 생각해보자: 일반적으로 다른 파장을 가진 두 종류의 중성미자라 생각하자. 진공에서 전자 중성미자는 그림 16.4에서처럼 두 종류의 중성미자 ν_1과 ν_2의 혼합일 것이다. 태양의 중심에서 출발하기 시작한 고에너지 전자 중성미자의 경우, 중성미자 에너지가 질량 차이 m_2-m_1보다 훨씬 더 크기 때문에 질량 차이는 파장을 정할 때 굴절률보다는 덜 중요하다.[4] 이들 중성미자들은 태양 중심부에서 출발할 때는 주로 더 짧은 파장을 갖는 ν_S가 많고, ν_L은 적다. 중성미자가 앞으로 나아감에 따라 밀도가

---

4 중요한 것은 부록 5에서 논의된 것처럼 에너지로 나눠준 $m_2^2-m_1^2$이다.

줄어들고 따라서 굴절률이 줄어들어서 ν_S의 파장은 커지게 된다. ν_S와 ν_L의 파장은 그림 17.4에서 보여주는 것처럼 태양 중심으로부터 거리의 함수로 나타낼 수 있다. ν_S로 출발했던 중성미자는 태양의 밀도 변화가 서서히 진행되면 갑자기 ν_L로 바꾸지 않고 짧은 파 그대로 머물 것이다. 이는 단열 근사(adiabatic approximation)로 알려져 있고, 고에너지 중성미자의 경우에 나타난다. 이 결과, 중성미자는 질량이 m_2인 상태에 해당하는 더 짧은 파장의 진공 상태에서 태양으로부터 방출된다. 태양 중성미자 데이터에 의하면, 상태 ν_2는 전자 중성미자가 1/3이고 나머지 2/3은 다른 중성미자이다.

단열 근사에서 중성미자는 두 질량의 혼합이 아니라 단지 질량 m_2 상태이므로 태양에서 지구까지 오는데 진동은 일어나지 않는다. 하지만 중성미자가 지구 속으로 들어오게 되면 지구에 있는 물질에 의해 굴절률이 적용되기 때문에 진동을 하게 된다. 계산에 의하면 낮보다는 밤에 더 많은 태양 중성미자가 있어야 한다. 그러나 이 차이는 너무 적어서 지금까지 검출이 안 되었다.

비록 굴절률이 1978년 처음 제안되었지만 1985년에서야 겨우 두 명의 러시아 물리학자 Mikhaeyev와 Smirnov에 의해서 정확히 태양에 적용되었다. 이는 Mikhaeyev Smirnov Wolfenstein(MSW) 효과로 알려져 있다. 태양을 통과하는 과정을 논하면서, 그들은 중성미자가 처음 ν_e로 출발하여 태양을 통과해 나오면서 ν_e와 ν_μ(혹은 ν_τ)의 혼합으로 바뀌게 되고 나아가 굴절률이 감소함에 따라 ν_e와 ν_μ(혹은 ν_τ)로 진동하게 된다고 생각하였다. 그러나 극한의 고에너지에서는, Hans Bethe가 1986년 논문에서 명확히 밝힌 것처럼 간단하게 단열 근사를 사용하여 이 현상을 이해할 수 있다.

CHAPTER 18

중성미자 천문학
우주를 연구하는 새로운 방법

18.1 별로부터 오는 중성미자

태양 중성미자의 발견은 천문학의 새로운 시기를 열었다고 말할 수 있다. 중성미자는 어떤 빛도 빠져나올 수 없는 천문학적으로 아주 밀도가 큰 우주를 탐색할 수 있다는 가능성을 제공한다.

중성미자 천문학에 대한 한 가지 예가 있다: 초신성(supernova) 1987a에서 방출된 중성미자이다. 1987년 2월 23일 아침 칠레의 한 젊은 천문학자는 하늘에서 아주 밝은 새로운 별을 보았다: 초신성이었다. 그 때 일본의 카미오칸데(Kamiokande)와 미국의 IMB 두 개의 물 Cerenkov(water Cerenkov) 검출기가 가동되고 있었다. 그들은 초신성이 폭발한 시기 근처의 데이터를 세밀하게 살펴보았다. 초신성이 보이기 3시간 전 10초 동안 카미오칸데에서는 11개의 비정상적 반응들이 관측되었다. 똑 같은 10초 동안 IMB에서는 8개의 비정상적 반응들이 관측되었다. 이들 반응들은 중성미자 상호작용에서 발생된 되튀는(recoil) 전자였다.

초신성은 타입2(type 2)로 확인되었다. 이는 핵연료가 중력을 극복할 만큼 충분히 제공되지 못해서 갑자기 별이 붕괴되는 것으로 생각되었다. 일초 이내에 별의 중심부는 극도로 뜨겁고 밀도가 커진다. 이런 고밀도의 플라즈마상태에서는 충돌에 의하여 전자와 양전자, 광자, 그리고 중성미자들이 생성된다. 이들 고밀도 플라즈마 상태를 탈출하여 초신성 깊은 곳의 모든 에너지를 방출할 수 있는 입자는 중성미자들이다. 앞에서 관측된 19개의 중성미자 반응은 별의 중심에서 나왔기 때문에 붕괴하는 별의 중심에서 무슨 일이 일어났는지를 잘 보여줄 수 있다고 본다.

중성미자는 별이 붕괴하는 시각을 알려주었다. 초신성 빛은 나중에 에너지의 일부가 별의 바깥 쪽 표면으로(아직 붕괴되지 않은) 전달되어 나올 때 나왔다. 이 에너지 전달의 실제 메커니즘(mechanism)은 아직 잘 이해되진 않았다. 비록 초신성이 굉장한 빛(초신성1987a의 최대 밝기는 태양의 500배였다)을 내지만, 이론에 의하면 이 빛 에너지량은 붕괴에너지의 1%도 안 되고 나머지 99%는 중성미자로 발생된다!

초신성 1987a는 15만 광년 떨어져 있는 대 마젤란 성운(Large Magellanic Cloud)이라 부르는 이웃 은하로, 은하수 바깥쪽에 존재한다. 중성미자는 15만년동안 지구를 향해 오고 있었지만 검출기는 가동된 지 불과 몇 년 안 된 시기였다! 초신성과 지구가 매우 먼 거리라는 것과 검출기 크기가 작다는 것을 고려한다면 엄청난 양의 중성미자가 초신성에서 발생되었다는 것을 추정할 수 있다. 관측된 19개의 중성미자에 근거하여 계산해 보면 발생된 중성미자 수는 300×10^{57}이었다. 이는 첫 중력 붕괴에 대한 직접적인 증거이고 초신성이론과 일치하였다.

미래에는 어떻게 될까? 중성미자 진동을 고려하면 태양 중성미자 데이터는 태양 이론과 일치한다. 하지만 2007년 현재 태양 중성미자의 주된 성분인 pp반응(그림 17.1의 맨 위 반응)에서 나오는 중성미자와

Be의 포획에서 발생된 중성미자는 관측되지 못하였다. 갈륨(Ga) 실험 결과는 주로 이러한 중성미자 때문이라고 가정하지만, 정량적으로 이론을 확인하기 위해서는 중성미자 플럭스(flux)를 개별적으로[**역주**: pp 중성미자나 Be 중성미자 등 개별적] 측정하는 것이 중요하다. Be의 전자 포획반응에 의해 발생되는 단일 에너지(monoenergetic)의 중성미자에 의해 산란된 전자를 검출하기 위하여 Borexino라 부르는 실험이 이탈리아에서 가동되고 있다. 이 실험의 가장 큰 초점은 태양 중성미자의 대부분을 차지하는 즉 태양의 첫 핵반응에서 나오는 중성미자를 직접 관측하는 것이다. 이러한 관측은 이들 중성미자가 매우 낮은 에너지를 갖고 있기 때문에 어렵다; 하지만 이러한 중성미자를 관측함으로서 우리는 실제로 인류의 에너지 근원인 태양을 실제로 이해할 수 있는 것이다.

미래 언젠가는 우리 자신 은하에서 초신성 관측을 기대 할 것이다. 현재 검출기인 슈퍼카미오칸데(SuperKamiokande)보다 더 큰 검출기가 있고, 더 가까운 거리를 생각하면 19개 대신 만여 개의 중성미자를 관측할 수 있을 것이다. 관측된 중성미자의 시간에 따른 정보와 에너지 스펙트럼의 정보를 잘 살피면 중성미자 이론을 더 잘 다듬을 수 있을 것이다. 목적이 무엇이든 간에 모든 큰 중성미자 검출기들은 초신성 감시기구가 되어야 할 것이다. 이렇게 하기 위해서는 검출기들은 결코 완전히 꺼져서는 안되고, 사건들(events)은 정확히 1 초의 몇분의 일 시간 간격으로 관측되어야 한다는 것을 의미한다. 심지어 은하수 반대쪽의 초신성에서 나오는 중성미자들도 관측하는 것이 가능할 것이다. 은하수 반대쪽에서 오는 빛은 은하 중심을 지나면서 물질에 흡수되기 때문에 볼 수 없다.

타입2(Type 2)의 초신성에서는 모든 종류의 중성미자와 반중성미자가 방출된다고 생각된다. 이들은 붕괴되어 매우 뜨거운 별 내부에서 일어나는 중성류 상호작용에서 발생된다. 하지만 이들은 방출되어 나오면서 겪는 상호작용 때문에 다양한 에너지를 가지게 될 것이다. 전자 중성미자 ν_e는 물질의 전자와 추가적인 상호작용을 하므로 가장 낮은 에너지를 가지게 될 것이다. 반면에 뮤온 중성미자 ν_μ와 타우 중성미자 ν_τ는 가장 높은 에너지를 가지게 될 것이다. 그러나 중성미자가 밀도가 큰 별 중심부에서 별표면에서 떠날 때까지 걸리는 시간 때문에 일어나는 중성미자 진동은 지상에서 관측하면 영향을 받을 것이다.

1987 관측된 중성미자는 아마 반전자 중성미자이었다. 이는 수소 내의 양성사와 상호작용하여 중성자와 양전자를 방출할 수 있기 때문이다. 반면에 산소에 있는 중성자는 너무 단단히 묶여 있어서 전자 중성미자에 의하여 여기(excited)될 수 없다. 전자 중성미자는 전자와 탄성 산란에 의하여 검출될 수 있지만 이 비율은 훨씬 작다. 미래에는 모든 종류의 중성미자를 잘 검출할 수 있는 검출기가 필요하다.

지난 수 십 억년 동안, 많은 초신성 폭발이 있었다. 여기서 나온 중성미자들은 지구를 포함하여 주변 모든 곳에 있는 백그라운드(background)가 된다. 일본에 있는 슈퍼카미오칸데 검출기의 목표는 이러한 백그라운드 중성미자를 찾는 것이다; 특히 태양 중성미자의 에너지보다 더 큰 에너지를 갖는 중성미자를 찾는 것이다. 이러한 중성미자를 찾게 되면 면 과거를 둘러볼 수 있게 되고 과거 10억년동안 별의 형성과 붕괴에 대한 비율을 얻을 수 있다.

고에너지 감마선을 발생하는 별들이 최근 관측되었다. 이러한 별을 설명하는 이론에 의해서 중성미자 플럭스를 예측할 수 있다. 따라서 그러한 고에너지 중성미자를 검출하면 이러한 별 내부에서 무슨 일들이 일어나는지를 알 수 있다. 이들 중성미자를 검출하기 위해서 우리는 엄청나게 큰 검출기가 필요하다. 이에 대한 해결책으로 중성미자가 상호작용하는 물질로서 극지방의 얼음이나 바다의 물을 사용하는 것이다. 남극에 있는 IceCube 검출기는 남극 얼음 밑 2km 깊이까지 구멍을 뚫어 광전자증배관들이 매달린 80여개의 끈으로 구성되어있다. 프랑스 해변 근처 지중해에는 KM3NET라는 검출기가 있고 해수면 아래 250m 깊이까지 IceCube와 비슷한 끈들로 구성되어 있다.

또한 중성미자 천문학에서 중성미자에 대한 새로운 것도 배울 수 있다. 만일 아주 먼 곳에서 온 중성미자가 파이온 붕괴에 의해 발생된 것이라면 $\nu_{e,}$ $\nu_{\mu,}$ ν_τ의 비율은 1:1:1의 비율이어야 할 것이다. 파이온이 뮤온과 ν_μ로 붕괴하고, 뮤온이 다시 전자와 ν_e와 ν_μ로 붕괴하는 체인(chain)은 결국 하나의 ν_e와 두 개의 ν_μ를 만들어 낸다. 그러나 큰 질량차이가 있는 대기 혼합(atmospheric mixing)에 의해서 빠르게 ν_μ와 ν_τ가 혼합된다. 따라서 ν_μ의 절반은 ν_τ가 된다.[5] 따라서 최종 상태는 3종류의 중성미자가 같은 비율로 혼합된 상태가 될 것이다. 3개 중성미자 사이 상대적 위상 차이는 이들이 발생되는 방법이 복잡하기 때문에 완전히 임의적(random)이다; 이는 비간섭성 혼합물(incoherent mixture)이라 부른다. 이는 또한 질량상태 ν_1에 대한 $\nu_{2,}$ ν_3가 1;1:1의 비율로 혼합되어 있다는 것을 뜻한다. 결과적으로 진동이 더 진행된다고 해도 이 비율은 변하지 않을 것이다.

만일 어떤 먼 거리에서 오는 중성미자가 이 비율이 1:1:1이 아니라면 먼 거리를 오는 동안 몇몇 중성미자가 붕괴했다는 것을 가정해 볼 수 있다. 예를 들면, 모든 ν_3는 붕괴하고 ν_2와 ν_1이 붕괴하지 않았다면 ν_τ에 대한 ν_e와 ν_μ에 대한 비는 2:1:1이 될 것이다. 따라서 중성미자 붕괴 시간(neutrino decay time)은 다른 어떤 방법으로 검출 할 수 있는

---

5 간단하게 표현하기 위해 우리는 여기서 중성미자(ν)와 반중성미자($\overline{\nu}$)를 구분하지 않는다.

것보다 훨씬 더 긴 붕괴시간이다.

1950년대에 유일한 천체관측은 가시광선이었다. 20세기 후반에 라디오파, x-선과 감마선 등의 전 전자기파를 관측하는 등의 큰 진전이 있었다. 중성미자 천문학은 아직 유아기 상태이고 21세기에는 우주의 새로운 지평을 열 것이다.

18.2 초기 우주로부터 중성미자: 암흑물질로서 중성미자

가장 관심을 끄는 과학에 대한 질문 중의 하나는 우주는 무엇으로 구성되어 있는가이다. 천문학자들은 먼 별들을 연구할 때, 방출된 빛의 파장 즉, 스펙트럼이 지상에서 우리가 아는 원소들의 것과 같다는 것을 발견하였다. 별은 양성자, 중성자 및 전자로 구성된 원자로 되어 있다는 것이다. 그러나 거기에 모든 것이 다 있지 않다. 지난 30년 동안 발견된 놀랄만한 것은 우주에 있는 대부분의 물질은 빛나는 별과 상관없는 또 다른 종류의 물질이라는 것이다: 이는 암흑물질이라고 부른다.

가장 강력한 증거는 천문학자 Vera Rubin이 발견한 나선 은하(spiral galaxies)연구에서 나왔다. 우리 은하수 같은 나선 은하는 중심부는 매우 밀도가 높은 물질로 되어 있고 주위에 별들이 회전하고 있다. Rubin은 중심으로부터 다른 거리에 있는 별들의 속도를 측정하였다. 행성의 경우에 속도는 거리가 늘어남에 따라 줄어든다. 이는 태양의 인력이 거리가 커짐에 따라 줄어들기 때문이다. 놀랍게도 Rubin은 이들의 속도가 일정하다는 것을 발견하였다: 먼 거리의 별들은 중심부에 있는 질량에 이끌리지 않고 은하 전체에 퍼진 큰 질량에 의해서 인력이 작용하고 있었다. 여러 연구에 의하면 이는 아주 많은 수의 작은 별들도 아니고, 별들 사이 기체에 의한 것도 아니었다. 그것은 은하를 채우는 약하게 상호작용하면서 서로 뭉치게 하는 새로운 어떤 물질이 있다는 것을 의미하였다.

추가적인 여러 연구에 의해서 이 결론은 확인되었다. 은하들과 은하 집단들을 모이게 하는 중력 질량은 15%의 보통 물질과 85%의 암흑 물질로 구성된다. 이 암흑 물질이 무엇인가는 21세기 우리가 직면한 주된 과학 수수께끼 중의 하나이다.

우주 역사나 진화 연구를 하는 학문을 우주론(cosmology)이라 부른다. 출발점은 1920년대 Edwin Hubble이 먼 거리에 있는 별들은 거리에 비례하여 더 빠른 속력으로 멀어지고 있다는 관측이었다. 우주는 팽창하고 있었다. 이는 우리가 우주 중심에서 특별한 위치에 있다는 것을 뜻하지 않는다. 또 다른 은하에 있는 먼 행성 위의 관측자역시 우주가 그들에 대하여 팽창하고 있다는 똑 같은 관측을 할 것이다. 이는 마치 우리가 팽창하는 풍선 안쪽의 분자처럼 모든 분자는 표면은 보지 못하고 서로에 대하여 멀어지는 것과 같다.

우리가 과거에도 똑같은 물리 법칙이 성립했다고 가정하면, 시간에 거꾸로 가볼 수 있다. 따라서 아주 먼 옛날에 우주는 더욱 더 압축되어 있었고, 밀도가 아주 커서 뜨거운 상태였을 것이다. 원자들은 더 이상 붙어있지 못하고 전자, 양성자, 중성자, 양전자, 광자, 그리고 중성미자들이 상호작용하는 플라스마 상태였다. 초기 우주에 대한 이러한 모습은 George Gamow에 의해 제안되었다. 이러한 모습을 포함하는 과거의 어떤 화석을 테스트할 수 있는 방법이 있을까? 이에 대한 답은 Alpher와 Hermann에 의해서 주어졌다: 우주가 팽창하고 식어짐에 따라 광자들은 에너지가 부족하여 원자 안쪽에 위치하고 있는 전자들을 여기 시킬 수 없을 것이다. 따라서 이러한 광자는 흡수되지 않고 남아서 전 우주를 채우고 있을 것이다.

오늘날 이 광자들의 파장은 약 1cm 정도이고 우주 마이크로파 백그라운드(Cosmic Microwave Background: CMB)라 부른다. 여러 해 동안 CMB를 찾으려고 하지 않았다. 이러한 광자를 검출할 수 있는 검출기에 대하여 알았던 사람들도 이론에 대해서 심각하게 생각하지 않았다. 이론을 믿었던 사람들은 CMB가 검출될 수 있을 거라고 생각하지 않았다. 1965년 우연히 CMB가 검출되었다. Arno Penzias와 Robert Williams는 Bell Lab에서 주어진 일을 하면서 라디오파 전파탐지기를 만들었다. 그리고 거기서 약 1cm 파장의 잡음을 발견하였다; 그들은 이 잡음에 대한 논문을 발표하였고 1978년 이 공로로 노벨 물리학상을 수상하였다. 이들은 CMB를 발견하였다. 초기 우주의 화석이 발견되었고, 우주론은 실험과학이 되었다. 지난 15년 동안 CMB는 세밀하게 관측되었다.

CMB를 예측한 이론에서 모든 3종류의 중성미자 백그라운드가 우주 전체에 골고루 존재해야 한다고 똑같이 예측되었다. 이들 중성미자들은 검출 할 수 없을 정도로 낮은 에너지로 움직인다. 우리는 이제 중성미자가 질량을 가지고 있다고 믿기 때문에 중성미자는 암흑물질의 일부라는 것은 분명하다. 암흑물질의 어느 정도가 중성미자일까? 이에 대한 답은 우주 진화이론을 자세히 계산하여 얻어졌다.

우주 초기에 원자가 형성된 이후, 원자들은 모여 별이 되고 별은 모여 은하가 되었다. 자세한 컴퓨터 계산에 의해 이러한 진화를 모델링하였다. 은하와 은하 집단의 형성과정에서 암흑물질은 물질을 끌어들이는 매우 큰 질량을 가지고 있기 때문에 매우 중요한 역할을 한다. 계산에 의하면 암흑물질이 중성미자 같은 가벼운 입자로 구성된다면 은하나 은하집단의 크기는 관측된 것보다 더 커져야 한다. 자세한 계산에 의하면 암흑물질의 3%에서 7%까지 중성미자일 것이라는 결론이다. 나머지는 훨씬 더 무거운 차가운 암흑 물질(cold dark matter)이라는 것입니다. 이 물질은 아직 미스터리(mystery)이다.

우주 진화(evolution of the universe)는 중성미자 밀도에 영향을 받는다. 그래서 오늘날 우주 진화 연구에 의하면 중성미자 질량의 최대 한계 값을 알 수 있다. 데이터가 더 많아지면 이러한 한계는 더 줄어들 것이다. 은하의 내부 구조의 세밀한 분석에 의한 결과 또한 중성미자 질량의 상한 값과 더 가까운 값을 보여주고 있다. 이처럼 입자물리와 우주론의 교차연구는 오늘날 흥미로운 사실을 보여주고 있다.

오늘날 비록 암흑물질이 아직 발견되지 않았지만, 암흑물질은 약하게 상호작용하는 무거운 입자로 구성되었다고 믿고 있다. 아마 이 물질은 초기 우주에서 만들어졌다고 생각된다. 하지만 이들은 어떤 규칙(selection rule) 때문에 오늘날 우리의 표준 모형에 존재하는 더 가벼운 입자로 붕괴되지 못하고 남았다고 생각된다. 그러나 암흑 물질 밀도가 충분히 큰 곳에서는 두 암흑입자가 약한 상호작용을 통하여 충돌하거나 소멸(annihilation)될 수 있다. 그러한 상쇄반응에서 중성미자 쌍이 나올 가능성도 있다. 따라서 IceCube와 KM3NeT 같은 고에너지 중성미자 망원경의 목표 중의 하나는 태양 같은 곳에서 나오는 일정한 에너지의 중성미자를 찾는 것이다. 그러한 중성미자 에너지는 암흑물질 입자에 대한 질량에너지 mc^2와 같을 것이다.

CHAPTER 19

중성미자 질량과 표준 모형 넘어 물리

중성미자진동이 발견됨으로서 중성미자는 질량을 가지게 되었다. 태양, 대기 중성미자 진동을 설명하기 위하여 두 개의 질량차가 있어야 한다. 따라서 3개의 다른 중성미자 질량이 존재한다. 그러나 그 진동은 단지 질량 차만 알려주기 때문에 가능한 중성미자 질량이 무엇인지를 이로부터 추정할 뿐이다. 이들의 예는 표 19.1에 있다. 태양 중성미자 문제에 대한 Mikhaeyev–Smirnov–Wolfenstein(MSW) 해는 m_2가 m_1 보다 커야한다; 그러나 m_3는 3개의 질량 중 가장 적거나 아니면 가장 클 수도 있다. 표 19.1의 4나 8번째 경우처럼 질량이 상대적으로 클 때 3개의 질량은 거의 같다: 이들을 준축퇴(quasi–degenerate)라 부른다.

표 19.1의 모든 경우에 $m_2^2 - m_1^2$ 의 값은 태양 중성미자 데이터와 KamLAND 데이터 결과와 같다. $m_3^2 - m_2^2$의 크기는 모든 경우에 같지만 부호는 다를 수 있다; 이는 대기 중성미자 데이터와 뮤온 중성미자 빔을 Minesota의 검출기에 쏘아 사라진 뮤온 중성미자를 측정하는 MINOS 실험 데이터로부터 얻은 결과와 같다. 표 10.1의 처음 4번째

표 19.1 현 데이터와 잘 맞는 중성미자 질량의 값들

m_1	m_2	m_3	m_{ee}
0	0.009	0.05	0.003
0.02	0.022	0.055	0.007-0.021
0.051	0.052	0.073	0.017-0.051
0.1000	0.1004	0.112	0.033-0.100
0.050	0.051	0	0.017-0.051
0.053	0.054	0.02	0.018-0.053
0.0728	0.0710	0.05	0.024-0.071
0.1125	0.1120	0.10	0.037-0.112

노트: 모든 질량은 전자볼트(eV)로 표시되었다. M_{ee} 열은 중성미자 없는 이중 베타 붕괴의 비율과 관계되는 전자중성미자 질량의 범위를 보여준다. 1톤의 물질을 사용하는 미래 실험에서는 M_{ee}> 0.05 eV이면 중성미자 없는 이중 베타 붕괴를 관측할 수 있다.

경우까지는 m_3가 m_2 보다 더 크고; 이를 정상 체계(normal hierarchy)라 부른다. 표의 마지막 m_3는 가장 작은 값이고 이는 역체계(inverse hierarchy)라 부른다. 각 경우에 M_{ee}값의 범위는 주어졌다; 이는 아래에서 논의될 중성미자 없는 베타 붕괴 률(the rate of neutrinoless doube beta decay)을 정하는 양이기 때문이다.

전자중성미자 질량을 정하는 방법은 Fermi의 원 논문에 있다. 핵의 베타 붕괴에서 방출된 전자의 최대 에너지는 이 에너지로 쓸 수 있는 에너지의 일부가 중성미자의 질량에너지 mc^2 으로 사용되어야하기 때문에 중성미자의 질량이 크면 줄어든다. 따라서 전자 스펙트럼의 제일 높은 값을 살펴보면 중성미자 질량의 한계를 알 수 있다.[6] 가장 정확한 결과는 삼중수소(tritium) 붕괴(삼중수소는 양성자 하나와 두 개의 중성자를

6 실제로 사용되는 가장 높은 에너지영역에서 스펙트럼 모양은 그림 5.3에 나타나 있다.

가진 수소의 동위원소인데, 붕괴하면 헬륨의 동위원소인 ^3He가 된다.) 연구에서 알 수 있다. 독일 Mainz에 있는 한 실험그룹으로부터 나온 결과는 상한 값이 약 2eV이다. 전자 중성미자는 두 개의 다른 질량의 혼합이므로 두 질량사이 차이는 작아서 이러한 상한 값은 양쪽 모두에 영향을 미칠 것이다. Katrina라는 새로 계획하고 있는 실험의 목표는 상한 값을 10배 정도 줄이는 것이다.

중성미자가 실제로 질량이 없다면, 이들은 빛의 속도로 움직일 것이다. 질량을 갖는 중성미자는 에너지에 따라 다르지만 빛의 속도보다 약간 더 작은 속도를 가질 것이다; 에너지가 더 높을수록 빛의 속도에 더 가까워진다. 초신성 1987a에서 나온 중성미자는 여러 에너지를 가지고 있었지만 모두 몇 초 이내에 도달하였다. 중성미자 질량이 크다면 낮은 에너지 중성미자는 더 천천히 움직이므로 더 늦게 도착할 것이다. 중성미자 수가 적어서 1987a에서 온 중성미자 질량의 최대 값(best limit)은 약 20 eV였다.

아직까지 중성미자 질량의 최대 값은 앞 장에서 논의된 우주론적 분석에서 알 수 있다. 이는 우주론의 이론에 따라 다르지만 간접적인 방법이므로 더 직접적인 측정방법을 발견하는 것이 좋을 것이다. 하지만 그것은 쉽지 않다. 초기 우주(early universe) 이후 남겨진 백그라운드 일부로 3종류의 중성미자들이 존재하기 때문에 앞에서 논의된 우주론적 중성미자 질량의 한계 값은 3 종류의 중성미자 질량을 합한 값이다.[7]

분석에 따라 다를 수 있지만, 3종류 중성미자 질량의 합에 대한 상한 값은 0.3 eV에서 0.7eV 사이에 있다. 이러한 상한 값은 더 많은 관측과 분석에 따라 달라질 수 있다. 우리가 0.3eV를 상한 값으로 한다면 표

[7] 모든 타입의 중성미자가 전자와 양전자 사이 중성류(neutral current) 상호작용에 의해서 만들어질 수 있다.

19.1에서 최소한 하나의 중성미자는 0.05eV와 0.1eV 사이에 있어야 할 것이다.

표준 모형은 모든 입자들이 질량이 없다는 게이지(gauge) 이론으로부터 출발하였다: 전자, 중성미자 등등 모두 질량이 없다. 두 가지 형태의 질량이 없는 전자가 있다: 왼손잡이 전자(left-handed electron), e_L와 오른손 방향의 전자, e_R. 일반적인, CPT 대칭성에 의하면 e_L은 오른손 방향의 양전자인 반입자를 갖는다.[8] 비슷하게 e_R은 왼손잡이 양전자의 반입자를 갖는다. 힉스 메커니즘(Higgs mechanism)에 의하여 게이지 대칭성이 깨진다면 e_L과 e_R은 결합하여 디랙(Dirac) 입자로 알려진 스핀 1/2인 질량이 있는 보통의 입자가 된다. 이러한 디랙(Dirac) 전자와 양전자는 두 가지 스핀 상태를 갖는다.

표준 모형에서는 오른손 방향의잡이 중성미자는 없고 따라서 중성미자는 질량이 없어도 된다. 이렇게 오른손 방향의 중성미자는 없는 이유는 전기적으로 중성인 오른손 방향의 중성미자는 표준 모형에서 상호작용이 없기 때문이다. 물론 또 다른 이유는 중성미자가 질량이 없다고 믿었기 때문이다. 표준 모형에서 약간만 수정하면 오른손 방향의 중성미자가 상호작용할 수 있고 전자처럼 질량을 가질 수도 있었을 것이다. 이렇게 되면 디랙(Dirac) 입자 혹은 디랙(Dirac) 중성미자가 될 것이다.

그러나 문제가 있다. 가장 무거운 중성미자는 전자보다 수백만 배 가볍다. 중성미자가 전자처럼 똑같은 방법으로 질량을 갖는다면 왜 전자와 그렇게 큰 질량 차이가 있을까? 이런 점에서 우리는 표준 모형에서 가장 큰 문제점을 발견하게 되었다. 표준 모형은 게이지 이론의 아름다

[8] 7장의 C, P, T에 대한 설명 참조.

움(beauty) 때문에 발명되었으며 실험에 의해 검증되었다. 그러나 표준 모형은 특히 입자들의 질량을 포함하는 많은 임의 수(arbitrary number) 내포하고 있다: 예로 top 쿼크의 질량은 전자보다 삼십만 배 크고, 단지 설명 없이 임의로 정하였다. 분명히 중성미자 질량은 단순히 임의로 정하였지만 3개의 중성미자 모두 질량이 너무 작아 표준 모형 이상의 무엇인가가 작용한다고 생각할 수 있었다. 우리는 W와 Z 질량보다 큰 에너지 영역에서는 어떤 새로운 물리(new physics)가 있고, 그것은 표준 모형의 예측이 안 맞는 어떤 결과가 나타날 것이라는 믿음이 있었다. 중성미자 질량이 그러한 신호가 아닐까?

왼손잡이 중성미자가 질량이 있다면 오른손 방향의 중성미자도 질량이 있어야 한다. 왼손잡이 중성미자는 질량이 있기 때문에 그 중성미자는 빛의 속도보다 작은 속도로 움직인다. 따라서 여러분이 그 중성미자를 빠르게 지나간다면 그 중성미자는 뒤로 가는 것처럼 보일 것이고, 스핀은 방향이 변하지 않으므로 왼손잡이 중성미자는 오른손 방향의 중성미자로 보일 것이다. 그러나 디랙(Dirac) 중성미자가 아니어도 이런 것을 설명할 수 있다. 중성미자는 전하가 없기 때문에 자기 자신이 반중성미자일 수가 있다. 오른손 방향의 중성미자는 이미 우리가 존재한다고 생각하는 오른손 방향의 반중성미자일 것이다. 자기 자신이 반중성미자라는 이 개념을 처음 창안한 이탈리아 젊은 물리학자 Ettore Majorana의 이름을 따라 이러한 중성미자를 Majorana 중성미자라고 한다.

Majorana는 조숙한 천재여서 Enrico Fermi는 그를 로마 물리 연구소(Rome Physics Institute)에 고용하여 지대한 관심을 가지고 지켜보았다. 또한 그는 매우 혼란스런 사람이었다. 그는 추상적인 사고를 너무 좋아하여 사회적 활동은 거의 하지 않았다. 그는 31세의 나이에 어떤 배에서 사라졌다; 대부분의 사람들은 자살이라고 보았다.

중성미자가 질량을 갖는 Majorana 입자가 되기 위해서는 표준 모형을 넘어서는 어떤 새롭고 근본적인 물리가 필요하다. 표준 모형에서는 경입자 보존법칙(conservation law of lepton number)이 있다. 전하를 갖는 어떤 입자에 경입자수 -1을 부여하고 이들의 반입자에는 +1을 부여하자. 그러면 약한 상호작용에서 -1의 경입자가 만들어지면 항상 +1의 경입자가 함께 나타난다. 그러나 질량 있는 중성미자가 Majorana 입자라면 더 이상 이 경입자보존법칙이 성립되지 않아도 된다. 실제로는 중성미자가 질량을 갖는 그러한 상호작용에서는 중성미자와 반중성미자가 혼합되어 있고 경입자수가 2만큼 깨진다(violate).

그렇다면 이러한 Majorana 중성미자를 어떻게 시험할 수 있을까? 경입자수가 2만큼 깨지는 중성미자 상호작용을 찾으면 될 것이다. 문제는 중성미자 질량이 영에 가까워지는 극한에서는 그러한 반응들이 없어지게 되고 반응률이 질량의 승수(power)에 비례한다는 것이다. 질량이 매우 작기 때문에 그러한 반응은 검출하기 거의 불가능하게 보인다. 경입자수가 깨지는 반응을 검출하는 가장 최상의 희망은 중성미자 없는 이중 베타 붕괴(neutrinoless double beta decay)이다. 그림 19.1에서 볼 수 있듯이 두 개의 전자와 두 개의 반중성미자를 방출하면서 핵전하가 Z인 핵이 Z^{2+}로 바뀌면서 붕괴할 수 있는 방사성동위원소를 살펴보자. 만일 이 반응에서 경입자가 보존되지 않는다면 두 개의 전자만 방출되고 반중성미자가 전혀 없는 붕괴반응이 일어날 수 있다. 이것은 그림 19.2의 파인만 다이어그램에 설명되어 있다. 이런 반응 비율은 전자중성미자 질량 M_{ee}의 제곱에 비례한다. 물론 전자 중성미자 질량은 어떤 명확한 질량을 가지고 있는 것이 아니고 3종류의 질량이 혼합되어 있다고 언급했었다. 사실 m_1과 m_2가 대부분이고 m_3는 없거나 아

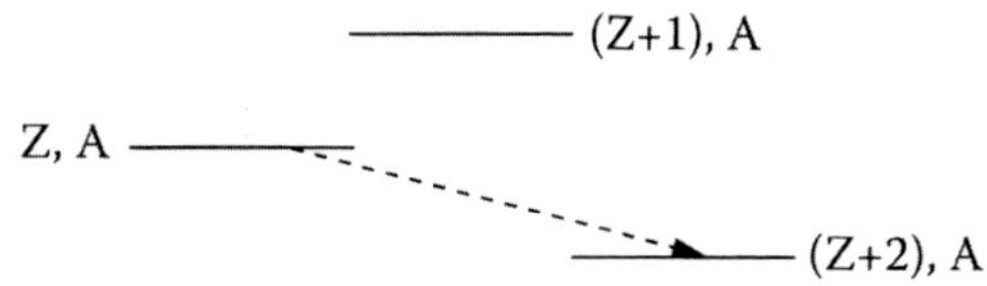

그림 19.1 이중 베타 붕괴가 허용되는 핵의 에너지 수준(Levels). 3개의 에너지 높이 수준들은 동일한 질량 수A(양성자 수 더하기 중성자 수)이지만 양성자 수 Z가 다르다. (Z,A) 상태가 붕괴할 수 있는 유일한 길은 두 개의 전자를 방출하고 (Z+2, A) 상태로 가는 길이다. 왜냐하면 중간 상태가 너무 높은 에너지를 가지고 있기 때문이다.

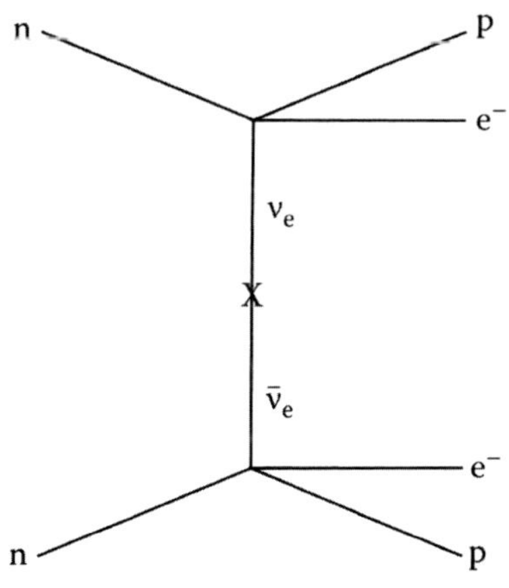

그림 19.2 한 핵에서 두 개의 중성자가 두 개의 양성자와 두 개의 전자 바꿔지는 이중 베타 붕괴에 대한 파인만 다이어그램. x는 중성미자와 반 중성미자를 같이 보는 Majorana 중성미자 질량의 효과를 나타낸다.

주 조금 들어있는 혼합 상태로 밝혀졌다. 태양 중성미자 데이터와 맞추어보면 거의 $2/3\nu_1$과 $1/3\nu_2$이다. 따라서 중성미자 없는 이중 베타 붕괴 비율이 질량 $(2/3m_1 + 1/3m_2)$에 비례하리라 생각한다. 이것이 답일 수도 있으나 이 식에서 + 가 아니고 − 일수도 있어서 두 질량이 상쇄되어 영에 가까워질 수도 있다. 일반적으로 이 식에 대입되는 전자 중성미자 질량은 양 끝 최대 최소 사이의 어떤 값일 것이다. 중성미자 없는 이중 베타 붕괴 반응율을 결정하는 질량의 가능한 범위는 여러 경우에 대하여 표 19.1에 보여주고 있다. 중성미자 없는 이중 베타 붕괴 반응을 찾는 실험은 지금까지 낮은 M_{ee} 값을 찾는 정도의 정밀성을 가지고 있지 않다. 앞으로 아주 낮은 질량 M_{ee}까지 실험하려면 1톤 정도의 방사성 동위원소를 사용하여 1년에 수백 개의 붕괴를 관측할 수 있어야 한다. 답은 방출되는 두 전자의 에너지 합을 정밀하게 측정하고 그 합이 그림 19.1에서처럼 붕괴 변환에서 가능한 에너지와 정확히 같은지를 보는 것이다.[9] 또한 이러한 실험은 우주에서 오는 우주선의 백그라운드(background)를 피하기 위하여 가능한 한 지하 산 속에서 해야 한다. 지금까지 많은 실험이 수행되었고 이탈리아 Appenine산 속의 Gran Sasso에 있는 것처럼 거대한 지하 실험이 계획되고 있다. 또 다른 실험은 캐나다 Sudbury 광산에서 수행되고 있고, 미국의 Ray Davis가 태양 중성미자 실험을 최초로 했던 Homestake 광산에서도 크게 확장되고 있다.

이러한 실험을 위해 많은 제안이 제시되었지만 이 중 어떤 것도 실제 실행되기 위해서는 수년이 걸릴 것이다. 이들 중 4개의 제안된 실험과 M_{ee}에 대한 대략적인 민감도(sensitivity)를 함께 표 19.2에 나타내었다. 사실 이 값은 복잡한 핵물리 계산에 따라 다르므로 아주 부정확하다. 따라서 최소한 중성미자 없는 이중 베타 붕괴에 대한 명확한 증거가 있어서 경입자보존법칙이 깨지는 것을 보려면 다른 동위원소들과 같이 실험을 하는 것이 좋다. 그러나 M_{ee}가 너무 적어 이러한 여러 실험 중

---

9 또한 이 붕괴는 두 개의 전자와 두 개의 반중성미자가 방출되는 일반적인 붕괴로서 새로운 물리(new physics)를 요구하지 않는다. 이 경우에 두 개의 전자는 반중성미자가 에너지의 일부를 가져가기 때문에 에너지가 더 적다.

표 19.2 중성미자 없는 이주 베타 붕괴를 찾는 계획된 실험들과 전자 질량 M_{ee}의 민감도 (sensitivity)

Experiment	Mass		
	Isotope	(tons)	M_{ee} eV)
Exo	^{136}Xe	1	0.05
MOON	^{100}Mo	10	0.03
CUORE	^{130}Te	0.75	0.1
MAJORANA	^{76}Ge	0.5	0.05

노트: 질량은 우리가 관심을 갖는 동위원소 전부가 아니라 실험체(sample)의 전체 톤 수이다.

어디에서도 충분히 확실하게 검출될 수 없을 가능성이 있다.

만일 중성미자가 디랙(Dirac) 입자가 아닐지라도 앞에서 논의한 것처럼 오른손 방향의 중성미자가 반중성미자가 아닐 수도 있다. 이들은 Majorana 입자일 것이고, 질량은 어떤 새로운 물리에 의해서 얻어질 수도 있다. 이들 중성미자 질량에 대한 많은 가능성이 있지만 일반적으로는 우리가 아는 중성미자 질량보다는 훨씬 무거울 것이라는 것이다. 약한 상호작용은 단지 왼손잡이 중성미자(그리고 오른손 방향의 반중성미자)에만 적용되므로 표준 모형의 어떤 상호작용도 받지 않아서 스테라일 중성미자(sterile neutrino)라 부르고 가끔은 ν_S라 표기한다. 반면 일반 중성미자는 엑티브 중성미자(active neutrino)라 부른다.

스테라일 중성미자가 가질 수 있는 한 상호작용이 표준 모형과 맞는 경우가 있다; 그것은 스테라일 중성미자, 왼손잡이 중성미자, 그리고 힉스 보손(Higgs Boson) 사이 상호작용이다. 힉스 보손이 진공 기대치[10]가 있을 때 이런 상호작용은 스테라일 중성미자와 엑티브 중성미자 사

10 진공 기대치에 관련해서는 8장과 D 부분 참조.

이에 작은 혼합을 만들 수 있다.[11]

Los Alamos에서 진행된 LSND 실험은 뮤온 중성미자가 전자 중성미자로 변환되는 작은 진동이 존재한다는 증거를 보여 주었다. 이러한 변환은 우리가 이미 아는 두 종류 중성미자 변환에서 필요한 질량차보다 더 큰 질량차가 존재함을 나타내었다. 이 LSND 데이터는 어떤 엑티브 중성미자보다 최소 10배 정도 큰 약 1eV 정도의 질량을 갖는 혼합체(mixture)에 하나 이상의 스테라일 중성미자(sterile neutrino)를 추가하면 잘 설명되는 것처럼 보였다. 이 실험의 결과는 아직 확인되지 않았다.

더 일반적으로, 스테라일 중성미자로 진동하는 가능성을 포함한 모든 중성미자 진동 실험을 살펴보자. 대기 중성미자의 경우 주로 뮤온 중성미자의 손실을 관측하는 것이었다; 왜냐하면 전자 중성미자가 추가로 생성되지 않고, 중성미자 진동에 의하여 뮤온 중성미자가 스테라일 중성미자로 변환될 수도 있지만, 타우 중성미자로 변환된다고 가정하였기 때문이다. 비록 타우 중성미자를 직접 측정하는 것은 매우 어렵지만, 타우 중성미자로 진동 변환과 스테라일 중성미자로 진동 변환을 구분하는 방법이 있다. 이러한 진동 변환은 물질에서 일어난다(사실 중성미자는 지구 전체를 뚫고 지나간다); 뮤온 중성미자에서 타우 중성미자로 진동하는 경우에 두 중성미자 모두 지구 속에서 같은 상호작용을 하므로 지구는 어떤 역할을 하지 못한다. 그러나 스테라일 중성미자는 약한 상호작용이 없지만 타우 중성미자는 중성류 상호작용(neutral current interaction)이 있다. 따라서 진동의 파장의 에너지 의존성이 두 경우에

11 스테라일 중성미자가 어떤 새로운 물리에 의해서 매우 큰 Majorana 질량을 가질 수 있지만 엑티브 중성미자는 그렇지 않다. 이 경우 엑티브 중성미자는 혼합 때문에 작은 질량만 얻을 것이다. 이는 스테라일 중성미자가 큰 질량을 가질수록 엑티브 중성미자는 더 작은 질량을 가지므로 시소 이론(seesaw theory)이라 부른다.

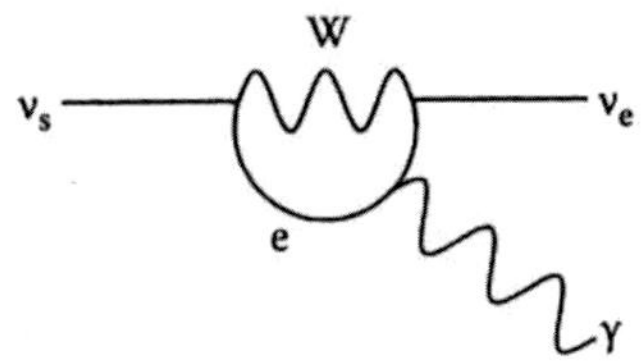

그림 19.3 전자 중성미자(ν_e)와 광자를 방출하는 스테라일 중성미지(ν_s)의 붕괴. ν_s는 ν_e와 매우 적게 혼합되어있기 때문에 ν_s는 전자 및 W 보손과 약하게 결합한다.

나르다. 진동의 에너지 의존성을 살펴보면 대부분의 진동은 스테라일 중성미자로 변환되지 않는다는 것을 알 수 있다.

또 다른 가능성은 스테라일 중성미자가 5 KeV 정도의 질량을 가지는 것이다. 이는 엑티브 중성미자보다 천배 정도 더 무겁지만 전자보다는 백배 정도 더 가볍다. 이들 스테라일 중성미자는 엑티브 중성미자와 아주 작은 혼합(mixing)을 한다고 생각된다. 따라서 스테라일 중성미자는 진동실험에 영향을 끼칠 수는 없지만 우주 초기에 생성되기에는 충분한 혼합(mixing)을 한다. 이 스테라일 중성미자는 우주에 펴져있는 암흑 물질일 가능성이 있다. 이 혼합의 결과로 그림 19.3에 있는 것처럼 스테라일 중성미자는 광자와 전자 중성미자로 붕괴될 수 있다. 암흑물질은 우리 주위에 어느 곳에나 있기 때문에 이들 광자는 지구를 때릴 것이다. x-선 망원경으로 천문학자들이 5 KeV 근처의 에너지를 갖는 x-선을 찾으려고 하였지만 아직까지 발견하지 못하였다.

CHAPTER 20

중성미자 혼합에서 CP 깨짐

20.1 실험으로 탐색

앞에서 언급한 바와 같이 중성미자 진동은 명확한 약한 상호작용을 갖는 상태들이 명확한 질량을 갖는 상태들(질량 m_1을 가진 ν_1, m_2를 가진 ν_2, m_3를 가진 ν_3)의 혼합 상태로 구성될 수 있기 때문에 일어난다. 이는 Cabibbo–Kobayashi–Masakawa(CKM) 행렬로 기술되는 쿼크 혼합과 완전히 유사하다. 자연히 이는 중성미자 혼합으로 인한 CP 깨짐이 일어날 수 있는지 의문을 제기할 수 있다. 특히 중성미자 질량이 표준 모형 넘어서는(beyond the standard model) 물리에 대한 어떤 힌트를 암시한다고 생각하는데, 또 다른 곳에서 이러한 CP 깨짐이 관측된다면 아주 굉장할 것이다.

쿼크 CKM 행렬과 유사한 중성미자 혼합 행렬은 처음 혼합을 제안했던 Bruno Pontecorvo, Maki, Nakagawa 그리고 두 종류의 중성미자를 기술하기 위하여 처음 행렬을 사용하였던 Sakata의 이름을 따 PMNS 행렬이라고 부른다. 현재까지의 데이터에 근거하면 아주 근사적으로

표 20.1 PMNS중성미자 혼합 행렬

	ν_e	ν_μ	ν_τ
ν_3	θ_{13}	$\frac{1}{\sqrt{2}}$	$-\frac{1}{\sqrt{2}}$
ν_2	$\frac{1}{\sqrt{3}}$	$\frac{1}{\sqrt{3}}$	$\frac{1}{\sqrt{3}}$
ν_1	$-\sqrt{\frac{2}{3}}$	$\frac{1}{\sqrt{6}}$	$\frac{1}{\sqrt{6}}$

표 20.1과 같이 그 행렬을 표현할 수 있다. 여기서 ν_3에 대한 열은 대기 중성미자 진동에서 정해지고, ν_2의 경우는 태양 중성미자로부터 결정된다. 그러나 혼합각 θ_{13}는 아직 알려지지 않았는데 영일 수 있다.[**역주:** 2012년 RENO 실험과 Daya Bay 실험에서 영이 아님을 밝혔음] 이 혼합각은 대기 중성미자 중에서 뮤온 중성미자 ν_μ와 전자 중성미자 ν_e가 어느 정도 혼합되었는지를 알려준다. 그림 16.3을 논의할 때 언급한 것처럼 대기 중성미자 데이터에서는 뮤온중성미자 ν_μ가 ν_e로 진동하는 어떤 증거도 발견할 수 없었다.

θ_{13}의 최상의 값은 핵발전소 데이터에서 나왔다. 여기서 우리는 핵발전소에서 어느 정도 떨어진 곳에 검출기를 설치하여 반전자 중성미자가 어느 정도 없어지는지를 찾는다. 반전자 중성미자가 없어지지 않는다면 ν_e가 ν_μ나 ν_τ로 변환될 가능성에 대한 상한선을 알 수 있다. 대부분의 핵발전소 중성미자 실험의 경우 ν_3와 관련된 진동길이는 약 1~2 km이다. 프랑스의 CHOOZ 핵발전소 실험에서는 θ_{13}^2의 상한 값이 약 0.04였다. 새로운 핵발전소 실험에서는 약 10배정도 더 정확한 값을 측정할 계획이고, 만일 그 값이 작지 않다면 영이 아닌 값을 얻을 수도 있을 것이다.[12] 이러한 실험중의 하나인 Daya Bay 실험은 홍콩 북동쪽

55km 떨어진 곳에 있는 DayaBay 핵발전소를 이용하는 미국–중국 공동 실험이다. 이 실험에서는 20톤의 액체 섬광 검출기를 핵발전소에서 2km 떨어진 산의 지하에 설치하였다. 또한 핵발전소 가까이에 두 개의 검출기를 설치하여 가까이 있는 검출기에서 검출된 반중성미자 플럭스와 먼 거리 검출기의 플럭스를 정밀하게 비교하여 가능한 진동이 있는지를 확인하는 실험이다. 이 실험은 2011년까지는 시작할 것이다.[**역주:** 2019년 현재 가동 중이다]

θ_{13}를 측정하는 또 다른 방법은 가속기에서 발생된 뮤온 중성미자 빔을 사용하여 변환된 전자 중성미자를 찾는 것이다. 이는 일본의 새로운 가속기로부터 300마일 떨어진 SuperKamiokande 검출기에 빔을 쏘아 실험을 한다. (빔의 에너지가 핵발전소 중성미자 에너지보다 200배 정도 크기 때문에 진동길이도 200배 더 길다.) NOVA라는 비슷한 실험이 미국에서 계획되고 있는데 시카고 근처 Fermilab 가속기에서 빔을 Minnesota의 새로운 검출기로 쏘는 실험이다.[**역주:** 2019년 현재 진행되고 있다]

CKM 행렬에서 언급된 것처럼, PMNS 행렬에도 CP 깨짐과 관련된 위상을 하나 추가 할 수 있다는 것이다. 그러나 행렬의 원소 중의 하나가 영이라면 이 위상은 없앨 수 있다.[13] 실제적으로는 θ_{13}에 이 위상이 붙어 있기 때문에 중성미자 진동에서 CP 깨짐은 θ_{13}가 영이 아닌 값이 되어야 한다. 이는 왜 θ_{13}측정이 중요한지 한 가지 이유이다.

θ_{13}가 작지 않다면 CP 깨짐을 설명할 수 있는 실험을 하는 것이 가능하다. 직접적인 방법은 뮤온 중성미자가 전자 중성미자로 얼마나 변

---

12 KAMLAND 핵발전소 실험뿐 아니라 태양 중성미자 실험에서 알 수 있는 것처럼 ν_e가 ν_μ로 변환될 수도 있다. 하지만 이것은 훨씬 큰 진동길이를 가지고 있다. 따라서 이러한 진동은 단지 1~2km 정도의 거리에 있는 검출기에서는 관측할 수 없다.

13 우리가 CP 깨짐에 관심을 갖는 이유 중의 하나는 두 개의 추가적인 위상의 존재 가능성 때문이다. 하지만 이들 위상은 진동에 영향을 미칠 수 없고 관측하기도 힘들다.

환되었는지를 뮤온 반중성미자가 전자 반중성미자로 얼마나 변환되었는가와 비교하는 것이다. 이러한 비교 실험은 가속기에서 나오는 중성미자 빔을 사용하여 행할 수 있다. 그러나 이런 실험은 앞서 언급한 바와 같이 지구 속으로 빔을 통과시켜야만 하는데, 이때 전자 중성미자가 포함되는 진동이 지구의 물질에 의해서 영향을 받는다. 따라서 CP 깨짐을 정말로 직접 관측하기 위해서는 뮤온 중성미자가 지구를 통과한다면 뮤온 반중성미자(muon antineutrino) 빔은 반지구(antiearth)를 통과해야할 것이다.

그러나 충분한 실험을 통하여 지구의 통과 효과를 고려하는 것이 가능하고, 실제 이런 실험에서 위상이 충분히 크다면 CP 깨짐 위상을 결정할 수 있다. 실제로 어떤 범위의 에너지를 갖는 뮤온 중성미자 빔을 Fermilab으로부터 1,280km 떨어진 South Dakota 지하 실험실의 어떤 검출기로 보내는 실험이 제안되었다. 이 실험에서 중성미자 에너지에 대한 전자 중성미자 출현(appearance) 확률을 그림 20.1에 나타내었다. [노트 1] 이 그림을 보면 위상 δ에 대한 강한 θ_{13} 의존성이 낮은 에너지에서 나타남을 보여준다. 이처럼 여러 실험을 통하여 θ_{13}가 충분히 크다면 CP 깨짐 위상 δ는 영(zero)이 아니라는 것을 알 수 있다.

이 같은 δ 의존성이 나타나는 이유는 너 짧은 파장의 진동(대기 중성미자)과 더 긴 파장의 진동(태양 중성미자)이 모두 기여하기 때문이다. 이 같은 두 진동을 더하는 효과는 상대적 위상 δ에 따라 달라진다. 따라서 CP 깨짐이 관측되지 않는다 하더라도 위상에 따른 민감도는 존재한다.

20.2 Leptogenesis(경입자 창생)

CP 깨짐이 가장 관심을 끄는 이유 중 하나는 Sakharov가 제안한 우주의 물질과 반물질 사이 비대칭을 설명할 수 있기 때문이다. 그러나 표준 모형의 CP 깨짐으로는 물질 반물질 비대칭을 완벽하게 설명할 수 없다. 중성미자 영역에서 CP 깨짐이 이러한 비대칭에 대한 답을 줄 수 있다는 가능성이 있어서 관심을 끈다.

표준 모형과 아주 잘 일치하는 실험에서 관측된 모든 반응에서는 중입자수(B)와 경입자수(L)라고 부르는 두 양자수가 보존된다. 양성자와 중성자는 B = 1이고, 이들의 반입자는 B = −1이다. u와 d 쿼크는 B = 1/3이고 이들의 반쿼크는 B = −1/3이다. 비슷하게 전자와 전자 중성미자는 L = −1이고 이들의 반입자는 L = 1을 갖는다. 따라서 베타 붕괴에서 중성자는 양성자, 전자 및 중성미자로 붕괴한다. 이 붕괴 과정 전후로 B와 L은 각각 따로 보존된다.

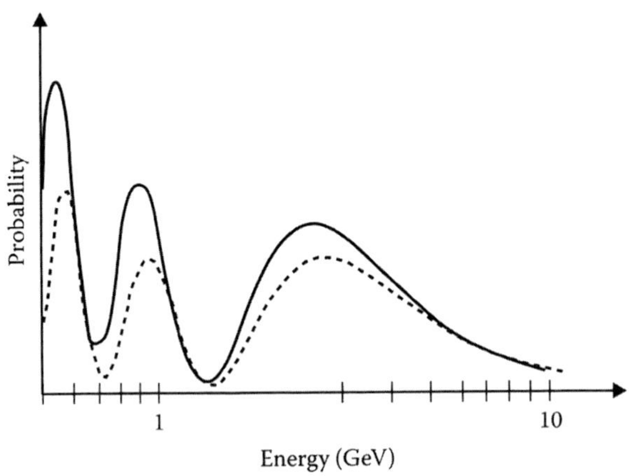

그림 20.1 뮤온중성미자에서 CP깨짐 위상 $\delta=45$도(실선)과 $\delta=0$도(점선)를 가진 전자 중성미자가 나타날 확률. 여기서 $\theta_{13}=0.1$ 이다.

그러나 B와 L의 보존과 관계되는 대칭성이 표준 모형에는 없다. B−L이 보존된다는 것도 밝혀졌고, B−L는 보존되면서 경입자수가 중입자수로 바뀌는 반응도 존재하는 것이 가능하다. 이러한 반응들은 기본적으로 낮은 에너지에서는 불가능하고 아주 높은 에너지에서만 가능하다. 따라서 우주 역사에서 이런 반응들은 의미가 있다.

Majorana 중성미자 경우에 중성미자 질량은 경입자수 깨짐(violation of lepton number)과 관련이 있다. 앞에서 논의한 것처럼 중성미자 혼합(neutrino mixing)에서는 CP 불변성이 깨질 수 있다. 이들 두 대칭성 깨짐을 같이 고려하면 초기 우주에서는 L이 영이 아닌 반응이 있을 수 있고, 이런 경입자수(L)는 중입자수(B)로 바뀌어질 수 있다. 이처럼 우주의 물질−반물질의 비대칭을 설명할 수 있다. 이것이 바로 두 명의 일본 물리학자 Fukugita와 Yanagida에 의해 제안된 경입자 창생(leptogenesis)의 개념이다.

그러나 CP 깨짐이 크더라도 알려진 3개의 중성미자만으로는 이 아이디어에 의해 현재의 비대칭성을 잘 설명할 수 없다. 이 때문에 우리는 다시 스테라일 중성미자(sterile neutrino)를 찾을 수밖에 없다. 이러한 스테라일 중성미자가 하나 이상 존재하며 이들이 큰 질량을 가지고 우주 초기에 생성되었다고 하자. 그러면 이들은 가벼운 중성미자와 힉스 보손으로 붕괴하고 이는 경입자 보존법칙을 깰 것이다. 하나의 스테라일 중성미자, N 가 있다고 가정하자. 이는 다음처럼 붕괴할 수 있다.

$$\mathrm{N} \rightarrow \nu + \mathrm{X} \quad (\text{붕괴 a})$$

$$\mathrm{N} \rightarrow \bar{\nu} + \mathrm{X} \quad (\text{붕괴 b})$$

여기서 X는 힉스 보손일 수 있고, ν 와 $\bar{\nu}$ 는 3 종류의 중성미자의 혼합일 수 있다. CP 깨짐의 결과로서 붕괴 b는 붕괴 a보다 더 클 수 있어서 모든 N 붕괴에서 ν 보다 $\bar{\nu}$ 가 더 많이 나올 것이다. 초기 우주에서 모든 입자는 아주 높은 에너지를 가지고 있고, 경입자 수 L은 중입자수(baryon number) B로 바뀔 수 있다. 이것이 현재의 경입자 창생 안(leptogenesis proposal)이다.

L이 보존되지 않는 이중 베타 붕괴가 발견되고, 중성미자 혼합 행렬에서 CP 깨짐이 존재한다는 것을 장거리 기저(long baseline) 실험에서 확인한다면 경입자 창생에 대한 두 가지 핵심요소가 해결될 것이다. 그러나 모든 것의 핵심인 스테라일 중성미자를 직접 감지하는 것은 불가능한 것으로 추정된다. 왜냐하면 스테라일 중성미자는 너무 무거워서 인위적으로 생성하기 어려울 것으로 예상되기 때문이고, 생성되었다하더라도 이들 모두는 우주 역사 초기에 붕괴되었을 것이다.

노트(NOTES)

❶ William Marciano와 Zohreh Parsa의 뉴멕시코 Santa Fe에서 2006년 6월 13일부터 19일까지 개최된 22번째 Neutrino Physics and Astrophysics 국제 컨퍼런스(Neutrino 2006)에서 발표된 논문 "Intense Neutrino Beams and Leptonic CP Violation"에 있는 공식에 근거하여 작성된 스케치(sketch).

PART D

신기한 힉스 탐색(The Hunt for the Mysterious Higgs)

표준 모형의 모든 입자 중에서 가장 신기한 것은 힉스 보손(Higgs boson) 입자이다. 이 입자는 표준 모형의 입자 중 직접 관측되지 않은 유일한 입자이다[**역주:** 2013년 3월 CERN실험에서 힉스보손을 발견하였다고 공식 발표되었음].

표준 모형은 게이지 이론에서 출발한다. 게이지 이론에서는 질량이 없는 페르미온과 게이지 보손이 있어야 한다. 힉스 입자는 모든 페르미온과 다른 세기로 상호작용을 한다. 그러면 힉스 장은 진공 기대치(vacuum expectation value: vev)가 있어서 페르미온과 작용을 한다. 이 때 페르미온은 매우 다른 질량을 가지게 된다. 또한 힉스와 게이지 보손과 작용을 하여 게이지 보손은 질량을 가지게 된다.

글자의 뜻만을 고려할 때 진공기대치(vev)는 모든 공간에서 일정한 크기의 힉스 장(Higgs field)이 존재한다는 것을 뜻한다. 이 힉스 장의 에너지 밀도는 터무니없이 너무 커서 우리 모두 아는 바와 같이 우주론을 바꿀 정도로 우주를 완전히 바꿀 수 있다. 따라서 vev때문에 힉스 보손 이야기는 더 신기하게 느껴진다.

일단 입자들의 질량이 뚜렷하게 정해지면 물리 과정에 대한 계산에서 힉스 장의 vev는 거의 역할을 못한다. 오리지널 게이지 이론에 그냥 질량을 넣고 힉스는 무시해버리면 어떨까?

문제는 우리가 W나 Z 보손에 질량을 정해주어 게이지 대칭성을 임의로 깨면 약한 상호작용의 어떤 계산도 정확히 할 수 없다는 것이다. 중요한 것은 힉스 입자이다.* 약한 상호작용에 의한 반응의 자세한 계산 과정에서 정확한 답을 얻기 위해서는 가상 힉스(virtual Higgs)가 포함되어야 한다. 사실 이러한 이론에서 힉스 입자가 없다면 반응율이 무한대가 되는 엉터리 답이 나올 것이다. 따라서 힉스 상호작용은 중요하다. 실제로 22장에서 언급할 여러 약한 상호작용에 관한 가장 정밀한 데이터에 의하면 95% 신뢰도로 힉스 질량이 115 GeV에서 160 GeV 사이에 있어야 한다는 결과가 나온다.

더 일반적으로 이야기하면 우리는 힉스 역할을 하는 무엇인가가 있어야 하지만 표준 모형처럼 꼭 하나의 보손만 존재할 필요는 없다. 표준 모형을 확장하면 같은 역할을 하는 두 세 개의 힉스 보손이 있다. 다른 이론에서는 새로운 타입(type)의 쿼크가 있고 힉스 역할이 쿼크-반쿼크쌍으로 대치되기도 한다. 실제로 힉스는 아직 계속 미스터리(mystery)이고, Large Hadron Collider(LHC) 가속기의 주된 목적이 이 미스터리를 해결하는 것이다.

* 모든 다른 입자처럼 힉스 입자는 장(field)으로 표현된다. 하지만 의미 있는 것은 vev 보다 큰 장(field)의 값이다.

CHAPTER 21

왜 우리는 힉스를 믿는가?

21.1 표준 모형에는 힉스 기법(mechanism)이 필요하다

우리는 힉스 기법이 표준 모형의 중요한 부분이라는 것을 알았다. 이 기법은 두 특성 사이의 모순 때문에 필요하였다: 한편으로는 질량이 없는 페르미온과 게이지 보손에 대한 게이지이론을 얻기 위한 초기 이론적 갈망; 다른 면으로는 전자와 다른 페르미온(fermion)들이 질량을 갖고 있다는 엄연한 실험적 사실에 의거하여 약한 게이지 보손도 질량이 있어야 한다는 갈망이었다. 힉스는 질량 문제와 연관이 있다; 힉스는 페르미온과 게이지 보손에 질량을 주기 위하여 고안되었다.

쿼크의 질량은 18개의 복소수 매개변수와 (소위 쿼크와 힉스 장을 연결시키는 Yukawa결합(couplings)) 연관이 있다. 이들 매개변수들과 알려진 쿼크의 질량과 모순되지는 않지만, 질량이 왜 그 값인지는 설명 못한다. 왜 톱(top) 쿼크 질량은 업(up) 쿼크 질량보다 십만 배 더 무거운가? 우리는 모른다. 우리는 이론에 이들 질량을 적용할 수 있으나 쿼크 질량이 얼마인지 이론적으로 예측할 수는 없다. 이는 맛깔 문제(flavor problem)로 알려져 있다. 똑 같은 맛깔 문제가 경입자에도 존재한다. 따라서 힉스 기법은 맛깔 문제와 연관이 있다.

비슷하게 우리는 Cabibbo–Kobayashi–Maskawa 행렬의 4개 매개변수들을 맞춰볼(fit) 수는 있지만, 미리 매개변수 값을 예측할 수는 없다. 이들 4개 매개변수 중 3개 혼합각은 맛깔문제와 연관하여 보통 쿼크 질량과 연관된다. 그러나 4번째 매개변수인 복소수 위상(complex phase)은 CP 깨짐과 연관이 있다. 따라서 힉스 기법 또한 CP 깨짐과 연관이 있다.

힉스 현상(Higgs-related phenomena)과 연관된 에너지 크기는 힉스 진공 기대치(vev)인 250 GeV 정도이다. 다른 페르미온은 훨씬 가볍고 단지 top 쿼크 질량만이 이정도 에너지 크기라는 사실로부터 앞에서 언급한 맛깔 문제가 야기된다. 하지만 또 다른 문제가 있다. 중력은 10^{19} GeV의 플랑크 스케일(Planck scale)로 알려진 엄청난 에너지 크기에서 연관이 있다. 왜 약한 힉스 크기(weak(Higgs) scale)는 Planck scale 보다 훨씬 적을까? 우리는 모른다. 이는 계층 문제(hierarchy problem)로 알려져 있다. 이런 에너지 크기 차이 문제를 표준 모형 이상 넘어가지 않으면서 자연스럽게 정당화시키는 방법은 쉽지 않다.

따라서 표준 모형과 연관된 모든 문제 즉 아주 임의적인 것처럼 보이는 모습은 힉스 기법과 연관되어 있다. 결론적으로 이러한 신기한 힉스 기법은 표준 모형의 중요한 특징이고 표준 모형과 연관된 다른 여러 신기한 모습들과 긴밀하게 연관되어 있다. 표준 모형에서 중요한 역할을 하는 힉스 기법의 물질적 부분인 힉스 입자는 실험적으로 접근할 수 있는 마지막이라고 생각된다.

21.2 이론적 계산에 의하면 힉스 입자가 필요하다

우리가 힉스 기법을 모른다고 생각해 보자. 우리는 $SU(2)_L \times U(1)$ 게이지 대칭성을 알았지만 입자의 질량을 어떻게 정해야 할지 몰랐다. 모든 입자의 질량을 정하는 방법에 대한 필요성 말고 또 다른 이유로 힉스 보손 입자가 필요한가? 이에 대한 놀라운 답은 "예" 이다.

이에 대한 설명을 하기 위하여 두 W 보손의 산란을 살펴보자. 이는 실험적으로 측정될 수 있는 것이 아니지만 이론적으로 계산하는 것은 분명히 가능하다. 특히 두 개의 W 보손이 장방향(Longitudinally)으로 편극(polarized)되는 경우를 고려하는 것은 이론적인 관점에서 좋다는 것이 밝혀졌다; 즉, W 보손들의 스핀이 운동 방향으로 향하여 있다. 이는 그림 21.1의 다이어그램을 사용하여 계산되었다.[1] 이 계산을 수행하였을 때 생각지도 못한 답이 나왔다. WW 충돌 에너지가 증가될 때 충돌율은 끝없이 증가한다. 이는 확률이 1 보다 클 수 없기 때문에 분명히 불가능하다. 이런 종류의 논의는 일관성 고려(unitary consideration)로 부른다; 이 결과는 일관성(unitarity)과 맞지 않는다. 결론적으로 WW 산란이 의미가 있으려면 무언가가 필요하다는 것이다.

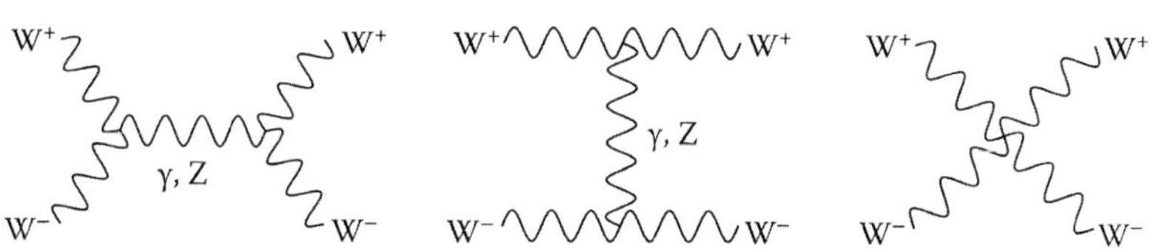

그림 21.1 세로방향(longitudinal) 편광으로 $W^+W^- \dashrightarrow W^+W^-$ 산란에 기여하는 게이지 보손들만 참여하는 기본 수준(tree-level) 다이어그램들.

1 $SU(2)$ 게이지 이론에 의하면 WWZ와 WWWW의 정점들(vertices)이 존재해야 하고 이들의 세기를 알 수 있다는 것을 상기하라.

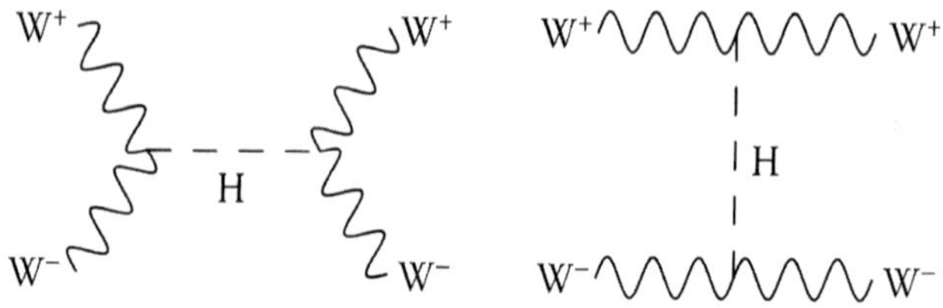

그림 21.2 세로방향(longitudinal) 편광으로 $W^+W^- -- \rightarrow W^+W^-$ 산란에 기여하는 스칼라(scalar)입자가 참여하는 기본 수준(tree-level) 다이어그램들.

우리는 이 문제를 W^+, W^- 입자와 어떤 세기 λ로 접촉이 가능한 새로운 스칼라(scalar) 입자(고상하게 H로 부를 것이다)를 도입함으로서 해결할 수 있다. 여기에는 그림 21.2에 있는 두 개의 새로운 다이어그램이 필요할 것이다. 커플링 λ가 약 결합 상수(weak coupling constant), g, 그리고 W 보손의 질량의 곱과 같으면 그림 21.2의 다이어그램으로 그림 21.1의 다이어그램의 문제는 해결된다. 즉, 무한대 문제를 해결하기 위해 질량을 가지고 있는 스핀 1 게이지 보손[**역주:** W 보손을 뜻함]과 함께 게이지 보손 질량에 비례하는 커플링(coupling)을 갖는 스핀 0 입자[**역주:** H 스칼라 보손을 뜻함]가 필요하다. 비슷한 추론이 장방향(longitudinal) 편극을 가진 $e^+e^- \rightarrow W^+W^-$에 적용될 때 그 스칼라 또한 전자 질량에 비례하는 커플링으로 전자에 결합해야 한다는 것을 알 수 있다.

결론은 힉스기법이 비록 최종 해결책은 아니지만 측정의 정밀성으로 미루어 볼 때 힉스 입자가 없다고 보기는 어렵다. 이는 22장에서 과거 20년에 걸쳐서 CERN, SLAC, Fermilab 등 여러 실험 시설에서 수행된 정밀한 전기약(electroweak) 상호작용 측정을 살펴보면 더 확실해질 것이다.

만일 힉스 입자가 필요하고 이 입자가 게이지 보손 질량에 비례하는 결합력으로 게이지 보손과 결합한다는 것이 확실하다면 그림 21.1과 21.2를 가지고 $W^+ W^- \to W^+ W^-$ 산란을 계산할 수 있다. 이 결과는 그림 21.2의 힉스 기여에서 보듯이 힉스 질량에 따라 다르지만 더 이상 에너지에 비례하여 무한대로 증가하지 않는다.

이 같은 계산은 연관된 실험이 수행되기 전에 이미 나왔다. 의미 있는 결과를 얻기 위해서는 힉스 입자의 질량에 어떤 한계가 있다고 결론을 내릴 수 있다. 1977년 Lee, Quigg 및 Tacker에 의하면 힉스 질량은 1 TeV($10^{12} eV = 1{,}000 GeV$ 에 해당한다)보다 작아야 한다고 알려졌다; 다음 장에서 논의될 실험 분석에 의하면 힉스 입자 질량은 160 GeV보다 작은 것이 타당하다. 결론적으로 힉스 입자나 기법은 LHC의 가능한 에너지 영역 내에서 존재해야 된다고 알려졌다. 이는 LHC 로 인하여 여러 좋은 일이 일어나리라는 것은 말해준다: 그것에 의하여 표준모형의 유일하게 남아있는 수수께끼, 전기약 대칭 깨짐(electroweak symmetry breaking)의 기법(mechanism)을 들여다 볼 수 있을 것이다.

CHAPTER 22

지금까지 실험으로부터 무엇을 알 수 있는가?

22.1 힉스 보손에 대한 간접적인 실험 증거: 가상 효과(Virtual Effects)의 중요성

표준 모형에서 약 전자기 상호작용은 3개의 매개변수에 의해 결정된다: W 상호작용 세기(g), B 상호작용 세기(g′), 힉스의 vev(v)이나 관행적으로 g′ 대신 Weinberg 각으로 알려진 θ_W를 넣기도 한다.[2] 그림 8.2에 기술된 것처럼 B와 W^3의 결합은 광자를 만들고 다른 결합은 중성류 상호작용(neutral current interaction)을 매개하는 Z 보손을 만든다. W^+나 W^-의 질량은 $g \times v^2$으로 주어진다. Fermi 상수로 표현되는 원래의 약한 상호작용의 세기는 g와 W의 질량에 의해 결정되었다. 그래서 Fermi 상수와 W의 질량이 정해지면 g와 v를 알 수 있다. 전하 e로 표현되는 전자기상호작용의 세기는 g와 g′의 결합에 의해 결정된다. 따라서 g를 알게 되면 e의 값에 의해 g′나 θ_W가 결정된다.

2 $\sin^2\theta_W = g'^2/(g^2 + g'^2)$

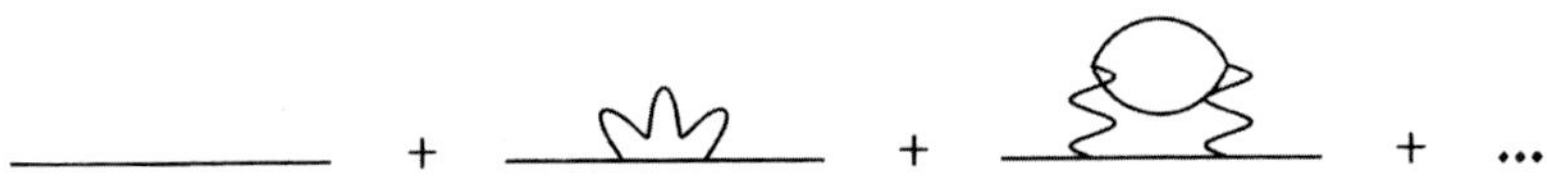

그림 22.1 움직이는 전자를 나타내는 파인만 다이어그램들. 첫 번째 항은 자유전자에 대응되고, 두 번째는 첫 번째 항에 대한 섭동(perturbation)그림이다. 무수히 많은 높은 차수(high-order)의 항들이 존재한다.

Z 보손 질량과 중성류 상호작용의 세기 또한 이들 3개 매개변수에 의해 결정된다. 표준 모형의 가장 큰 성공은 이들 매개변수를 조정하여 모든 약 상호작용(weak interaction)을 잘 설명할 수 있다는 것이다. 그러나 데이터가 정밀해짐에 따라 그림 8.1b나 그림 8.3의 다이어그램보다 더 복잡한 파인만 다이어그램이 필요하게 되었다. 여기에는 W나 Z 입자 외에 가상 입자가 포함된다. 이들 가상입자는 초기나 최종 상태에 있는 입자가 아니지만 정밀한 계산에서는 포함되어야 한다. 우리는 양자 전자기역학(quantum electrodynamics)에서 가상입자의 한 예를 보았었다. 여기서 가상 광자는 그림 22.1에서처럼 전자 질량을 변하게 할 수 있다. 똑 같은 방법으로 질량이 너무 커서 현재의 시설에서는 만들 수 없는 입자의 경우라도 어떤 루프(loop)의 가상입자로서 작용하면 간접적으로 관측할 수 있다.

매우 흥미로운 역사적인 한 예는 top 쿼크이다. 실제로 top 쿼크 질량은 W나 Z 보손의 질량과 관련이 있기 때문에 top 쿼크가 직접 관측되기 전에 top 쿼크 질량에 대한 최대값은 이미 알려져 있었다. 섭동이론(perturbation theory)의 가장 낮은 차수(소위 tree level)에서 W 보손의 질량은 Z 보손 질량과 Weinberg 각 θ_W의 곱과 같다. 하지만 가상 광자의 루프 때문에 같지 않게 된다. 이렇게 같지 않다는 것은 실험적으로 $\Delta\rho$ ("델타 로오"로 발음)라는 양을 아주 정밀하게 측정하면 확인 가능하다.

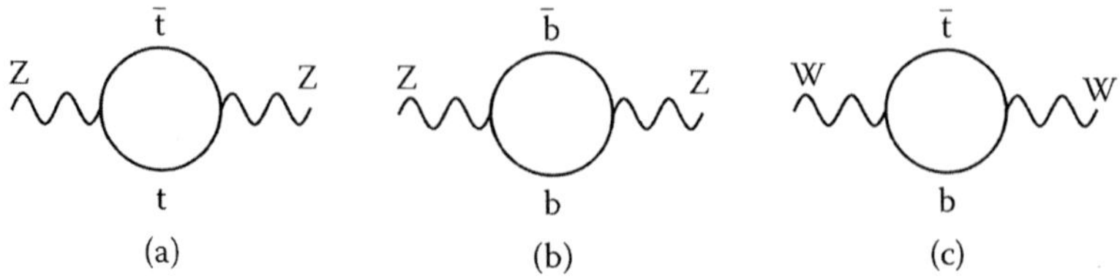

그림 22.2 b쿼크와 t쿼크가 수반되는 W와 Z 보손 전파자들(propagators)에 대한 루프 보정(Loop corrections).

루프(loop)효과가 없다면, $\Delta\rho$는 영이 될 것이다. 거꾸로 이야기하면 $\Delta\rho$가 영이 아니면 루프에서 존재하는 가상입자가 존재한다는 것이다. 표준 모형에서 $\Delta\rho$ 에 가장 크게 기여하는 것은 그림 22.2의 다이어그램이다. 그림 22.2a의 다이어그램에 대응되는 계산 값은 top 쿼크 질량의 제곱에 비례하여 커진다; 이는 top 쿼크 질량에 매우 민감하다. 따라서 직접 관측되기 전이라도 top 쿼크 질량은 $\Delta\rho$를 포함하여 여러 정황상 150 GeV와 210 GeV사이에 있다는 것이 알려졌다.[노트 1] 현재까지 직접 측정한 top 쿼크 질량은 약 173 GeV으로 놀라울 정도로 잘 일치한다.

우리는 top 쿼크 질량을 알기 때문에 이제 $\Delta\rho$에 영향을 미칠 수 있는 더 작은 루프까지 생각할 수 있다. 힉스 입자는 그림 22.3의 다이어그램을 통하여 Z 보손의 질량에 영향을 미치기 때문에 이 방법으로 힉스 입자를 탐색할 수 있다. 그러나 top 쿼크 질량의 효과는 질량 제곱에 비례하여 커지나 힉스 질량의 효과는 훨씬 약하다.[3] 결과적으로 이러한 원인에 의한 힉스 질량의 범위는 top 쿼크의 효과가 있을 때보다 더 확실하지 못하다. 힉스 질량의 효과가 약하게 작용하는 정밀한 실험들이 많이 있었다.

---

[3] 단지 힉스 질량효과는 힉스 질량에 로그적으로(logarithmically) 비례하면서 커진다.

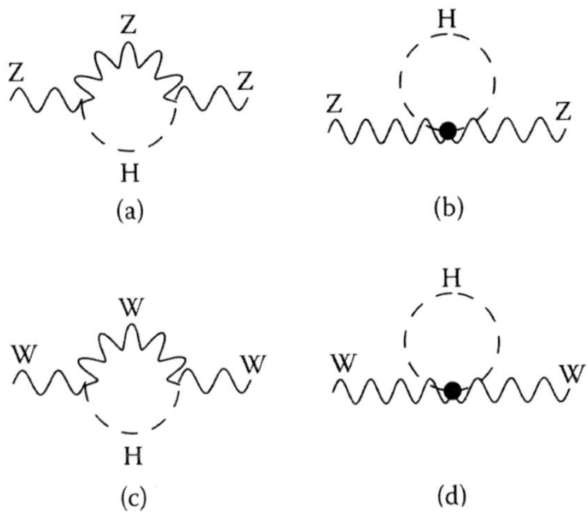

그림 22.3 힉스(Higgs)가 수반되는 W와 Z 보손 전파자들(propagators)에 대한 루프 보정(Loop corrections).

이들 실험의 대부분은 1990년대 SLAC의 SLC와 CERN의 Large Electron−Positron(LEP) 실험 센터에서 수행되었다. 이들의 경쟁적이면서 서로 협력적인 분위기는 유래 없는 정밀도의 결과를 만들어냈고, 보통 정밀 전자약(electroweak) 실험으로 알려져 있다. 이들 센터에서는 최고의 결과를 더 빠르게 얻기 위하여 서로 경쟁하였으나, 또한 아이디어를 서로 빠르게 공유할 정도로 친밀하게 협력하였다. 사실 이 시기의 대부분 SLAC의 소장(director)으로 재임하였던 Burt Richter는 또한 1976년 CERN에서 연구년(sabbatical leave)을 보내면서 처음으로 LEP 건설을 제안하였다. 과학이 이처럼 서로 경쟁과 협력을 통하여 진보한다는 사실은 비과학자가 보기에는 믿기 어려운 사실이다.

SLC와 LEP에서 실험은 전자와 양전자의 총에너지 합이 Z 보손의 질량에너지 mc^2 가 되는 상태에서 전자와 양전자를 서로 충돌시킨다. 따라서 Z 보손은 정지 상태로 만들어지며 수명이 십 억분의 일초보다

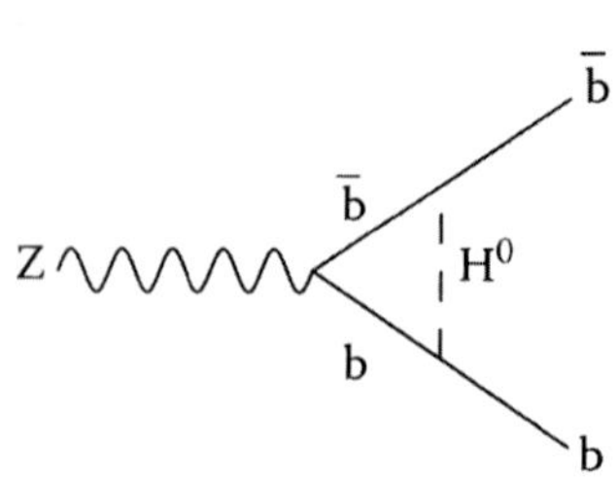

그림 22.4 힉스 보손을 수반하는 Z입자의 b쿼크와 $\bar{b}$ 쿼크로 붕괴를 나타내는 다이어그램

작기 때문에 즉시 붕괴한다. 이 붕괴에서 경입자 쌍($(e^+e^-, \mu^+\mu^-, \tau^+\tau^-)$)이나 쿼크 쌍이 나온다. 또한 이 붕괴는 똑 같은 매개변수로 설명할 수 있다; 다시 그림 22.4에서 볼 수 있듯이 힉스 보손을 수반하는 가상 효과(virtual effect)가 고려되어야 한다.

LEP와 SLC의 정밀한 실험을 조합하면 W, Z 그리고 top 쿼크 질량을 정밀하게 결정할 수 있고, 표준 모형의 기본 매개변수들을 더 정확하게 정할 수 있으며 간접적으로 측정하는 힉스 질량의 범위를 더 좁힐 수 있다. 95% 신뢰도로 힉스 질량은 166 GeV보다 적어야 한다는 결론을 내릴 수 있다. 아래에서 논의하는 바와 같이 LEP에서 힉스 질량을 직접 측정했을 때 115 GeV 이하인 것은 배제하였다. 강조할만한 중요한 점은 힉스 보손의 가상 효과를 포함하지 않고선 데이터를 설명할 수 없다는 것이다. 표준 모형의 힉스 보손이 적당한 질량을 가지고 발견되지 않는다면 표준 모형에 다른 어떤 것이 더해져야 한다.

22.2 힉스 보손 직접 탐색

힉스 기법은 쿼크나 경입자(lepton)이거나 약 게이지 보손(weak gauge boson)이거나 간에 모든 입자의 질량의 근원이다. 힉스 기법과 관련된 힉스 입자는 대상 입자들의 질량에 비례하는 세기로 대상 입자들과 커플링(couple)한다. 질량이 적을수록 더 커플링이 더 작고; 질량이 클수록 커플링이 더 크다. 입자 가속기는 전자, 양성자 및 이들의 반입자를 가속시킨다. 양성자는 가벼운 u나 d 쿼크로 구성되므로 힉스 보손에 약하게 결합한다. 따라서 힉스 보손이 만들어지려면 무거운 입자의 가상 효과(virtual effects of heavy particles)가 항상 수반되어야 한다.

힉스 입자를 만들려면 많은 높은 차원(high–order) 효과(effect)가 고려되어야 한다. 어느 것이 중요한지는 사용하는 기계 특성(가속되는 입자의 종류나 충돌 에너지 등)이나 힉스 질량의 실제 값에 따라 다르다.

일단 힉스 입자가 만들어지면 그것이 어떻게 붕괴하는지 살펴보아야 한다. 불행하게도 힉스 입자의 붕괴와 비슷한 여러 입자들의 붕괴가 있다. 이는 백그라운드(background)로 알려졌고 이는 힉스 입자 붕괴 신호보다 훨씬 많다. 어떤 사건이 일어나는가를 예견하는 이론 물리학자와 주어진 검출기의 한계 내에서 무엇이 측정되는가를 다루는 실험 물리학자, 그리고 엄청난 컴퓨터 시뮬레이션의 작업 결과 신호 대 백그라운드(signal–to–background) 비율을 높였다. 이 비율은 가속기 시설마다 다르고 힉스 입자의 질량에 따라 다르다. 가끔 어떤 특정 입자 발생 기법(mechanism)과 관련된 정보가 어떤 특정 입자의 붕괴를 측정하는 데 영향을 줄 수 있다. 이제 우리는 현재의 LEP와 Tevatron의 힉스 질량 범위에 초점을 맞추고자 한다. Large Hadron Collider(LHC)와 계획중인 International Linear Collider(ILC)에서 무엇을 얻을 수 있는지는 나중에 다룰 것이다.

일단 힉스 입자가 생성되면 곧 붕괴한다. 힉스 보손은 상대 입자의 질량에 비례하는 세기로 결합하므로 우리가 생각할 수 있는 주된 붕괴는 $H \to b\bar{b}$, $H \to \tau^+\tau^-$, $H \to W^+W^-$ 및 $H \to ZZ$ 이다.[4] top 쿼크는 질량이 커서 H가 $t\bar{t}$로 직접 붕괴하는 것은 불가능하다. 힉스 질

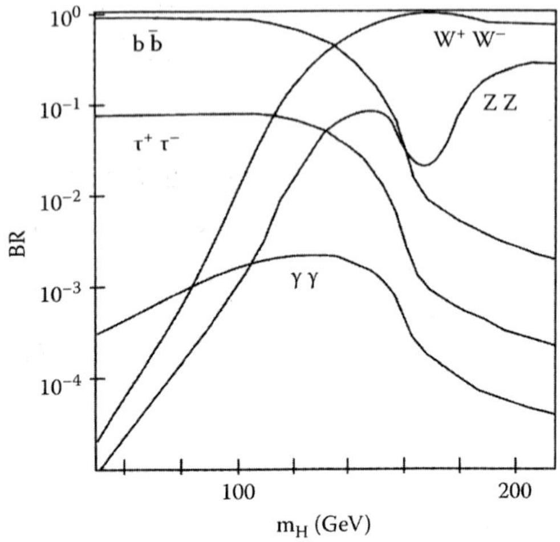

그림 22.5 힉스 질량 m_H의 함수로 나타낸 힉스 입자의 여러 붕괴에 대한 분지비 (branching ratio).

량이 165 GeV보다 작다면 에너지적으로 WW나 ZZ로 붕괴하는 것은 불가능하지만 (W의 질량에너지 mc^2이 83 GeV라는 것을 상기하자) 하나의 가상(virtual) W와 실제의(real) W로 붕괴는 가능하다. 힉스 질량이 165 GeV에 가까워지면 이런 모드는 더 중요하다. 왜냐하면 가상 W를 만드는 것이 더 쉬워지기 때문이다.

힉스 보손의 여러 질량 m_H에 따른 여러 다른 붕괴 모드에 대한 분지비(branching ratios, 확률)는 그림 22.5에 나타내었다. 현재의 상한선 115 GeV 근처에서 주된 붕괴 모드는 $b\bar{b}$이다. 그러나 이 모드는 많은 백그라운드 때문에 양성자–양성자 충돌 가속기에서는 검출하기가 어렵다. 사실 이런 낮은 질량의 경우 주된 붕괴 모드는 두 개의 감마로

---

4 입자 위의 작은 막대기는 반입자를 뜻한다. 따라서 $\bar{b}$는 반 bottom 쿼크를 뜻하고, $\bar{t}$는 반 top 쿼크를 뜻한다.

붕괴하는 모드일 수 있다. 비록 이 모드가 천개의 붕괴 중 단 2개일 만큼 희귀하지만 총에너지 115 GeV 정도의 두 개의 감마선 신호는 특이하여 검출하기 쉽다. 보다 큰 질량의 H에 대해서는 WW 붕괴 모드가 점차 중요해진다.

22.3 LEP에서 힉스 직접 탐색

LEP는 CERN에 있는 원형 입자 가속기로서 27 km 길이의 터널을 가지고 있다. CERN은 1950년대 초 전쟁의 여파 속에서 물질의 아주 작은 부분을 파헤치는 세계적인 과학 실험센터를 만들려는 목적으로 세워졌다. 이 센터의 국제성을 강조하기 위하여 가속기의 일부가 프랑스와 스위스 국경의 일부를 포함하고 있어서 센터의 일부는 한나라에 다른 부분은 다른 나라에 세워졌다. LEP는 1985년~1989년 사이에 건설되었다. 27 km 길이의 터널을 뚫는 것은 주된 공사 업적 중의 하나이다; 가속기가 작동되는 것은 전기공학 업적이고; 4개의 거대한 검출기(ALEPH, DELPHI, L3, 그리고 OPAL)를 세우는 것은 최첨단의 과학과 기술이 필요하였다. 이런 엄청난 도전은 국제적 협력으로 극복되었고 결국 LEP가 만들어졌다. 그리고 마침내 LEP는 LHC 건설을 위하여 2000년에 가동을 중단하였다.

이런 시설은 비록 엄청난 크기이지만 아주 작은 오차만 허용될 만큼 정밀하다. 빔의 에너지와 위치는 아주 정밀하게 조정되어 조석 효과로 인한 가속기 근처의 제네바 호수 물높이 1 mm 정도 변화를 탐지하거나 근처를 지나는 초고속 열차 TGV의 진동도 탐지할 수 있다. 여러분은 회의에 앉아 입자의 빔에서 감지된 변화를 논의할 때 그 효과가 달에 의한 것이라고 설명하는 것을 상상해보라!

LEP에서 전자는 양전자와 충돌하여 총에너지가 93 GeV가 되는데 이는 Z 보손의 정지 질량 에너지 mc^2과 같다. LEP에서는 1억 7천만 개의 Z 보손을 만들어내었다. 업그레이드 후에는 에너지가 증가되어 W나 Z 보손의 특성을 살피거나 이들의 상호작용을 연구할 수 있었고, 힉스 보손을 탐색할 수 있었다.

LEP에서 힉스 보손을 만드는 것은 주로 그림 22.6a의 과정을 통해서 이루어 져야한다. 그림 22.6b 나 그림 22.6c는 그렇게 많은 기여를 못한다. 우리는 힉스 입자가 b 쿼크나 반b 쿼크로 붕괴하는 과정을 통하여 힉스 입자를 찾는다. 115 GeV 힉스 입자의 경우 b 쿼크나 반b 쿼크로 붕괴가 거의 74%이다. 한편 이 붕괴과정에서 Z 입자는 쿼크나 경입자 혹은 중성미자로 붕괴할 수 있다. 힉스 입자가 τ나 $\bar{\tau}$로 붕괴하고, Z 입자는 b 쿼크와 반b 쿼크로 붕괴하는 방법을 생각할 수 있지만 115 GeV 힉스만 7%정도 이 방법으로 붕괴하므로 아주 적은 반응이다. 우리가 4개의 LEP 실험에서 얻은 가능한 최종 상태에 대해서 모든 결과를 합하면 힉스 질량에 대해서 하한치를 얻을 수 있다: 95% 신뢰도로 힉스 질량은 115 GeV보다는 커야한다.

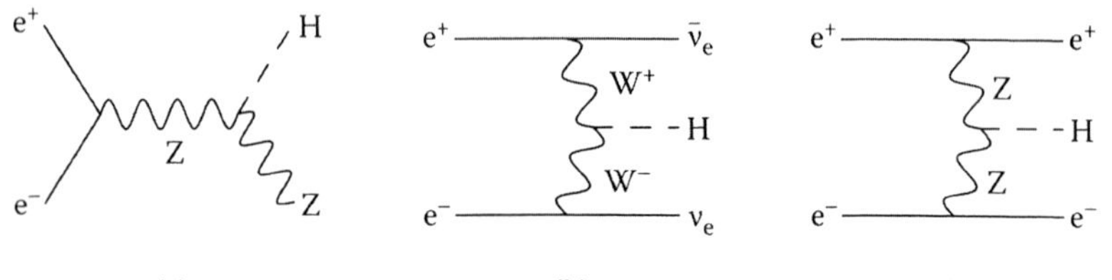

그림 22.6 LEP에서 힉스 보손을 생성할 수 있는 가능한 통로(mechanism). (a) 힉스 복사(Higgs-strahlung)로 알려진 관련 생성(associated production)인데 주요한 생성 통로이다. (b) WW융합(fusion)과 (c) ZZ 융합은 작은 생성통로이다.

22.4 Tevatron에서 힉스 직접 탐색

Tevatron은 양성자와 반양성자를 충돌시키는 가속기 시설로서 시카고 교외의 Fermilab에 있다. LEP의 결과들이 나온 후 Tevatron은 RunII 로 업그레이드되었고 빔 에너지는 1.96 TeV가 되었다.

양성자와 반양성자는 쿼크로 구성되기 때문에 힉스 입자 생성 기법은 LEP같은 전자–양전자 충돌에서와 다르다. 충돌 전 6개의 쿼크들이 강한 상호작용으로 쉽게 글루온(gluon)을 만들 수 있다. 계산에 의하면 top 쿼크에 강한 힉스 결합 때문에 그림 22.7의 글루온–글루온 융합(fusion)은 힉스 발생의 주된 기법이다. 다음 중요한 힉스 발생기법은 그림 22.8a에 모아놓은 것처럼 W와 연관된 방법과 Z와 연관된 방

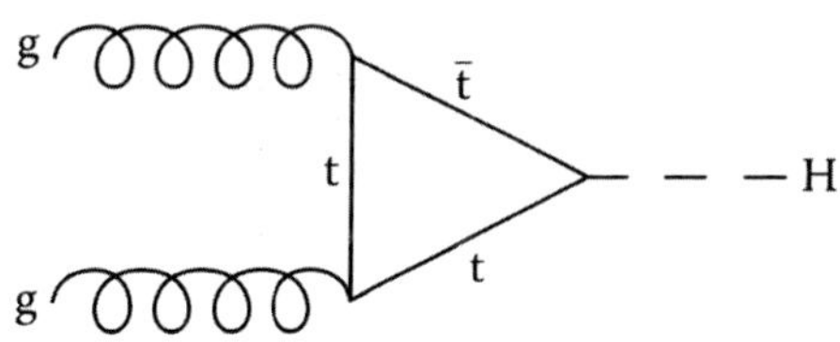

그림 22.7 힉스 생성에 대한 글루온-글루온 융합 생성 통로.

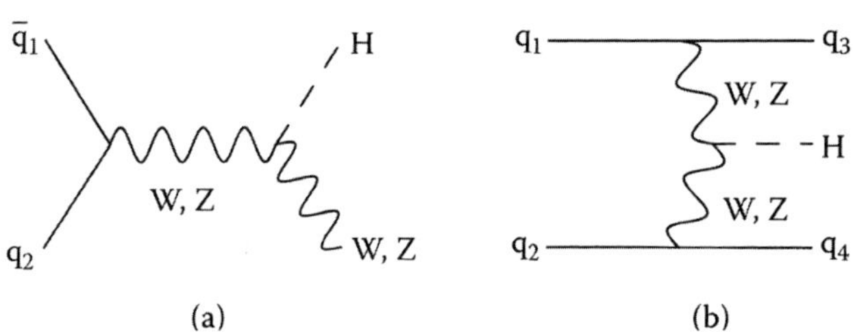

그림 22.8 강입자 충돌기(hadron colliders)에서 힉스 보손 생성을 위한 다음 차순의 생성 통로들: (a) W나 Z일 수 있는 게이지 보손과 같이 발생되는 생성 통로(b) WW 융합과 혹은 ZZ 융합 생성통로

법이다. 다음 중요한 기법은 그림 22.8b에 있는 것처럼 WW 융합과 ZZ 융합에 의한 기법이다. 140 GeV이하 힉스 질량 에너지에 대해서는 그림 22.8a의 발생 기법이 그림 22.8b보다 우세하다. 힉스 질량이 더 커지면 그림 22.8b의 기법이 더 중요해진다. 그림 22.6은 처음 상태가 전자–양전자이고 그림 22.8은 양성자–반양성자에서 쿼크를 언급한 것 외에는 모두 비슷하다.

LEP에서 탐색했던 에너지 범위 근처의 힉스 질량의 경우에 힉스 입자의 가장 큰 붕괴율은 b 쿼크와 $\bar{b}$ 쿼크로 붕괴되거나 혹은 τ 경입자와 $\bar{\tau}$ 경입자 쌍($\tau\bar{\tau}$)으로 붕괴되는 과정이다. 그러나 140 GeV를 넘어서는 힉스 질량에 대해서는 W^+W^- 쌍으로 붕괴될 수 있고, 주된 붕괴 채널이다.[5] 또 ZZ쌍으로도 붕괴될 수 있다.

불행히도, 강 상호작용적인 환경에서는 힉스 붕괴에서 오는 $b\bar{b}$ 쌍과 유사하게 보이는 백그라운드 반응들이 너무 많다. 이런 이유로 글루온–글루온 융합에서 나오는 힉스 발생 과정은 낮은 힉스 질량의 경우에는 너무 힘들다. 따라서 Tevatron에서 140 GeV 미만의 힉스 보손 질량을 찾는 것은 매우 어렵다. 다행히도 힉스가 그림 22.8a에서처럼 W와 같이 발생한다면 많은 백그라운드를 제거하기 위하여 W 입자를 이용할 수 있다. 다르게 말해서 힉스 붕괴에서 발생되는 $b\bar{b}$ 반응은 백그라운드에서 구분하기가 어렵지만 그림 22.8a에서처럼 W와 같이 발생되는 힉스 발생에서는 단순한 백그라운드와 구분하기가 쉽다. 또한 Tevatron에서는 $\tau\bar{\tau}$ 쌍으로 붕괴하는 힉스 입자도 찾는다. 이러한 붕괴를 사용하여 모든 다른 발생기구와 관련시켜 연구할 수 있다.

힉스 보손이 140 GeV보다 크고 글루온–글루온 융합에서 발생한다

---

5 힉스 보손 질량 mc^2이 $2m_Wc^2$(W^+W^- 쌍에 대한)보다 작으면 하나의 W는 가상 입자이다.

면(그림 22.7) W^+W^-로의 붕괴도 찾을 수 있다. 이 붕괴는 Tevatron에서 힉스 보손을 찾을 수 있는 최상의 방법이다. 힉스 질량이 140 GeV ~190 GeV 사이에 있고, CDF와 D0에서 나온 모든 결과와 조합되면 두 실험이 끝나리라고 예측되는 2010년 말까지 힉스에 대한 상당한 정보를 얻을 수 있을 것이다. 2009년 초에 Tevatron에서는 95% 신뢰도로 힉스 질량은 160GeV 와 170GeV 사이에는 없다는 것이 발견되었다.

노트(NOTES)

❶ *Phys. Rev. Lett.*, 74, 1632-37(1995)에 발표된 D0의 top 쿼크 발견 논문에서 인용된 수.

CHAPTER 23

우리가 LHC로부터 배우고 싶은 것

23.1 LHC는 무엇인가?

LHC는 Large Hadron Collider의 약자이다. 이는 Large Electron-Positron(LEP)이 있었던 CERN에 지어진 둘레가 27km인 원형 가속기 시설이다. 이 가속기는 양성자를 빛의 속도의 99.9999991%까지 가속시킬 수 있다. 양성자의 두 빔은 서로 분리된 진공 파이프에서 돌다 충돌하게 된다. 충돌은 4곳에서 일어난다. 충돌 지점에 4개의 검출기가 있다: ATLAS, CMS, LHCb 및 ALICE. 처음 두 개의 검출기는 힉스 입자를 찾기 위하여 만들어졌다. 이 LHC에서는 매초 6억 개의 충돌이 있고, 각 충돌 때 14 TeV의 에너지가 방출된다. 이는 Tevatron 빔 에너지의 약 7배 정도이고 빔의 세기(루미노시티(luminosity)로 알려짐)는 약 40배 정도 더 크다.

양성자 빔을 구부리기 위해서 양성자 빔은 9,300여개의 매우 큰 자석에 의해 만들어지는 자기장 속을 지나야 한다. 양성자는 매우 빠르게 움직이기 때문에 자기장은 엄청 강해야 한다. 이 같은 큰 자기장을 얻기 위해서는 전류가 엄청 크고 저항은 매우 낮아야 한다. 따라서 자석은 섭씨 -271도(약 화씨 -454도)의 지극히 낮은 온도에서 작동되는 초전도 자석이어야 한다. 이 때문에 여기에는 세계에서 가장 큰 액체 헬륨 냉각장치가 있다. 실수가 있어서는 안 된다. 만일 문제가 발생한다면 모든 것이 상온까지 올라갈 것이고 문제를 해결한 후 다시 냉각해야 한다. 이런 일이 LHC 가동 후 바로 발생하였는데, 가동을 다시 시작하는 데 1년 이상의 시간이 걸렸다. CERN은 가속기의 두 자석 사이 전기적 접촉 불량 때문에 기계적 손상이 있었고 차가운 자석 물질에서 터널로 헬륨의 방출이 있었다고 발표하였다.[노드 1] 이것과 관련된 기술은 가히 어마어마하다.

초당 약 6억 회의 충돌이 있기 때문에 나오는 데이터의 양은 지금까지 어떤 것보다 크다. 비록 쓰레기처럼 보이는 데이터는 검출기 수준(트리거 (trigger)라 부름)에서 걸러지고 저장이 안 되지만, CERN에는 매년 저장되는 데이터 량이 1,500만 기가바이트 정도라고 추정된다. 이러한 양은 매년 십 만장의 DVD를 기록할 정도이고, 전 세계 정보 생산 비율의 약 1%에 해당한다. 많은 과학자들이 이러한 많은 정보에 접근하고자 한다. 따라서 Grid라고 하는 전 세계 컴퓨터 네트워크(worldwide network of computer sites)가 만들어졌다. 이 아이디어는 인터넷상에 있는 컴퓨터 파워(power)와 데이터 저장장치를 공유하는 것이다.

ATLAS는 길이가 약 45m, 너비 25m, 높이 25m이며, 무게는 약 7,000톤이다. CMS는 길이가 약 21m, 너비 15m, 높이 15m이며, 무게는 12,500톤이다. 이는 거의 10층 높이 빌딩이다. 하지만 거의 빈 공간이 없고, 입자를 검출하고 이들의 운동을 추적하기 위하여 최고 수준의 기술로 꽉 채워져 있다. 어떤 부품들은 수 밀리미터 이하의 정밀도로 제작되어야하고 우주 궤도를 도는 인공위성의 방사선 수준보다 훨씬 큰 수준의 방사선을 견뎌야 한다. LHC와 관련된 실험 시설을 만드는 것은 인간의 위대함(ingenuity)을 반영하는 것이다.

23.2 LHC에서 힉스 탐색

표준 모형의 힉스 보손은 질량과 관계없이 그림 22.7에서처럼 주로 글루온-글루온 융합(gluon-gluon fusion) 기법(mechanism)으로 만들어질 것이다. 반대로 붕괴를 통해 검출하려면 질량에 따라 검출 방법이 달라진다. 힉스 보손의 질량 140 GeV까지는 $H \rightarrow b\bar{b}$ 붕괴 모드를 사용할 것이다. 불행히도 이는 백그라운드 반응과 구분하기가 극도로 어렵다. 이 백그라운드 반응들은 양성자 내의 쿼크들의 충돌에서 강한 상호작용으로 자주 발생되는 b 쿼크들로서 거의 힉스 입자와 관계가 없다. 결과적으로 두 개의 광자로 붕괴되는 힉스 붕괴 모드를 찾아야만한다. 이 붕괴 모드는 잘 일어나지 않아서 작은 질량의 힉스 보손은 검출하기가 매우 어렵다.

140 GeV~180 GeV 정도의 질량을 갖는 힉스 보손입자를 검출하는 가장 좋은 방법 중 하나는 두 개의 W 입자로 붕괴하는 모드가 가장 좋은 방법인데, 두 개의 W입자중 하나의 W 입자는 실제 W 보손 입자이고 또 다른 W 보손 입자는 가상 입자이다. 그리고 각 W 보손은 하전된 경입자와 중성미자로 붕괴하는 모드를 통하여 검출된다. 180 GeV보다 큰 질량을 갖는 힉스 보손은 두 개의 Z 보손으로 붕괴하는 모드가 실험적으로 가능한데 이 Z 보손은 경입자로 붕괴하는 모드로서 관측된다.

그림 22.8의 WW 융합과 ZZ 융합 그림은 벡터 보손 융합 다이어그

램이라고 부른다. 이러한 힉스 입자 발생기법은 글루온-글루온 융합보다 약 10배가량 작지만 LHC에서 두 번째로 중요한 기법이다. 더군다나 이 기법은 백그라운드를 줄여주는 두 개의 쿼크 젯(그림 22.8b 참조)이 힉스 입자와 함께 검출된다. 이 때문에 $H \to \tau^+\tau^-$와 $H \to W^+W^-$(W가 경입자로 붕괴하는 것을 검출할 수 있다)붕괴를 검출할 수 있고, 140 GeV 정도나 그 이상의 질량을 갖는 또 다른 힉스 입자의 붕괴를 검출할 수 있다.

발생 기법을 좀 더 분리해 보면 분명해진다. 우리가 최종 상태에 두 개의 젯트와 함께 타우-반타우 경입자로 붕괴되는 힉스 입자를 찾는

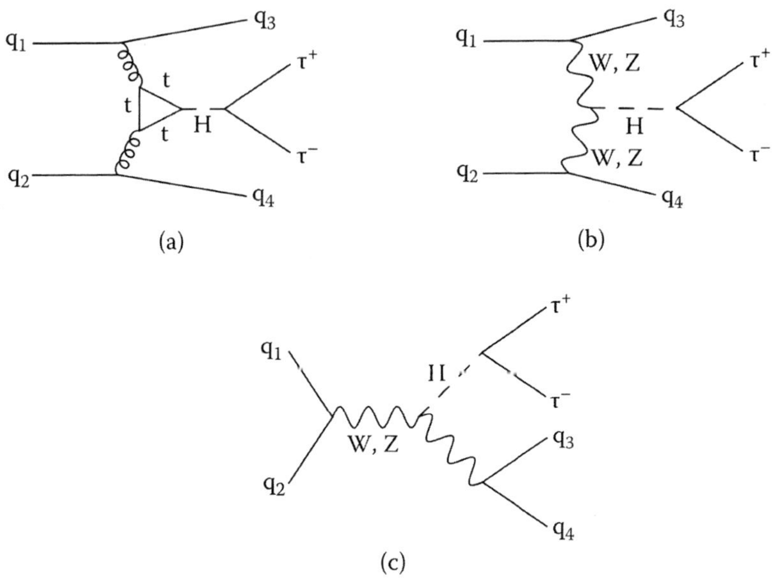

그림 23.1 두 개의 젯트와 함께 힉스입자를 생성하는 파인만 다이어그램. 이 힉스입자는 $\tau^+\tau^-$로 붕괴하는 것을 관측함으로서 검출될 수 있다. 이 붕괴 다이어그램들은 (a) 글루온 융합 다이어그램, (b) 벡터-보손 융합 다이어그램, 그리고 (c) 하나의 벡터보손과 함께 힉스 생성 등이다.

다고 해보자. 이러한 반응은 앞에서 말한 모든 발생기법 등을 통해서 일어날 수 있다: 즉 글루온-글루온 융합(fusion), 벡터-보손 융합(vector-boson fusion), 그리고 하나의 벡터 보손과 함께 발생되는 기법 등이다. 이들은 그림 23.1a에서 23.1c에 각각 나타내었다. 두 젯트와 타우-반타우의 에너지 운동량은 다이어그램에 따라 달라질 수 있다. 이러한 특성들을 이용하여 어느 다이어그램이 맞는지 알아낼 수 있다. 예를 들면, 그림 23.1b가 어느 정도 참여하는가를 알 수 있다. 그러면 힉스 입자가 약 게이지 보손(weak gauge boson)에 얼마나 결합되었는지를 알 수 있다.

각 힉스 발생기법들의 영향력을 잘 측정하는 방법을 아는 것은 매우 어렵다; 이것을 알려면 매우 많은 이론 계산을 해야 하고 여러 시뮬레이션을 해야 하고, 무엇이 가장 적합한 검출기인지 확실하게 알아야하기 때문이다. 우리는 HWW, Htt, 그리고 $H\tau\tau$ 결합에 대하여 10%에서 30% 수준까지의 정확성을 기대하고 있다.

23.3 LHC가 힉스 보손을 발견 못한다면 완전 절망?

표준 모형이 성공모델이라면 Tevatron을 가동하지 않았더라도 LHC는 분명히 힉스 보손을 발견할 것이다. 그러나 엄청난 노력과 비용을 들였음에도 불구하고 힉스 보손이 발견되지 않는다면 굉장한 실패가 될 것이다. 사실 대부분의 물리학자들은 성공보다는 실패에 더 기분이 좋을 것이다. 힉스 보손이 LHC에서 검출되지 않는다면 표준 모형로 설명할 수 없는 그 이상의 무엇이 있다는 것을 뜻하기 때문이다: 그러한 것은 실제로 중요한 발견이 될 것이다.

힉스 보손 찾기에 영향을 미칠만한 두 가지 일반적인 가능성이 있다; 양쪽 모두 혹은 어느 한 가능성이라도 LHC에서 실패가 될 수 있다.

그 첫 번째 가능성은 힉스 보손이 붕괴할 때 지금까지 발견된 적이 없는 완전히 새로운 입자로 붕괴하는 것이거나 또 다른 가능성은 안정되거나 아주 수명이 길고 가벼운 중성의 입자 쌍으로 붕괴하는 것이다. 따라서 그런 반응들은 발생빈도가 적고 너무 희귀하여 LHC나 Tevatron에서 발견하기 힘든 경우가 될 것이다. 이런 경우를 가끔 숨겨진 힉스(hidden Higgs)라 부른다. 이런 붕괴는 손실 에너지(missing energy)를 확인하면 찾을 수 있지만 LHC의 복잡한 최종 상태로 나타나기 때문에 불가능하다.

LEP의 전자-양전자 충돌 가속기에서 양전자가 전자와 반응하여 Z 보손을 만드는 반응 중에서 에너지 부족(missing energy)이 있는 반응이 세밀하게 탐색되었다. 이는 LHC에서 존재하는 찌꺼기(debris : 불필요한) 반응들이 LEP에서는 상대적으로 매우 적기 때문에 가능하였다. 이렇게 하여 LEP에서는 지금까지 발견되지 못한 힉스 보손의 질량의 상한 값(약 112GeV)을 알 수 있었다. 힉스 질량이 112GeV보다 크다면 힉스 입자는 에너지가 더 큰 전자-양전자 충돌가속기, 현재 구상 중인 국제 선형가속기(International Linear Collider: ILC)가 나올 때까지 발견되지 못할 것이다.

새로운 물리가 출현할 또 다른 가능성은 힉스입자가 꼭 하나만 존재하는 것이 아니고 여러 힉스입자가 존재할 수 있다는 것이다. 이런 가능성은 다음 장에서 논의될 것이다. 여러 힉스입자가 존재한다면 이들 중 하나의 신호가 LHC에서 발견될 수 있으나 그 신호를 해석하기가 힘들었을 것이다. 왜냐하면 그 신호는 표준 모형에서의 힉스입자의 특성을 가지고 있지 않기 때문이다.

23.4 만일 LHC에서 힉스 보손이 발견된다면 이제 더 이상 이론은 더 할일이 없는가?

LHC에서 힉스가 발견된다면 물리학계에 엄청 큰 영향이 있을 것이고 신문에 물리학자가 잊어버린 연결고리를 발견했다고 나올 것이다. 이 못 찾았던 입자를 마침내 찾게 되면, 이제 물리학자들은 아름다운 표준 모형을 확인했기 때문에 편안하게 쉴 수 있을까? 아니다. 일단 힉스입자를 발견했다 하더라도 실제로 그 입자가 표준 모형에서 요구되어지는 특성들을 가지고 있는지를 알기 위하여 이 새로운 입자를 더 자세히 연구해야한다.

힉스입자가 115GeV 근처의 질량을 가지고 있다면 힉스입자가 두 개의 광자로 붕괴되는 글루온-글루온 융합(gluon-gluon fusion)모드로 발견될 것이다. 이러한 붕괴는 바로 직접 일어나지 않는다. 이는 표준 모형에서 W 보손이나 쿼크로 구성되는 환(loop) 때문이다. 가장 많이 발생되면서, 또한 중요한 두 광자 붕괴는 그림 23.2에 있다. 그림 23.2나 그림 22.7에서처럼 힉스 발생률이나 붕괴율은 힉스입자와 top쿼크나 반 top쿼크와 결합세기(coupling)에 의존한다. 결합세기는 보통 H_{tt}로 표기한다. 이처럼 힉스 발생률이나 붕괴율을 관측하여 힉스의 top쿼크와 결합세기H_{tt} 혹은 W 보손과의 결합세기를 정할 수 있지만 상당한 오차가 따른다. 이는 계산과정에서 쿼크가 충돌할 때 얼마나 많은 글루온들이 생성되느냐에 따라 결과들이 달라지기 때문이다. 우리는 단지 이런 식으로 계산하여 10%에서 20% 오차 이내로 정확하게 H_{tt}를 정할 수 있기를 바랄뿐이다. 하지만 이는 다른 쿼크나 경입자와 힉스 결합세기를 알려주는 것은 아니다.

일단 힉스입자가 발견되어 질량이 결정되면 이처럼 낮은 질량의 힉스가 타우-반타우로 붕괴하는 것을 검출하는 것이 가능하고 대략적인 H_{tt} 결합세기를 알 수 있다. 하지만 벡터보손 입자에 대한 결합세기를 정하는 것은 어려울 것이고 b쿼크와 결합은 증거도 찾기 힘들 것이다.

힉스보손의 질량이 약 160GeV 근처의 큰 질량을 갖는다면 그림 22.8b에서처럼 벡터보손융합(vector−boson fusion)이 일어나면서 힉스 입자가 W와 W로 붕괴하는 것을 기대할 수 있다. 이는 벡터보손 융합과 힉스 결합세기를 알 수 있으나 쿼크와 경입자와의 결합세기는 알 수 없다.

다시 힉스 질량을 알면 타우−반타우(tau−antitau) 입자로 붕괴하는 것을 확인가능하다. $H_{\tau\tau}$를 알려면 그림 23.1의 여러 다른 다이어그램들의 각각의 기여를 알아야 되는데 이는 검출기와 충돌에 대한 많은 컴퓨터 시뮬레이션과 방대한 이론적 계산이 필요하다.

어떤 경우든 LHC에서 만들어지는 입자에 대한 제한된 정보를 주는 것은 분명하다. 특히 LHC에서는 양성자−양성자 충돌에서 생성되는 복잡하고 많은 최종 입자들 중에서 B 중간자를 확인하기 어렵기 때문에 H_{bb} 세기를 결정하는 것은 매우 어렵다. 현 표준 모형의 하나의 힉스입자가 아니고 두 개의 힉스 보손을 가정한 이론에서는 한 힉스 보손

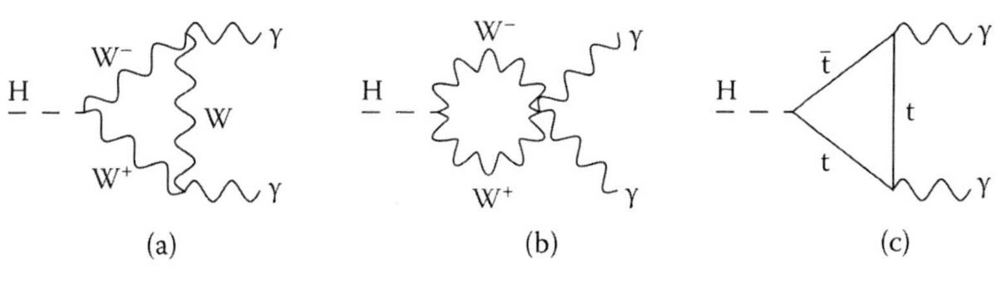

그림 23.2 힉스의 두 개의 광자로의 붕괴를 나타내는 파이만 다이어그램. 주요한 붕괴양식은 (a)와 (b)의 W보손을 포함하는 다이어그램이고; (c) t쿼크가 관여하는 붕괴는 반대부호 때문에 더 적은 기여를 한다.

은 b쿼크와 결합하고 다른 힉스 보손은 t쿼크[6]와 결합한다. 어떻게 표준 모형이 아닌 이런 이론을 이야기할 수 있을까? 우리는 b쿼크, t쿼크와 힉스 보손의 결합에 관한 자세한 정보가 필요할 것이다. 그리고 논의 되고 있는 고에너지 전자-양전자 충돌 가속기(ILC)에서 생성될 힉스 상호작용에 대한 더 좋은 정보를 얻기 더 쉽다는 것은 자명하다.

노트(NOTES)

❶ CERN Press Release PR14.08, 16.10.2008은 온라인 주소 http://public.web.cern.ch/press/PressReleases/Releases2008/PR14.08E.html 에서 가능하다.

---

6 우연히 이것 때문에 b쿼크가 왜 t쿼크 질량보다 적은지를 설명할 수 있었다.

CHAPTER 24

미래의 가능성

24.1 다중 힉스 모델

우리는 전자기 상호작용에 대해서 1개의 게이지 보손(gauge boson), 약 상호작용에 대해서는 3개의 게이지 보손, 강 상호작용에 대해서는 8개의 게이지 보손이 있다는 것을 이미 언급하였다. 이러한 게이지 보손의 개수는 게이지 대칭성(gauge symmetry)으로 정해진다. 이러한 게이지 대칭성에 의해 각각의 상호작용의 특성이 나타난다. 한편 페르미온 그룹(fermion families)이 몇 개 인가?에 대한 이론직 근거는 없다. 각 그룹은 두 개의 경입자(하나의 하전된 경입자와 중성미자)와 두 개의 쿼크(2/3 전하를 갖는 쿼크와 -1/3 전하를 갖는 쿼크)로 구성된다. 우리는 쿼크와 경입자로 된 3개의 페르미온 그룹이 있다는 것을 안다. 우리는 이러한 숫자가 왜 3개인가에 대한 이론적인 근거는 없지만 3개의 그룹이 있어야만 Cabibbo–Kobayashi–Maskawa 혼합 행렬에서 CP 깨짐을 잘 설명할 수 있다.

또 하나 페르미온에 관해 언급할 일은 힉스 장의 수를 이론적으로 정할 수 없다는 것이다. 그래서 우리는 왜 힉스 입자가 꼭 하나만 있어야 하는가? 라고 물을 수 있다. 하나의 힉스는 가장 간단하게 설명할 수 있는 방법이어서 표준 모형에서 인정되고 있지만 꼭 힉스 입자가 하나여야 한다는 것은 아니다. 실제로 초기 표준 모형이후로 여러 힉스 입자에 관한 이론들이 연구되고 있다.

가장 많이 연구되고 있는 경우는 기존의 표준 모형 장들에 여분의 이중-스칼라(extra scalar doublet) 하나를 더하여 두-힉스-이중 모델(two-Higgs-doublet model)를 연구하는 것이다. 간단한 이 모델은 표준 모형과 구분할 수 있는 여러 흥미로운 특성을 가지고 있다. 첫째로 표준 모형의 하나의 힉스 입자 대신 3개의 중성 스칼라 입자와 2개의 하전된 스칼라 입자가 존재한다는 것이다. 왜 이렇게 되는가를 이해하기 위해서는 다시 표준 모형로 되돌아가야 한다. 힉스 기법(Higgs mechanism)이 없었다면 $W^+ W^-$ 및 Z 보손들은 표준 모형에서 질량이 없어야 하고 각각 두 개의 횡 편극(transverse polarization)만을 갖는다. 힉스 기법에 의해서 $W^+ W^-$ 및 Z 보손들은 질량을 갖게 되었고, 각각 3개의 편극(2개는 횡 편극, 하나는 새로운 장 편극)을 가지게 된다. 어떻게 이런 것이 가능하게 될까? 힉스 장(Higgs field)은 4개의 성분을 가지고 있다. 두 개는 전기를 띄고 있고, 두 개는 중성이다. 자발적 대칭 깨짐(spontaneous symmetry breaking)이 있게 되면 게이지 대칭성은 숨겨진다; 두 개의 전기를 띤 성분과 하나의 중성 성분은 $W^+ W^-$ 및 Z 보손들의 장 성분(longitudinal components)으로 바뀌고 네 번째(중성의) 성분은 힉스 입자가 된다. 두개의 이중-힉스(two-Higgs-doublet) 모델에서는 모든 것이 두 배가 된다. 4개의 전기를 띤 성분들이 존재하고 이 중 두 개는 전기를 띤 W 보손이 되고 나머지 두 개는 스핀이 없는 전기를 띤 입자-반입자 쌍으로 존재한다.[7] 이는 표준 모형과의 첫 번째 차이점이다. 즉 두 개의 힉스 스칼라 모델에서는 두 개의 전기를 띤 스칼라 입자가 존재하지만 표준 모형에서는 없다. 또한 아직 4개의 중성의 스칼라 성분들이 존재한다. 하나는 Z 보손으로 바뀌고, 나머지 3개의 성분은 중성의 스칼라 입자로 존재한다. 하지만 표준 모형에서는 단 하나의 입자 즉 힉스 입자가 존재한다. 이는 매우 흥미로운 가능성을 불러일으킨다. LHC에서 하나가 아니고 5개의 힉스 스칼라입자가 발견되어야 하고 혹은 심지어 그 이상의 힉스 스칼라 입자가 발견될 수 있다는 것이다.

새로운 입자가 존재한다는 것은 이들(새로운 입자)이 상호작용과정에서 가상입자(virtual particle)로 적용이 가능하다는 것을 뜻한다. 하지만 가상입자로 작용한다 하더라도 새로운 입자들의 특성은 큰 영향을 미치지 않는다. 예를 들면 어떤 이론적 제한이 없을 때 두 번째 이중 스칼라 입자(scalar doublet)가 존재하면 중성의 힉스 입자는 d 쿼크와 $\bar{s}$ 쿼크와 결합한다. 이런 가능성은 맛-변환 중성 스칼라 전류(flavor-changing neutral scalar currents)로 알려졌다. 이러한 맛-변환 중성 스칼라 전류는 그림 24.1에 나타냈고, 기존의 $K\bar{K}$혼합($K\bar{K}$ mixing)에도 영향을 미친다. B, B_s 및 D 등의 입자-반입자 중성 시스

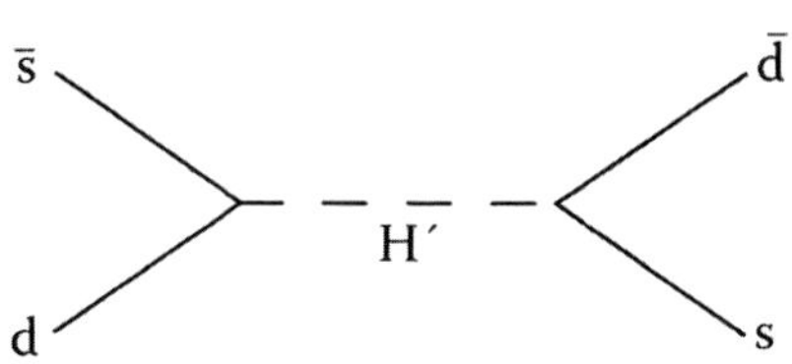

그림 24.1 $K\bar{K}$ 혼합을 매개하는 기본 수준(tree-level)의 맛깔 변환(flavor-changing) 중성 스칼라 전류(neutral scalar currents).

7 스칼라(scalar) 입자는 스핀이 영인 입자를 말하는 것을 기억하라.

템(particle–antiparticle neutral systems)에서도 비슷한 다이어그램이 혼합(mixing)에서 역할을 할 것이다. 혼합은 작게 일어나고 표준 모형의 환 효과(loop effects)에 의해 잘 설명되므로 이러한 새로운 다이어그램에 의한 기여는 매우 제한적일 수밖에 없다. 새로운 입자의 질량이 매우 크거나 결합이 매우 적거나(거의 영) 아니면 양쪽이 모두 성립하는 경우에는 기여가 거의 없다. Paschos 뿐만 아니라 이와 독립적으로 Glashow와 Weinberg는 새로운 불연속적인 대칭성을 도입하여 한 힉스 장은 u 쿼크에 결합하고, 다른 힉스 장은 d 쿼크에 결합할 수 있다는 가능성을 제안하였다. 비록 그들이 정확히 똑 같은 제안을 하였고, Physical Review의 같은 저널에 연속으로 게재되었지만 Paschos의 논문은 270번 인용되었고, Glashow와 Weinberg(모두 노벨상을 받음)의 논문은 약 940번 인용되었다. 결국 과학은 인간 경험의 일부이다(Science is , after all, part of the human experience).[**역주:** 이에 대하여 저자의 한분인 Joao P. Silva는 같은 주제의 논문을 제출하였지만 인용 회수가 많은 것은 사람들은 그 만큼 더 과학적 업적을 인정한다는 뜻이라고 개인적으로 언급하였음]

흥미롭게도, 두–힉스–이중모델(two–Higgs–doublet model)에서는 T. D. Lee에 의해 처음 언급되었던 것처럼 자발적 CP 깨짐이 허용된다. 이 아이디어는 모델을 기술하는 방정식이 CP 변환에 불변이지만 진공 이론(the vacuum of theory)에서는 불변이 아니라는 것이다. 두 스칼라의 진공 기대치는 상대적 위상을 가지고 있어서 CP 깨짐을 허용한다. 반대로 현재의 표준 모형에서는 CP 깨짐이 힉스 보손과 쿼크의 결합에서 명확하게(explicitly) 작용된다. 이로 인하여 Cabibbo–Kobayashi–Maskawa 행렬에 위상이 들어간다. 이는 명확한 CP 깨짐(explicit CP violation)으로 알려져 있다. 이들 두 가능성 즉, Kobayashi, Maskawa의 명확한 CP 깨짐과 T. D. Lee에 의한 자발적 CP 깨짐이 모두 1973년에 제안되었다는 것은 역사적으로 흥미롭다.

두개의 힉스-이중모델로는 자발적 CP 깨짐과 맛-변환 중성 스칼라 전류에 의한 상호작용을 제한해야 하는 것을 동시에 만족하기는 어렵다. 1976년 Weinberg는 이 문제를 해결하기 위하여 3개의 힉스-이중모델을 사용하였다. 이 모델은 4개의 하전(charged) 스칼라를 이용하는데 이들 하전 스칼라는 두 개의 입자-반입자 쌍으로 나타난다. 이들은 혼합될 수 있고 이러한 혼합에서도 새로운 CP 깨짐이 발생된다. 더하여 이 모델은 5개의 중성 스칼라를 포함하고 있다.

일반적으로 이중-힉스(Higgs doublet)의 개수(any number)는 얼마든지 가능하다. 그러나 우리는 현재 그 숫자가 얼마인지 모른다. 이것이 LHC와 제안된 ILC 프로젝트가 찾아야 할 목표다.

24.2 ILC의 중요성과 더 시험해야 할 필요성

힉스가 일단 검출되면 힉스의 또 다른 특성들을 검증해야 한다: 예를 들면 힉스의 붕괴 너비(decay width), 특정 상태로의 붕괴비율, 게이지 보손과 결합 세기, top 쿼크와 결합 세기, 힉스 자신과의 결합 세기, 힉스의 스핀, 힉스 패리티(parity), 그리고 CP 양자수 등이다. 측정 할 수 있는 특성은 발생메커니즘, 붕괴 과정, 그리고 힉스 질량에 달려있다.

23장에서 언급한 것처럼 LHC에서 측정할 수 없는 몇 개의 힉스 결합 세기들이 있을 가능성이 있다. 그 문제의 일부는 LHC에서 충돌하는 양성자가 쿼크로 구성되었고, 또한 글루온 또한 쉽게 알 수 있는 정도가 아니기 때문이다. 두 양성자끼리 충돌하면 한 양성자 내의 쿼크와 글루온이 또 다른 양성자 내의 쿼크와 글루온과 충돌하므로 매우 복잡한 충돌이 된다. 충돌하는 알갱이(partons: 쿼크와 글루온)들의 에너지는 정확하게 측정할 수 없고 상호작용 데이터에서 얻을 수 있는 정보도 제한적이다.

반대로, 전자와 양전자는 기본입자이고 각각 충돌 할 때의 에너지를 매우 정밀하게 측정할 수 있다. 이런 환경 하에서는 충돌에서 발생되는 입자들 예를 들면 힉스 입자같은 입자들의 연구도 더 잘할 수 있다.

ILC는 International Linear Collider의 약자이다. 이 가속기는 대략 길이가 30 km이고, 전자와 양전자의 충돌에너지가 총 500 GeV로 계획되어 있다. 주된 부품은 250 GeV까지 전자를 가속시키고 양전자 또한 250 GeV까지 가속시킬 수 있는 두 개의 충돌형 선형 가속기이다. 이는 LHC보다 더 비용이 많이 들 것이기 때문에 아메리카, 유럽, 그리고 일본 등이 공동으로 참여하는 국제적 시설일 수밖에 없다. 이 프로젝트가 승인된다면 2020년대까지 가동을 시작할 수 있을 것이다.

ILC에서는 글루온−글루온 융합(gluon−gluon fusion) 과정이 없다. 힉스는 주로 그림 22.6에서 처럼 LEP에서와 같은 과정을 통하여 발생된다: 예를 들면 Z 입자와 관련된 힉스 발생, 혹은 WW와 ZZ 융합을 통하여 발생된다. ILC에서는 힉스 보손의 결합 세기들을 정확히 측정할 수 있을 것이다. HZZ와 HWW같은 결합 세기는 약 2%까지 정확하게 측정할 수 있다. Htt, Hbb, Hcc 및 $H\tau\tau$ 결합세기도 몇 % 이내의 정확도로 측정할 수 있다. 또한 표준 모형에 의하면 3개의 힉스보손 사이 상호작용 소위 HHH결합(HHH coupling)도 가능하다. 이는 약 10%에서 20%까지 정확도로 측정할 수 있고, 이는 힉스 보손이론을 다른 방법으로 검증할 수 있는 수단이다.

ILC의 가장 중요한 점은 미지의 세계에 대한 새로운 창을 제공한다는 것이다. 역사적으로 새로운 기계가 나오면 미지의 영역으로의 새로운 창이 형성되었다. 콜롬버스가 인도를 발견하기 위한 과정에서 아메리카가 발견된 것처럼 우리는 항상 예측되었던 반응들을 발견하면서 기쁨을 누리지만 새로운 것을 발견하는 기쁨을 얻기도 하였다.

음극선(cathode rays) 발견에 의해 톰슨(Thomson)은 전자를 발견하였다. 스펙트럼 연구에 의해 원자에 대한 힌트를 얻게 되었다. 우주선 검출기에 의해 양전자와 뮤온, 파이온 그리고 기묘입자(strange particles)를 발견하는 계기가 되었고, 이러한 여러 입자가 발견됨으로서 입자가속기는 입자 동물원(zoo)이 되었다. 더 높은 충돌에너지에 도달되면 새로운 수수께끼가 일어나고 새로운 발견이 일어나게 되었다: 예를 들면 여러 종류의 쿼크, 3번째 그룹의 페르미온, W와 Z 게이지 보손 등의 발견이다. 최근 10년 동안 새로운 시스템에서 CP 깨짐이 일어나는 것이 발견되었고, 중성미자는 질량이 있음을 알게 되었고 질량 기원 자체를 탐색하는 순간에 와 있다. LHC와 ILC가 얼마나 새로운 것을 발견해 낼지 누가 알겠는가?

CHAPTER 25

결론

기본 입자들의 표준 모형은 1973년까지 완전히 완성되었다. 다음 10년의 실험에서는 표준 모형을 지지하는 여러 증거들이 나왔다. 이러한 증거들은 1973년 중성류 상호작용의 발견, 1977년 b 쿼크 발견, 그리고 1982년과 1983년에 각각 W, Z 입자 발견 등이었다. 차후 25년에서는 전 세계 모든 곳에서 표준 모형을 더 정밀하게 측정하려는 실험들이 진행되었다.

그러나 더 발견되어야 할 것들이 남아있다는 여러 이유가 있다. 표준 모형과 일치하지 않는 직접 관측된 사실이다: 예를 들면 영이 아닌 중성미자 질량이다. 중성미자 질량과 혼합각을 측정하는 새로운 실험들이 여러 나라에서 계획되고 있다. 중성미자 질량이 경입자 수(lepton number)의 깨짐(violation)과 관련이 있는지를 조사하기 위해 큰 질량을 갖는 여러 다른 동위 원소를 사용하는 실험에서 중성미자 없는(neutrinoless) 이중 베타 붕괴(double beta decay)를 찾을 계획입니다.

Cabibbo–Kobayashi–Maskawa(CKM) 행렬에 의해 주어지는 CP 깨짐에 대한 표준 모형은 지금까지 실험 결과와는 잘 일치한다. 하지만 이 이론에 대하여 정밀한 테스트는 아니었다. 어느 정도 더 높은 에너지 스케일에서 새로운 물리가 존재한다면 그러한 새로운 물리에서는 CP깨짐이 예측될 것이고, 가상 효과(virtual effects)로 인한 표준 모형과 작지만 의미 있는 차이가 발견될 것이다. 더 많은 b 쿼크를 포함하는 CP 깨짐 연구가 일본의 전자-양전자 충돌 가속기와 CERN의 LHCb 검출기에서 이루어 질 것이다. 중성미자 혼합에서 CP 깨짐이 발견될 가능성은 새로운 중성미자 실험에서 열리게 될 것이다.

표준 모형에서 아직 발견되지 않는 하나의 입자 즉 신기한 힉스 보손 입자가 남아있다.[**역주:** 2012년 7월 CERN의 CMS와 ATLAS검출기에서 힉스보손이 발견되었다] 지금까지 표준 모형이 성공하기 위해서는 힉스 입자가 필요했지만 왜 하나의 힉스입자만 존재해야하는지는 아직 모른다. 결국 6개의 쿼크가 존재하는데 왜 하나의 스칼라 보손(힉스 보손)만 존재할까? Geneva에 있는 CERN의 새롭고 큰 가속기 LHC의 주된 목표는 힉스보손을 발견하거나 힉스 입자의 특성을 연구하여 진짜 힉스 입자인지를 보는 것이다. LHC에서 힉스 후보가 발견되었다 하더라도 힉스의 다른 입자와 상호작용을 연구하는 것은 어려울 수 있고 힉스 입자가 요구하는 모든 성질을 가지고 있는지 즉 모든 질량을 가지고 있는 입자에게 질량을 주는지 설명하는 것은 어려울 수 있다. 이는 힉스 보손을 LHC에서처럼 많은 백그라운드 없이 연구할 수 있는 ILC(International Linear Collider) 즉 새로운 고에너지 전자-양전자 충돌 가속기가 필요한 이유이다.

뉴튼 이래로 과학의 주된 목표는 지구상에서 성립하는 똑 같은 물리법칙을 사용하여 우주를 이해하는 것이다. 여기서 주된 문제는 은하를 구성하는 대부분의 물질[**역주:** 암흑물질]이 지구상에서 발견되는 물질로 구성되지 않는다는 것이다. 우리는 일반적으로 이 암흑물질이 WIMP (Weakly Interacting Massive Particles)처럼 우주 초기에 만들어진 것이라고 믿고 있다. 우리는 이런 입자들이 LHC의 높은 에너지 충돌에서 발생되기를 바라고 있다. 또 다른 의문은 우리 우주가 왜 물질로 이루었고 반물질로 이루어지지 않는가이다; Sakharov에 의한 제안은 이러한 물질-비물질 비대칭성은 우주 초기의 CP 깨짐 때문이라는 것이다. 그러나 이러한 표준 모형의 CP 깨짐은 물질-반물질 비대칭성에 대하여 충분한 이유가 되지 못하고 오히려 다른 CP 깨짐의 현상에 관심을 갖는 이유가 되었다.

표준 모형을 넘어서는 많은 이론들이 있다. 가장 흔한 예는 초대칭(supersymmetry)이라 부르는데 여기서는 표준 모형에서 나오는 모든 입자들에 대한 다른 스핀을 갖는 짝의 입자들이 존재한다는 것이다. 지금까지 이러한 짝의 입자들이 전혀 발견되지 않았지만 이러한 짝의 입자 중 가장 가벼운 입자는 WIMP이다. 또한 끈 이론(string theory)과 여 차원(extra dimension)의 이론에 대한 여러 논문과 책들이 있지만 이들에 대한 실험적 증거는 분명하지 않다.

21세기의 여러 발견들을 되돌아 볼 때 실험과 이론이 서로 앞서거니 뒤서거니 하면서 과학의 발전이 이루어졌음을 알게 된다. 파울리(Pauli)의 중성미자 이론처럼 어떤 이론은 특별한 실험적 문제를 설명하기 위한 시도로부터 나왔고; 약한 상호작용의 Weinberg의 게이지 이론(gauge theory) 같은 이론은 이론적 논쟁으로부터 출발하였다. Rubia의 W, Z 보손(boson)을 찾는 실험 같은 경우는 이론을 시험하기 위하여 출발하기도 하고, 어떤 실험은 우주선에서 기묘입자들을 발견하기 위한 실험처럼 어떤 현상을 잘 살피기 위한 것일 수 있다. 우리는 21세기를 앞당겨 볼 때 다음 큰 발견이 무엇인지 말할 수는 없지만 이론과 실험이 서로 영향을 미치면서 흥미롭고 새로운 결과가 도출될 것이라는 것을 확신할 수 있다.

부록

부록 1. 21세기 중요한 실험들

부록 2. 재규격화, 변하는 결합상수, 그리고 대 통일 이론

부록 3. 복소수, 복소장, 게이지 불변

부록 4. 단위행렬

부록 5. 특수 상대성 이론에서 에너지와 운동량 보존과 불확정성 원리

부록 1.
21세기 중요한 실험들

여기서는 현 세기의 초기 십년동안 준비되고 있는 중요한 실험의 리스트이다. 이 여러 실험들로부터 다음 이십년 동안 흥미로운 결과가 나올 것이다. 이 실험들의 목표는 B, C, D 부분에서 논의 되었다.

A1.1 대형 강입자 충돌형가속기

양성자들은 어떠한 앞선 실험보다도 한 단계 더 큰 에너지의 양성자와 충돌한다. 두 개의 거대한 검출기 CMS와 Atlas는 충돌에 의해 발생되는 많은 입자들을 분석할 것이다. 기대하는 것은 전에 결코 검출되지 않았던 근본 입자에 대한 증거를 발견하는 것이다. 특히 표준 모형에서 빠진 고리 역할을 하는 힉스 보손을 발견할 것으로 기대된다.[**역주:** 2012년 7월 CMS와 Atlas에서 힉스 입자 발견했다고 발표함] 첫 결과는 몇 년 안에 나올 것이다.

A1.2 국제 선형 가속기

이것은 전자와 양전자를 전의 전자-양전자 충돌형가속기(LEP)보다

5배 더 큰 에너지로 서로 충돌시키는 것이다. 주된 목표는 강한 상호작용 때문에 발생되는 LHC에서처럼 큰 백그라운드(background)문제 없이 LHC에서 발견된 어떤 새로운 입자를 연구하는 것이다. I LC를 언제 어디에다 만들 것인지는 LHC의 결과에 따라 달라질 것이다.

A1.3 KEK 거대 B 공장(Super B Factory)

이것은 B 중간자를 생성하기 위해 디자인된 전자−양전자 충돌형기속기이다. 이는 일본의 KEK 전 실험보다 빔 밀도에서 10~100배 더 업그레이드시킨 것이다. 목표는 CP 깨짐을 더 정확히 측정하여 표준모형 이상의 물리 가능성을 살피려고 한다. 이는 2012년 시작하려고 한다.

A1.4 LHCB

이는 LHC에서 양성자−양성자 충돌에서 생성되는 B와 B_s 중간자를 연구하기 위하여 특별히 디자인된 검출기이다. 이는 KEK B 공장(factory)과 같은 목표를 가지고 있지만 B_S 중간자 혼합(mixing)에서 CP 깨짐 연구를 할 수 있을 것이다. 또한 많은 B 중간자들이 주어진다면 희귀 반응들도 찾을 수 있을 것이다.

A1.5 일본 양성자 가속기 연구 복합시설

일본에 있는 새로운 고 강도(high intensty) 양성자 가속기를 사용하여 많은 수의 K 중간자를 만들려고 하는 것이다. 목표는 표준 모형의 CP 깨짐을 시험하기 위해 사용되는 아주 희귀한 붕괴를 찾는 것이다.

A1.6 중성자의 전기 쌍극자모멘트 탐색

미국 Oak Ridge의 증발 중성자 발생장치(spallation Neutron Source)로부터 중성자를 액체 헬륨 통에 채우고 큰 자기장과 전기장을 가하는 것이다. 목표는 중성자의 전지 쌍극자 모멘트를 전의 실험보다 백배 더 큰 민감도(sensitiviy)로 측정하는 것이다. 만일 영이 아닌 값이 나온다면 이는 시간 역행 위반(time−reversal violation) 일 것이고 이는 CP 깨짐의 표준 모형과 맞지 않는다.

A1.7 중성미자 없는 이중 베타 붕괴(double beta decay) 탐색

중성미자 방출 없고 두 개의 전자만 방출하는 붕괴를 찾기 위해 여러 동위원소(isotopes)를 이용하는 실험이 진행되고 있다. 이 실험들은 이탈리아, 캐나다 및 지하 깊숙한 곳에 위치해 있고 미국에서는 아주 크고 새로운 지하 검출시설이 만들어지고 있다. 목표는 중성미자 질량의 핵심요인이 되는 새로운 물리를 발견하는 것이다.

A1.8 원자력발전소 중성미자 진동

원자력발전소에서 2 km 떨어진 곳에서 반중성미자가 얼마나 없어지는가를 검출하기 위하여 설계된 실험들이 프랑스 Chooz 발전소와 중국의 Daya Bay 발전소 근처에서 진행되고 있다.[**역주:** 2019년 현재 Chooz 실험은 끝났다] 목표는 중성미자 혼합 행렬의 한 원소(element)의 크기를 정하는 것인데 지금까지는 너무 그 크기가 작아서 측정하지 못하였다; 이는 CP 깨짐을 알기 위해서도 필요한 원소이다.

A1.9 장거리 중성미자 진동

이 실험들은 현재 일본의 새로운 가속기로부터 나오는 뮤온 중성미자 빔을 SuperKamiokande[**역주:** 일본의 카미오카(kamioka)에 있음] 검출기로, 미국의 Fermilab로부터 Minesota로, LHC로부터 Grand Sasso로 중성미자 빔을 보내 주고 있다. 아직 더 크고 긴 심지어 1,000 km이상의 먼 곳까지 중성미자를 보내려는 실험도 계획 중이다. ν_μ 중성미자에서 ν_e 중성미자로의 진동이 에너지와 거리에 따라 어떻게 변하는지를 연구하면 쿼크 혼합에서처럼 중성미자 혼합에서도 CP 깨짐을 측정할 수 있을 것이다.

A1.10 ICECUBE와 KM3NET

이들 실험은 1 입방 제곱킬로미터(km^3)의 물을 이용하여 바깥 우주에서 오는 고에너지 중성미자를 검출하는 실험이다. IceCube는 남극에 있고, 물은 얼음형태이다. 하지만 KM3NET는 지중해 속에 있다. 목표 중 하나는 고에너지 물질이 방출되는 소스(source)로부터 나오는 감마선을 관측하는 것이고 또 다른 목표는 암흑 물질의 소멸(annihilation)에서 나오는 중성미자를 검출하려는 것이다.

부록 2. 재규격화, 변하는 결합상수, 그리고 대 통일 이론

파인만 다이어그램에서 움직이는 자유 전자는 직선으로 표현되고, 자유 광자는 파동치는(wiggly) 선으로 표현된다. 전혀 상호작용이 없다면 이것이 전부이지만, 실제로는 상호작용이 있다. 우리가 검출하는 입자는 실제 상호작용에서 나타나는 입자이지 자유 입자(free paticle)는 아니다. 결과적으로 입자선들과 상호작용을 기술하는 정점은 그림 A2.1a와 b에서처럼 다이어그램으로 인한 문제점들이 발생한다.

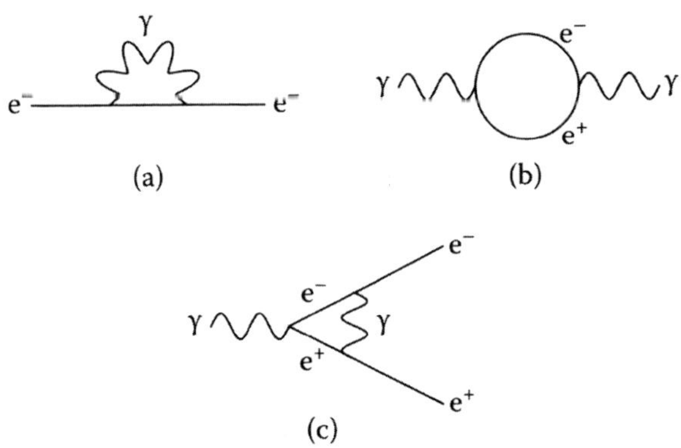

그림 A2.1 추가적인 효과를 나타내는 파인만 다이어그램들: (a) 전자 자신에너지(electron self-energy), (b) 광자의 자신에너지, 그리고 (c) 정점 수정(vertex correction)

그림 A2.2 전자의 전파(propagation)를 나타내는 파인만 다이어그램들. 첫항은 자유전자에 대응되고, 두 번째 항은 첫째 항에 대한 섭동항(perturbation), 그리고 더 높은 차수의 섭동항등이다. 무한히 많은 항들이 존재한다.

첫 번째 다이어그램을 보자. 우리는 다음과 같은 규칙을 가지고 파인만 다이어그램을 소개하였다: 전자는 직선으로 그린다. 하지만 지금은 상호작용이 고려되었을 때는 이 규칙으로는 충분하지 않다. 또한 그림 A2.1a에는 광자 항도 있다. 따라서 전자는 이제 그림 A2.2처럼 어떤 그림들의 합으로 표현된다. 따라서 상호작용이 있는 경우에는 자유 전자 같은 입자는 없다. 양자 장은 광자를 생성하거나 없앨 수 있기 때문에 상호작용하는 전자는 항상 진공에서 계속적으로 나타났다 사라졌다 반복하면서 가상 광자 구름으로 둘러 쌓여있다. 물리적으로 상호작용하는 전자는 주변에 광자로 둘러 쌓여있다고 말할 수 있다. 반대로 아무것도 없는 알몸 전자(bare electron)를 자유전자(free electron)라고 한다. 얼마나 부끄러울까? 우리는 전자를 끊임없이 공중으로 광자를 올렸다가 다시 받는 마술사로 생각할 수 있다.

파인만 다이어그램과 수학적 규칙 사이의 연결을 말하자면 그림 A2.2의 첫 그림은 전파(propagation)와 관련 있고 알몸 전자(bare electron)의 질량과 관련 있다. 알몸 전자의 질량을 m_0라 표기하는데 여기서 아래첨자 0는 알몸 혹은 상호작용이 없음을 뜻한다. 전파(propagation)는 상호작용에 의해 영향을 받기 때문에 전자의 질량 또한 상호작용에 의해 영향을 받는다. 물리적으로 측정 가능한 전자(physical electron)는 우리가 처음 출발했던 알몸 전자가 아니고 물리적 질량(physical mass) m 을 갖는다. 그림 2.2에서 물리적 질량이 알몸 전자와 어떻게 연관되

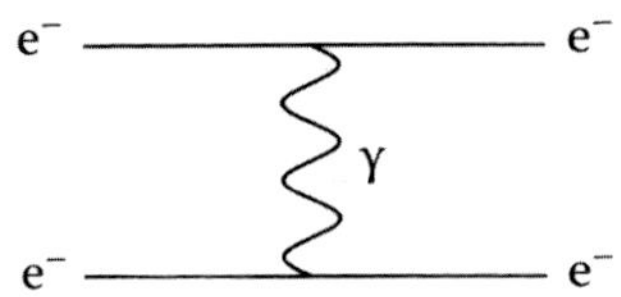

그림 A2.3 두 전자 사이 상호작용을 나타내는 파인만 다이어그램.

는지 보여준다. 문제는 우리가 알몸 전자에 접근할 수 없다는 것이다. 그것은 측정할 수 없다. 실제로 상호작용하지 않는 전자는 없다. 단지 우리는 물리적 질량만 측정할 수 있다. 하지만 그림 2.3의 다이어그램에 대응하는 계산을 할 때는 알몸 전자 질량으로 계산한다. 따라서 실제 계산에서 다음 3단계의 과정으로 계산을 한다: (1) 알몸 전자 질량으로 물리적 반응을 계산하기 위하여 그림 A2.3에 있는 것 같은 다이어그램과 더 복잡한 다이어그램을 사용하고; (2) 알몸전자 질량 m_0를 물리적 전자 질량 m 과 연관시키기 위하여 그림 A2.2를 사용하고; (3) 두 계산을 합하여 물리적 전자 질량 m 으로 물리적 반응을 표현한다. 이 과정은 재규격화(renormalization)로 알려졌다.

당연히 그림 A2.1b은 비슷한 문제가 광자와 관련하여도 존재함을 기술하고 있다. 광자는 전자–양전자 쌍을 만들 수 있고 후에 그것을 다시 재흡수할 수 있다. 광자는 전하에 따라 다를 수 있지만 전자기 상호작용을 하기 때문에 이 그림은 전하 재규격화를 암시한다. 즉 우리는 이론을 알몸 전하(bare charge)로 표현한다. 이는 4장의 그림 4.1과 그림 4.2의 다이어그램에서 나타났던 것이다. 하지만 그림 A2.1b에서는 알몸 전하에서 물리적 전하 e 로의 변화를 보여준다. 양쪽 계산을 합하면 물리적 전하 e 로 물리적 반응을 계산할 수 있다.

물리적 및 알몸 질량과 전하 사이의 관계를 같이 고려한 그림 A2.1c 에서는 실험적으로 측정 가능한 효과가 있는 정점 보정(vertex correction)

을 계산할 수 있다. 이 같은 아주 미세한 효과를 이론적으로 계산한 것과 이를 실험에서 측정하여 아주 정확하게 일치했다는 것은 모든 과학을 통틀어서 가장 큰 성공 중의 하나이다.

재규격화는 우리가 초기에 상호작용하지 않은 입자로 계산 규칙을 만들었기 때문에 필요하지만 실제 입자들은 상호작용하는 세계에서 존재한다. 이는 단순하게 보인다. 그러나 역사적으로 이는 엄청난 장애물이었다. 그 이유는 그림 A2.1의 다이어그램을 수학적으로 계산하면 무한대가 나온다. 어떤 물리적 반응이 일어날 확률을 계산할 때 다음과 같은 섭동적 확산(perturbative expansion) 방법을 사용한다: 연속적으로 점점 더 복잡한 항들을 계산한다. 그러나 다음 새로운 계산은 전하의 몇 제곱이 더 들어간다. 이 전하가 작다면 새로 계산할 항은 앞선 항보다 더 적을 것이다. 예를 들어 그림 A2.1c에 있는 정점 보정(vertex correction)은 그림 A4.2의 정점 계산보다 훨씬 더 작아야한다. 하지만 그 추정된 작은 보정 값이 무한대가 되어 버렸다! 이는 많은 과학자들을 당황하게 만들었다.

재규격화에 의해서 그 문제가 해결되었다. 양자 전기역학에서는 모든 무한대 문제는 알몸 매개변수(e_0와 m_0)와 물리적 매개변수(e 와 m) 사이 관계에서 밖으로 표출되지 않게 할 수 있다. 이는 알몸 매개변수를 측정할 수 없기 때문에 정밀한 측정과는 관계없다; 이들은 물리적 의미가 없다. 그러나 이는 많은 사람에게 모포아래 코끼리를 숨기는 것 같은 느낌을 주었다. 심지어 파인만 같은 물리학자도 많은 업적과 성과가 이 기술을 사용하고 발전시켜 나왔음에도 불구하고 이 이론이 수학적으로 옳지 않을 수 있다고 의심하였다. 이 방법의 철학적 해석과 관계없이 한 가지는 확실하다: 즉, 이 방법에 의해 인간이 지금껏 수행하였던 것 중 가장 정밀한 예측을 할 수 있었다. 새로운 해석이나 수학적

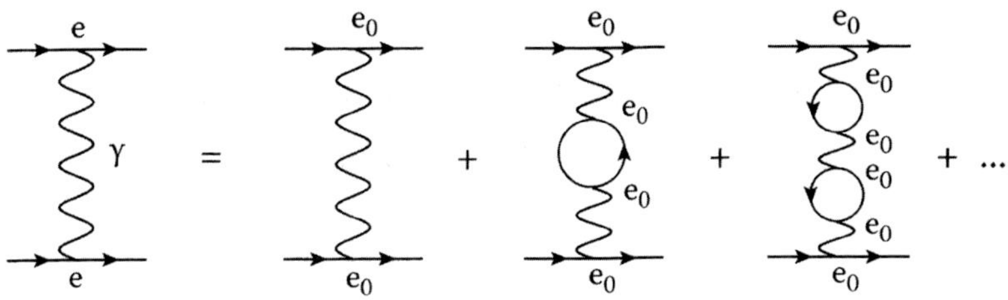

그림 A2.4 물리적 전하 e와 순수전하(bare charge) e_0 사이 관계.

진보가 무엇이든 간에, 이 방법들은 재규격화와 동등한 것을 포함할 것이다.

실제로 재규격화 방법을 구현할 수 있는 몇 가지 방법이 있다. 전하 재규격화는 진행 중인 실험의 에너지 크기에 의존한다고 말할 수 있다. 그림 A2.3의 기본 수준(tree-level) 다이어그램을 살펴보자. 우리는 이미 그 결과가 전하 e_0의 제곱에 의존한다는 것과 더 높은 차수(higher-order)의 다이어그램을 고려해야 한다는 것도 알고 있다. 실험에서 측정된 전하 e는 그림 A2.4에서 도식적으로 보여준 것처럼 이들 모든 다이어그램의 효과의 결과이다. 이것이 바로 우리가 언급했던 전하 재규격화이고 에너지 크기에 따라 달라진다. 따라서 어떤 에너지에서 측정된 전하는 또 다른 에너지에서 측정된 전하와 크기에서 일치하지 않을 것이다. 이를 두고 전하는 에너지 크기에 따라 달라진다고 말한다.

에너지와 이 효과를 직관적으로 이해할 수 있는 거리 크기 사이에는 어떤 관계가 있다. 전자의 파(electron's wave)를 생각해보자. 어떤 파장이 물체의 대상 크기와 비슷한 크기이면 그 파동으로 그 물체를 관찰할 수 있다. 파장이 너무 작으면 파동이 물체를 지날 때 거의 변하지 않을 것이고 물체를 더 이상 관찰할 수 없을 것이다. 그 파장이 너무 작으면 그 파동은 물체의 내부 구조를 볼 수 있을 것이다. 파동이 어떤 입자와 연관되어 있다면 드브로이(de Broglie) 관계식에 의해 파장은 입자의 운동량에 역으로 비례한다고 말할 수 있을 것이다. 따라서 운동량이 크면 클수록 더 작은 거리를 볼 수 있고, 더 작은 운동량일수록 더 큰 거리를 볼 수 있게 된다. 간단히 말해서 에너지와 거리 사이 관계를 이야기하고 있는 것이다: 더 작은 에너지로 실험하면 더 큰 거리를 볼 수 있을 것이고; 더 큰 에너지로 실험하면 더 작은 거리를 관찰할 수 있는 것이다.

전자를 보기 위하여 그림 A2.3에서처럼 가상 광자(virtual photon)를 통하여 또 다른 전자를 이용한다고 생각해 보자. 물리적 전자는 맨몸 전자(bar electron)와 같지 않다. 그림 A2.2에서 맨몸 전자는 가장 왼쪽의 직선으로 표현되었고, 물리적 전자는 모든 더 높은 차수(higher-order)의 다이어그램을 모두 합해야 한다. 복잡한 다이어그램에서는 그림 A2.5a에서처럼 전자–양전자 쌍의 많은 고리(loop)들이 있을 것이다. 각 전자–양전자 쌍에서 양전자는 처음의 전자에 가까이 가려할 것이다. 이는 그림 A2.5b를 보면 알 수 있다. 이를 우리는 전자 주위 진공은 편극되어 있다고 말한다. 낮은 에너지의 어떤 실험에서는 가상 광자가 전자–양전자 쌍에 의해 전자로부터 차폐된다; 따라서 가상 광자는

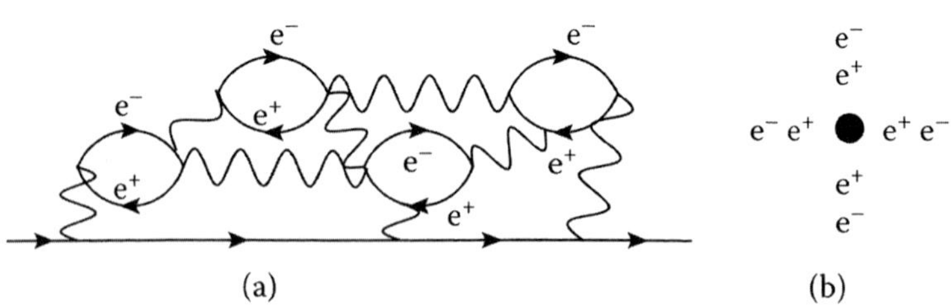

그림 A2.5 (a) 전하 재규격화(renormalization)와 관계되는 고차의 루프 다이어그램과 (b) 이를 진공 편극으로 해석하는 개념적 그림

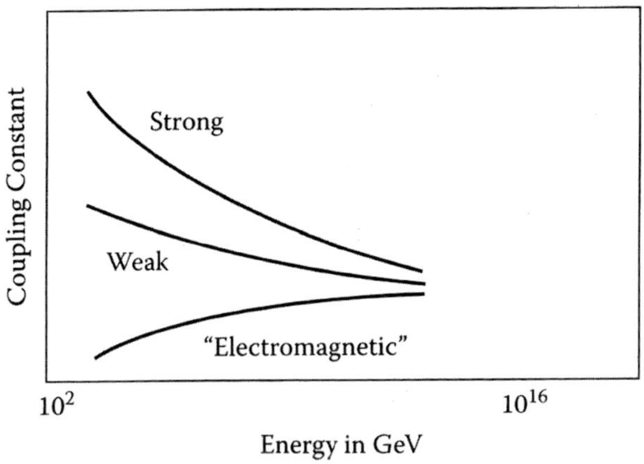

그림 A2.6 변하는 결합 상수의 도식적 표현

전자의 원래 전하보다 작은 전하만 느낀다. 높은 에너지 실험에서는 가상 광자는 전자주위에 있는 전자-양전자 쌍의 구름 속 깊이 들어올 수 있어서; 차폐가 그리 크지 않아서 전자의 전하를 많이 느낀다. 따라서 전자기 결합 상수는(대략적으로 물리 전하 제곱) 에너지가 커지면 증가한다. 이는 그림 A2.6에 대략적으로 그려져 있다.[1] 전자와 양전자가 충돌하여 뮤온-반뮤온 쌍으로 변하는 율을 측정하는 LEP의 전자-양전자 충돌형 가속기에서는 선사기 결합상수 α가 약 100 GeV에너지에서 1/128 임을 알 수 있었다. 반대로 더 낮은 에너지에서는 결합상수 α가 1/137 임을 알았다.[2]

---

1 그림 A2.6에서처럼 대응되는 결합 상수가 전자기 결합 상수보다 큼에도 불구하고 낮은 에너지에서 약 상호작용은 전자기상호작용보다 약하다. 이것은 전자기상호작용에 관여하는 광자가 질량이 영인 반면에 약 상호작용에 관여하는 W와 Z 입자들은 질량이 무겁기 때문이다. 가장 밑에 있는 곡선이 정확히 전자기 결합 상수에 일치하지는 않지만 거의 비슷하다.

2 CGS단위로 $\alpha = 2\pi e^2/(hc)$

반대로 강한 상호작용의 결합상수는 에너지가 커짐에 따라 줄어든다. 이는 양자 색역학(quantum chromodynamics: QCD)의 결과이고, 점근적 자유도(asymptotic freedom)라 부른다. 이는 강한 상호작용의 매개 입자인 가상 글루온 때문에 일어나는데 전자기 상호작용에 관여함에도 불구하고 전기 전하(electric charge)를 가지고 있지 않는 가상 광자와 반대로 가상 글루온은 강전하(strong charge)를 가지고 있다. 6.5절에서 언급한 것처럼 고에너지에서 강한 상호작용의 결합 상수가 적어질수록 젯트(jets)의 발생율 같은 고에너지 과정(process)을 계산하는데 섭동 이론을 사용하는 것이 가능하다. 큰 거리에 대응되는 낮은 에너지에서 결합상수는 쿼크의 제한성(confinement)에 대한 이유이다.

대단히 흥미로운 것은 에너지가 10^{16} GeV까지 높아지면 3개의 결합상수는 같은 값으로 일치하는 것처럼 보인다는 것이다.[3] 이 곡선들은 실제 존재하고 루프(loop)에 들어가는 입자만이 이미 알고 있는 입자라고 가정한 결과물이다. 어떤 이론 물리학자들은 이 곡선들을 보고 고에너지에서는 하나의 결합상수를 갖는 단 하나의 상호작용만 있다고 제안하였고 이로부터 낮은 에너지에서 3가지 결합상수가 나왔다고 추론하였다. 이런 아이디어는 대통일 이론(grand unified theory: GUT)이라 불렀다.

이 이론이 연구됨에 따라 양성자는 붕괴되어야 한다는 아주 흥미로운 예측이 나왔다. 예측되는 붕괴는 양성자가 양전자와 중성의 파이온으로 붕괴된다는 것이었다. 대형 물 Cerenkov 검출기를 만들어 이 양

---

[3] 3개의 결합상수는 강 상호작용 SU(3), 약 상호작용 SU(2), 결합상수 g 및 U(1) 결합상수 g′이다. W와 Z 입자의 질량보다 그리 높지 않는 에너지에서는 전자기 결합상수 $e = g'\cos(\theta_w) = 0.87g'$이다.

성자 붕괴를 찾고자 하였다. 지금까지 어떤 양성자 붕괴도 관측하지 못하였다; 하지만 이 검출기에서 C 절에서 논의된 중성미자 진동이 관측되었다.

부록 3.
복소수, 복소장, 게이지 불변

서로 관련된 두 가지 다른 방법으로 복소수를 표현할 수 있다. 복소수는 평면에서 화살표로 생각할 수 있다. 평면에 연직 축들이 주어지면, 화살표는 x축이나 y축의 성분으로 기술할 수 있다(그림 14.1 참조). 또한 복소수는 하나의 다이얼(dial)과 보통의 수(1, −1.1, 혹은 3/5 같은 실수)의 조합으로 생각할 수 있다. 다이얼은 화살표가 수평에서 얼마나 회전했는지를 보여주고, 복소수의 위상(phase)과 같다. 실수는 화살표의 크기를 나타내고, 복소수의 크기와 같다. 복소수 크기 V는 |V|로 표기한다. 위 두 가지 표현 사이 관계는 그림 A3.1에 나타내었다. 오른쪽으로 향하는 화살표(위상이 영)는 양의 실수에 대응되고; 왼쪽으로 향하는 화살표(위상이 180°)는 음의 실수에 대응된다.

복소수는 두 화살표를 더하는 것처럼 더한다. 이를 그림 A3.2에 나타내었다. 두 번째 화살표의 시작점은 첫 번째 화살표의 끝에 두면 된다. 두 화살표의 합은 첫 화살표의 시작부터 두 번째 화살표의 끝까지이다. 두 화살표의 덧셈 순서는 어느 것을 먼저 해도 상관없다. 어떤 방법으로 해도 똑 같은 결과가 나온다. 첫 번째 화살표와 두 번째 화살표 사이 각 차이(angle difference)는 위상차(phase difference)로 알려져 있다. 두

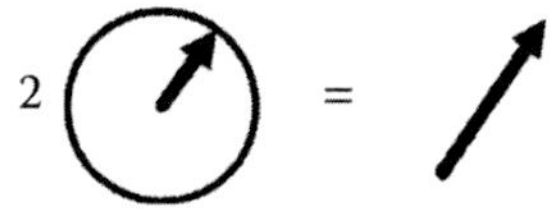

그림 A3.1 복소수를 수와 다이얼 혹은 화살표로 나타내었다. 예를 들면 여기서 복소수를 수 2를 곱한 다이얼로 나타내었다. 다이얼의 바늘(hand)은 단위길이를 갖는다.

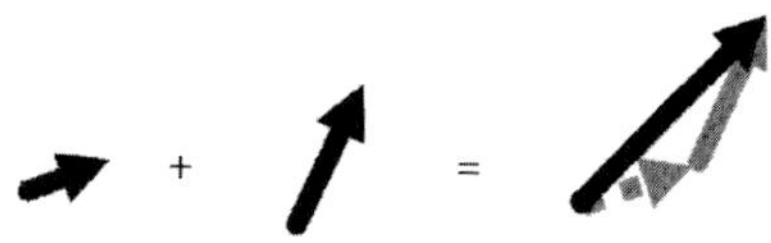

그림 A3.2 두 복소수의 합을 화살표로 표시

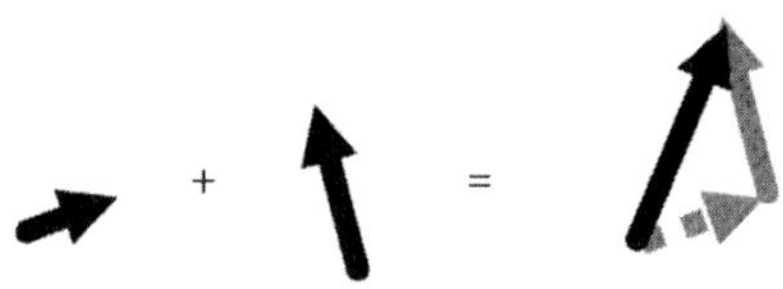

그림 A3.3 그림 A3.2의 같은 크기를 갖지만 다른 상대적 위상의 두 복소수의 합

화살표의 합의 크기는 분명히 이 위상차에 따라 다르다. 두 화살표가 같은 위상이면(같은 각만큼 회전) 두 화살표가 합해질 때 합의 크기는 첫 번째 화살표와 두 번째 화살표의 크기의 합이 될 것이다. 만일 그림 A3.3처럼 커지다면 두 화살표의 합의 크기는 더 작아질 것이다. 복소수 V와 이 복소수의 음인 -V를 더하면 아주 특별한 상황이 된다. 이 결과의 합은 쉽게 알 수 있는 것처럼 영(zero)이다. 이는 다시 강조할 만큼 중요하다. 두 복소수의 합의 크기는 그들의 상대적인 위상에 따라 달라진다. 이는 파와 관련하여 언급하였던 간섭 현상의 주된 요인이다. 또한 양자역학의 핵심-물질파의 연구-이기도 하다.

두 복소수의 곱은 수-다이얼 표현방법이 더 쉽다. 한 예를 그림 A3.4에 나타내있다. 두 복소수 곱의 크기(수 부분)는 단순히 각각의 크기의 곱이다. 두 복소수 곱의 위상(다이얼) 방향을 알기 위해서는 다이

그림 A3.4 두 복소수의 곱

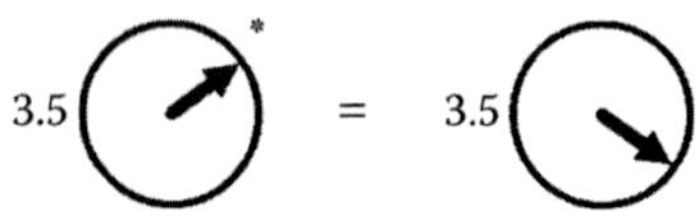

그림 A3.5 ∗로 표시한 복소수의 켤레 복소수(Complex conjugate)

얼을 첫 번째 복소수의 위상만큼 돌린 후 두 번째 다이얼의 위상만큼 돌리면 된다. 어떤 복소수를 크기 1인 복소수로 곱하면 (다이얼 그림으로서 알 수 있는 것처럼) 원래 화살표의 방향을 바꾸나 크기는 변하지 않는다. 크기가 1인 어떤 다이얼을 곱하는 것은 유명한 U(1) 변환이다. 디랙(Dirac)은 U(1) 변환 후에 파동함수의 물리적 의미(physical implications)는 변하지 않는다고 주장한다.

복소수와 관련된 마지막 연산은 켤레 복소수(complex conjugation)이다. 이 연산은 수평선[**역주:** 실수선]에 대하여 화살표를 대칭으로 반사시키는 것이다. 수-다이얼(number-dial)표현 방법에서는 수(크기와 같은)를 그대로 유지시키고 다이얼을 반대 방향(위상이 음이 되도록) 회전하는 것이다. 이는 그림 A3.5에 나타내었다. 어떤 복소수 V의 켤레 복소수는 보통 V^*(브이 스타로 발음함)로 표현한다.

우리는 복소수와 켤레 복소수를 곱할 수 있다. 어떤 다이얼[**역주:** 여기서는 복소수를 뜻함]에 켤레 복소수를 곱하면 화살표 크기의 제곱과 같은 수; 크기 제곱이 된다. 기호로는 $VV^* = |V|^2$ 으로 나타낸다.

2장에서 논의한 중요 양자 개념은 입자로 생각할 수 있는 전자, 광자 등이 있는데 이들은 파처럼 퍼져나간다는 것이었다. 그럼 여기서 질문

그림 A3.6 동시 다섯 개의 다른 위치에서 입자 파(particle wave)의 표시

은 파는 무엇인가이다: 시공간에서 파처럼 퍼져 나가는 것은 무엇인가? 그러한 질문은 19세기 초반 빛이 파동이라는 것이 영(Young)에 의해서 알려졌을 때 다른 관점(different context)에서 발생했었다. 그때 주어진 답은 모든 공간은 에테르(ether)라는 신비한 물질로 채워져서 물의 수면파처럼 진동한다는 것이었다. Maxwell과 Einstein의 연구 후에 에테르는 없다는 것이 명백하였다; 시공간에서 변하는 것은 전기와 자기장이었다.

입자 파(wave particle)는 양자 장(quantum field)으로 기술된다: 전자에 대한 양자 장 기호는 Ψ이고 광자에 대한 기호는 A이다. 양자 장 Ψ는 시공간의 모든 점에서 복소수로 표현된다. 크기의 제곱은 어떤 주어진 점에서 입자를 발견할 확률이고, 시공간에서 위상의 변화는 파의 성질과 관련이 있다. 이것을 그림 A3.6에 나타내었다.

어떤 입자파가 똑 같은 슬릿(slit) 두 곳을 지나 어느 정도 떨어진 곳에 설치된 스크린 A점에 도달했을 때 어떤 파괴적 간섭 문양(destructive interference)이 있을 수 있다. 이는 점 A에서 슬릿 1을 통과한 입자파의 위상이 슬릿 2를 통과한 입자파의 위상과 180° 차이가 난다는 것을 뜻한다. 예를 들면 어느 순간 입자파의 다이얼은 90° (3시 방향)이고 다른 것의 다이얼은 270° (9시 방향)일 수 있다. 두 슬릿은 통과하는 입자파의 진동수는 같기 때문에 점 A에서는 항상 위상이 서로 완전히 안 맞고 항상 어두운 점이 된다. 이러한 간섭 현상은 전자나 광자 등이 진공을 지날 때 파처럼 지나간다는 것을 증명해준다; 이러한 입자 파를

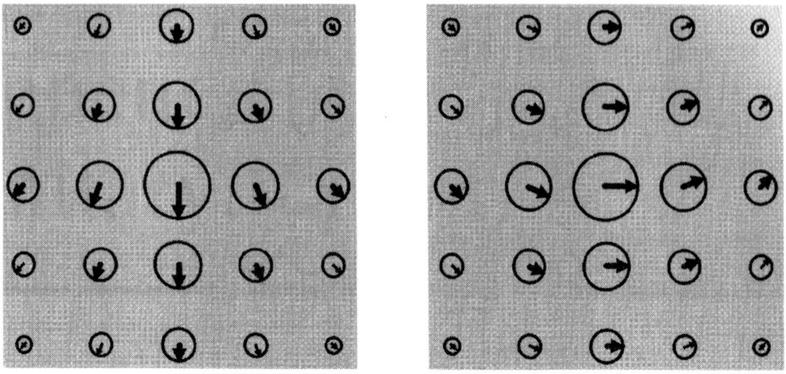

(a) (b)

그림 A3.7 정해진 시간에 공간의 함수로 같은 전자의 두 파동함수들. (b)의 파동함수는 (a)의 모든 다이얼을 90도 만큼 회전함으로서 얻어진다. 이러한 회전변환은 물리적 예측력에 영향을 미치지 않는다.

복소수(다이얼이나 위상)로 표현하는 것은 가장 편리한 방법으로 알려져 있다.

전자 장(electron field)의 위상을 공간의 모든 점에서 같은 양만큼 바꾼다면 물리는 변하지 않는다. 어떤 전자를 기술하는 파동함수를 모든 다이얼을 똑 같은 각도만큼 돌린 후의 파동함수는 같은 전자를 나타낸다. 그림 A3.7은 바로 이 핵심 아이디어를 나타내고 있다.

그림 A3.7a에 있는 다이얼의 장은 그림 A3.7b의 다이얼의 장과 같은 전자를 기술한다. 이는 글로벌 게이지 불변(global gauge invariance) 혹은 글로벌 U(1) 변환 하에 불변이라 부른다.[4] 약한 상호작용에 의해 전자로 붕괴하는 뮤온 또한 장(field)이 존재한다. 뮤온에 대한 물리가 변하지 않기 위해서는 뮤온 장의 위상이 전자 장처럼 똑같은 양만큼 변하는 것이 필요하다. 더 일반적으로 모든 하전 입자(charged particle)

4 여기서 게이지란 이름은 역사적 사건과 관련 있지 게이지 단어의 뜻과는 관련이 없다.

는 그들의 전하량에 비례하는 위상 변화에 대하여 변하지 않아야 한다. 전하 보존이 바로 이러한 글로벌 게이지 불변과 관련이 있다.

양자 전기역학(Quantum Electrodynamics: QED)에서는 국소 게이지 불변(local gauge invariance) 혹은 국소 U(1) 대칭성이라는 또 다른 대칭성이 있다. 이 경우에 변하는 위상의 크기가 공간의 위치마다 다르다. 그림 A3.8에서는 그림 A3.7에 있는 다이얼의 장으로부터 다이얼의 각(위상)이 위치마다 다르게 바뀌진 것을 보여준다. 양자역학에서 물리적 의미는 다이얼들 사이각의 다른 상대적 차이 때문에 부여된다. 원칙적으로 그림 A3.8은 그림 A3.7과 같은 전자를 나타내지 않는다. 우리는 모든 다이얼을 동일한 양만큼 회전시켜 글로벌 위상 변환을 할 수 있다. 하지만 다이얼 위치마다 위상을 다르게 변하게 하는 국소 위상 변환을 할 수는 없다. 그러나 전자가 광자와 상호작용할 때는 국소 위상 변환이 가능하다. 이는 게이지 변환이고 입자 물리학에서의 근본개념이다.

이를 설명하기 위하여 우리는 고전 전자기학에서 게이지 변환의 아

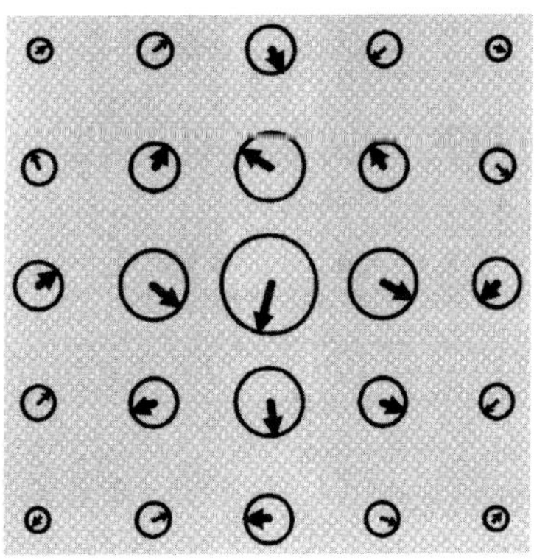

그림 A3.8 그림 A3.7에서 다이얼을 모두 다르게 회전 후 얻어진 파동함수. 이러한 변환은 국소 위상변환(local phase transformation)으로 알려졌다.

이디어에 대한 근본 개념으로 되돌아가야 한다. 전기장 E는 공간의 한 점에서 공간의 3가지 성분으로 표현된다; 자기장 B에도 똑 같이 적용된다. 각 장(field)은 3가지 공간 성분을 가지고 있기 때문에 총 6개의 함수를 알아야 한다. 그러나 Maxwell에 의해서 알려진 것처럼 E와 B는 서로 완전히 독립적이지 않다. 시간 공간의 4가지 함수인 A^0, A^1, A^2, A^3를 알면 E와 B가 시공간적으로 어떻게 변하는지를 알 수 있다. 이들은 보통 A^μ로 표기하고 4-벡터 포텐셜이라고 부른다. 사실 같은 E와 B에 대하여 연속적이고 무한대의 A^μ가 있을 수 있다. 이런 무한대의 A^μ 가능성 때문에 고전 전자기학의 대명사(curiosity)인 게이지 불변으로 알려지게 되었다.

이제, 양자이론으로 되돌아가면 전자 장(electron field)의 위상에 어떤 국소 변화가 있다면, 대응되는 광자장 A^μ의 변환이 있어야 한다. 하지만 QED의 기본 방정식들은 바뀌어서는 안 된다. 이는 A^μ의 어떤 위상 변화가 아니라 위에서 언급한 것처럼 고전적 게이지 불변성에 따라 주어진 선택에 의해 나타난 것이다. 이는 전자와 광자 사이에 어떤 상호작용을 하느냐에 따라 달라진다. 역사적으로 상호작용 형태는 고전 전자기학에서 출발하였지만, 이를 이야기하는 또 다른 방법은 이러한 국소 게이지 불변성을 먼저 주장하고 이에 따른 전자-광자 상호작용의 정확한 형태를 예견하는 것이다. 한편 상호작용 형태를 예측하는 게이지 불변성을 사용한 것은 표준 모형의 아이콘이 되었다.

부록 4.
단위행렬(unitary matrix)

행렬은 어떤 표에 숫자를 모아 놓은 것이다. 단위행렬의 숫자들은 특별한 특성을 갖는다: 즉, 숫자가 복소수이다. 또한 단위행렬에서는 숫자를 완전히 임의로 택할 수 없다. 일단 어떤 표에서 몇몇 숫자가 정해지면 모든 다른 숫자들은 즉시 정해진다. 따라서 단위행렬에 있는 숫자들은 그들을 개별적으로 취급할 수 없다. 그들 중 몇몇을 알면 다른 숫자들은 자동적으로 정해진다. 입자물리 여러 곳에서 단위행렬이 사용된다. 표준 모형의 게이지 대칭성 중 국소 대칭성에서 이들이 나타나고, 표준 모형에서 CP 깨짐을 표현하는 Cabibbo–Kobayashi–Maskawa 혼합 행렬(mixing matrix)에서도 나타난다.

A4.1 행렬은 표(table)이다

이 책에서는 단지 정방형 행렬(square matrix)만 사용한다. 정방형 행렬(square matrix)은 표 A4.1에서처럼 행(rows)과 열(columns)이 같은 표이다.

기호 V_{ij}는 i번째 행과 j번째 열에 있는 숫자를 뜻한다. 따라서 표

표 A4.1 유니테리 행렬의 가장 간단한 예

0.8	0.6
−0.6	0.8

표 A4.2 유니테리 행렬의 기호 표현

V_{11}	V_{12}
V_{21}	V_{22}

A4.2에 있는 4개 기호들은 표 A4.1에 있는 숫자를 뜻한다. 표 A4.1로 되돌아가서 기억해야 할 내용들은 다음과 같다. 모든 숫자들은 1보다 작다. 첫 행에 있는 숫자들을 제곱하여 모두 합하면 1이 된다. 두 번째 행에서도 똑 같은 결과가 일어난다. 이런 경우 행이 규격화되었다(normalized)고 말한다. 첫째 열 숫자들을 제곱하여 더하면 1이 된다. 똑 같은 결과가 두 번째 열에서도 성립한다. 이런 경우는 열이 규격화되었다고 말한다. V_{11}에 V_{21}을 곱하고 V_{12}에 V_{22}를 곱하여 그 결과를 서로 더하면 영(zero)이 된다. 비슷한 결과가 다른 열에서도 성립한다; 즉, 열은 직교(orthogonal)한다. 단위행렬은 복소수까지 포함하여 여기 표보다 더 복잡할 수도 있다.

A4.2 4개의 원소를 갖는 단위행렬: U(2)와 SU(2)

부록 3장에서 논의했던 다이얼(복소수)은 물리 여러 곳에서 사용된다. 어떤 경우에는 이들 다이얼 4개가 결합되어 그림 A4.1에서처럼 표로 만들어진다. 그림 A4.1에 있는 표는 단위행렬로 알려진 표의 특별한 경우이다. 이들 원소들(entries)은 복소수이고 다음 조건을 만족한다.

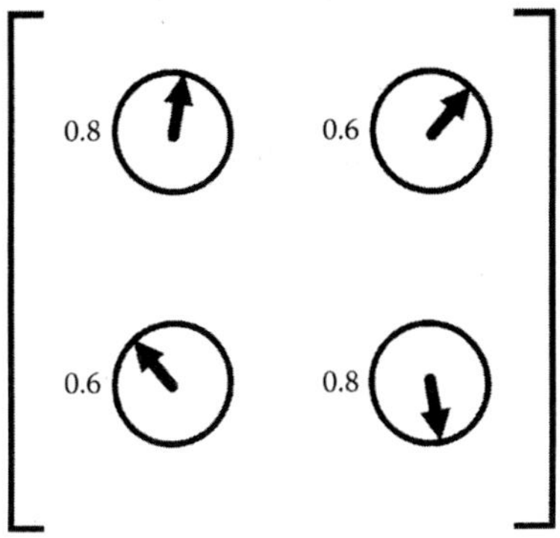

그림 A4.1 4개의 다이얼로 된 표. 첫 행 첫 열의 다이얼은 V_{11}이다. 첫 행 두 번째 열은 V_{12}이다. 두 번째 행의 다이얼들은 각각 V_{21}과 V_{22}로 표시된다.

$$|V_{11}|^2 + |V_{12}|^2 = 1$$
$$|V_{21}|^2 + |V_{22}|^2 = 1$$

이들 관계는 각각 첫 행의 규격화, 두 번째 행의 규격화로 알려져 있다. 첫 번째 식은 다음을 뜻한다: 첫 번째 행의 각 화살표의 크기를 제곱하여; 이들 두 결과를 합하면; 1을 얻는다. 두 번째 식은 두 번째 행의 화살표에 첫 번째 행과 똑 같은 연산을 하면 역시 1을 얻는다.

앞서의 특별한 유니테리 행렬에서 다이얼들은 다음 조건들을 만족한다:

$$|V_{11}|^2 + |V_{21}|^2 = 1$$
$$|V_{12}|^2 + |V_{22}|^2 = 1$$

이 조건들은 각각 첫 번째와 두 번째 열의 규격화로 알려졌다. 이들은 위의 행(row)에서의 의미와 같지만, 여기서는 같은 열(column)의 값에 해당한다. 행과 열의 규격화는 분명히 그림 A4.1에 있는 표에서도 알 수 있다. 실제로 각 열과 행에서 모든 규격화는 $(0.6)^2+(0.8)^2=1$.

마지막으로 단위행렬은 다음을 만족한다:

$$V_{11}V_{21}^*+V_{12}V_{22}^*=0$$
$$V_{11}V_{12}^*+V_{21}V_{22}^*=0$$

이 조건들은 각각 두 행과 두 열의 직교성(orthogonality)으로 알려져 있다. 첫 번째 식은 다음처럼 해석할 수 있다. V_{11}에 V_{21}^*를 곱하면 화살표(arrow)가 되고 V_{12}를 V_{22}^*를 곱하면 또 다른 화살표가 된다. 이들 두 화살표를 합하면 영이 된다. 이는 $V_{11}V_{22}^*$ 의 복합(composite) 화살표는 $V_{12}V_{22}^*$ 의 복합 화살표와 반대이다. 이 성질을 그림 A4.1에서 확인해 보자. 별표(*)는 상-하 바꾸는 것(top-bottom reflection)을 뜻하므로 그림 A4.2a는 $V_{11}V_{21}^*$를 나타내고 그림 A4.2b는 $V_{12}V_{22}^*$를 나타낸다. 그 결과는 서로 반대이므로 합하면 영이 된다.

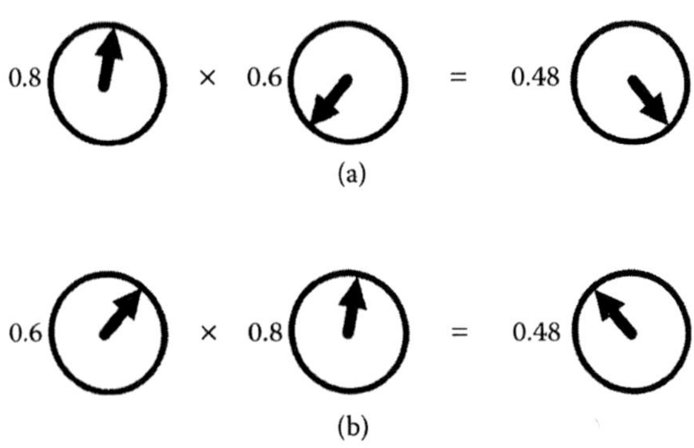

그림 A4.2 그림 A4.1의 4 다이얼들을 다음과 같은 곱: (a) $V_{11}V_{21}{}^*$, (b) $V_{12}V_{22}{}^*$ 을 통해서 얻은 다이얼

여기서 언급한 요구조건을 만족하는 모든 행렬의 그룹은 U(2)그룹이라고 부른다. 여기서 2는 각 행렬에 2개의 행과 열이 있다는 것을 뜻한다. 이러한 요구조건은 행렬의 4개 엔트리(entries)들이 밀접하게 연관되었다는 것을 뜻한다. U(2)표의 단지 한 엔트리의 크기만 정해지면 나머지 다른 엔트리들의 크기가 결정된다는 사실이 알려졌다. 또한 4개의 독립된 위상이 아니고 3개의 독립된 위상이 존재한다. 따라서 U(2)표를 기술하기 위해서는 4개의 정보 즉: 하나의 크기와 3개의 위상만 필요하다.

어떤 U(2)행렬의 경우에는 앞에서 언급한 모든 규격화와 직교조건 외에 추가로 제한 조건: $V_{11}V_{22} - V_{12}V_{21} = 1$ 이 필요하다. 이런 행렬은 특수한 단위행렬이라 부르고 SU(2) 그룹을 형성한다. 이러한 추가 조건 때문에 추가로 독립적인 위상 하나가 줄어든다. 따라서 SU(2)표를 기술하기 위해서는 3개의 정보, 즉: 하나의 크기와 두 개의 위상이 필요하다.

A4.3 9개 엔트리를 갖는 단위행렬: U(3)와 SU(3)

세 개의 행과 세 개의 열, 총 9 개의 항목이 있는 표를 만드는 데는 그다지 많은 상상력이 필요하지 않다. 엔트리(원소, elements)들 사이 다음 조건들만 만족하면 U(3)표가 된다:

$$|V_{11}|^2 + |V_{12}|^2 + |V_{13}|^2 = 1 \qquad \text{(첫 째 행의 규격화)}$$

$$|V_{21}|^2 + |V_{22}|^2 + |V_{23}|^2 = 1 \qquad \text{(두 번째 행의 규격화)}$$

$$|V_{31}|^2 + |V_{32}|^2 + |V_{33}|^2 = 1 \qquad \text{(세 번째 행의 규격화)}$$

$$|V_{11}|^2 + |V_{21}|^2 + |V_{31}|^2 = 1 \qquad \text{(첫 째 열의 규격화)}$$

$$|V_{12}|^2 + |V_{22}|^2 + |V_{32}|^2 = 1 \qquad \text{(두 번째 열의 규격화)}$$

$$|V_{13}|^2 + |V_{23}|^2 + |V_{33}|^2 = 1 \qquad \text{(세 번째 열의 규격화)}$$

$$V_{11}V_{21}^* + V_{12}V_{22}^* + V_{13}V_{23}^* = 0 \qquad \text{(첫째 둘째 행의 직교성)}$$

$$V_{11}V_{31}^* + V_{12}V_{32}^* + V_{13}V_{33}^* = 0 \qquad \text{(첫째 셋째 행의 직교성)}$$

$$V_{21}V_{31}^* + V_{22}V_{32}^* + V_{23}V_{33}^* = 0 \qquad \text{(둘째 셋째 행의 직교성)}$$

$$V_{11}V_{12}^* + V_{21}V_{22}^* + V_{31}V_{32}^* = 0 \qquad \text{(첫째 둘째 열의 직교성)}$$

$$V_{11}V_{13}^* + V_{21}V_{23}^* + V_{31}V_{33}^* = 0 \qquad \text{(첫째 셋째 열의 직교성)}$$

$$V_{12}V_{13}^* + V_{22}V_{23}^* + V_{32}V_{33}^* = 0 \qquad \text{(둘째 셋째 열의 직교성)}$$

이런 식으로 쓰면 관계식들이 매우 복잡해 보이지만 약간의 도식을 이용한 기억법을 도입하면 기억하기 쉽다. 예를 들면 그림 A4.3의 행렬을 생각해 보자. 모든 행과 열의 규격화를 그림 A4.4로 표현할 수 있다.

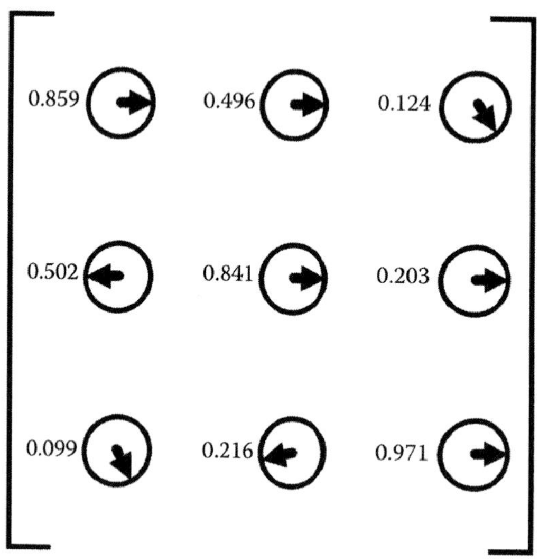

그림 A4.3 9개 원소를 가진 유니테리 행렬의 예

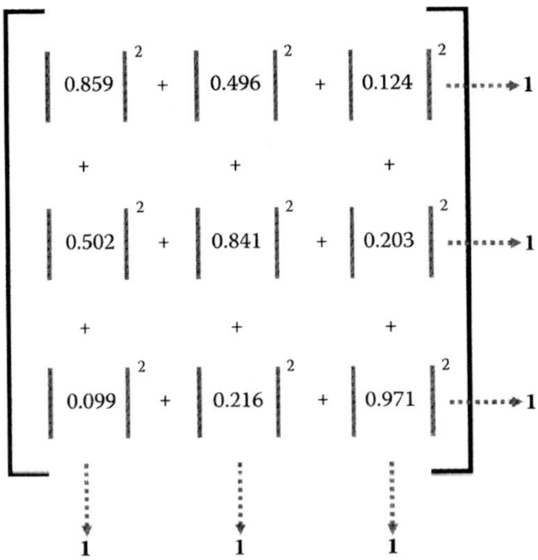

그림 A4.4 복소수 원소로 구성된 U(3) 표의 행과 열의 규격화(normalization)

예를 들면 첫 째 행에 대한 규격화에 대해선 다음처럼 할 수 있다. 첫 행의 모든 원소의 크기를 제곱하고; 이들을 함께 더하면; 그 결과는 1이 되어야 한다. 한 다이얼의 크기는 수(number)로 표시한다; 즉, 위상은 크기 제곱과 무관하다. 둘째 및 셋째 행의 직교성은 그림 A4.5에 나타냈다. 이는 다음과 같은 연산 집합(set of operations)을 표현한다: 먼저 셋째 행의 모든 원소들의 켤레 복소수(conjugate)들 구하고; 두 번째 행의 각 원소에 세 번째 행의 대응되는 원소의 켤레 복소수를 곱한 후; 이들 결과를 모두 더하여 영이 되어야 한다.

이러한 직교성의 도형적인 표현은 흥미롭다. 첫 번째 끊어진 선(dashed grey)의 박스[**역주:** 그림 A4.5의 첫 번째 dashed gray box]는 $V_{21}V_{31}^{*}$ 에 대응되고, 두 번째 박스는 $V_{22}V_{32}^{*}$, 그리고 세 번째 박스는 $V_{23}V_{33}^{*}$ 에 대응된다. 각각은 복소수이므로 화살표로 나타낼 수 있다. 세 화살표의 합이 영이 된다는 것은 이 화살표들이 그림 A4.6에서처럼

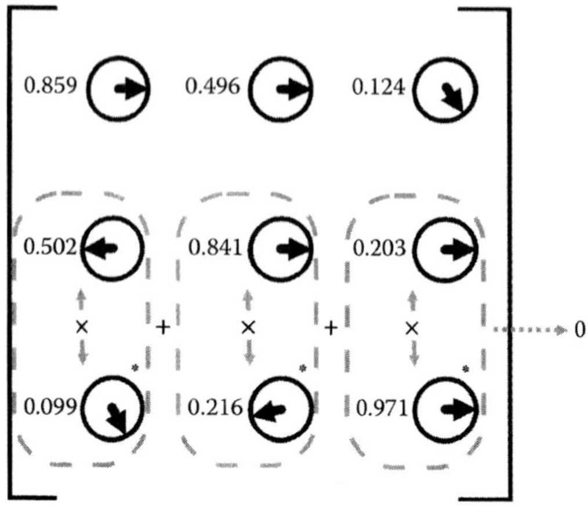

그림 A4.5 복소수 원소로 구성된 U(3) 표의 행과 열사이 직교성(orthogonality)

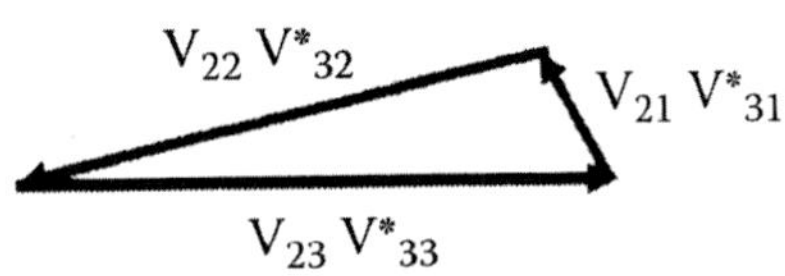

그림 A4.6 그림 A4.5의 행렬에서 두 번째와 세 번째 사이 직교성을 나타내는 삼각형

삼각형을 이룬다는 것과 같다. 비슷한 도형적인 표현은 두 열(column) 사이에서나 행들의 다른 짝 사이에서도 성립한다. 이들은 유니테리 삼각형으로 알려져 있다.

앞에서의 식들에 의해 표의 9개 성분 사이에는 엄격한 제한(constraint)이 있게 된다. U(3)표에서 단 3개의 엔트리(entries)의 크기만 정하면 나머지 엔트리들은 자동으로 결정된다. 또한 위상도 9개가 아니고 6개만이 독립적이다. 적당한 곱(multiplication)에 대한 규정만 있다면 모든 U(3)표의 집합은 그룹(group)이 된다. 어쩌든 U(3)표를 기술하기 위해서는 9개의 정보만 필요하다: 3개의 크기와 6개의 위상에 대한 정보.

어떤 U(3) 행렬은 모든 엔트리와 관련 있는 복잡한 추가 조건이 요구된다. 이는 특수 단위행렬, SU(3)로 알려져 있다. 이러한 조건에 의해서 독립적 위상 수가 하나 줄어든다. 따라서 SU(3)표를 기술하기 위해서는 8개의 정보만 필요하다: 3개의 크기와 5개의 위상에 대한 정보.

A4.4 단위행렬에서 독립적 매개변수와 게이지 보손(gauge boson)의 수(number)

우리가 논의했던 여러 단위행렬을 완벽히 기술하기 위해서 필요한 정보는 표 A4.3에 나타냈다. 표준 모형은 SU(3), SU(2) 및 게이지 그룹에 기반을 두고 있다. 이들 그룹에 게이지 원리를 적용하려면 그룹 원소를 기술하기 위한 독립적인 각 원소에 대한 매개 입자(messenger particle)가 필요하다. 따라서 SU(3)에 기반을 둔 강 상호작용에서는 8개의 글루온(gluons) 매개 입자가 필요하고, SU(2) × U(1)그룹에 기반을 둔 전지약 상호작용을 기술하기 위해서는 3+1 = 4의 게이지 보손들(3개의 약 게이지 보손과 광자)이 필요하다.

표 A4.3 유니테리 그룹의 원소를 표현하기 위한 독립매개변수 수

Group	Number of Entries	Independent Magnitudes	Independent Phases (angles)	Number of Information Pieces Required
U(1)	1	0 (dial has size 1)	1	1
SU(2)	4	1	2	3
U(2)	4	1	3	4
SU(3)	9	3	5	8
U(3)	9	3	6	9

A4.5 Cabibbio-Kobayashi-Maskawa 행렬

기본 상태의 한 세트(set)를 또 다른 세트로 연결시키기 위해서 단위행렬이 필요하다. 매우 중요한 예가 9장에서 도입된 Cabibbo-Kobayashi-Maskawa 행렬이다. 거기서 매혹 입자를 도입 후 세트(d,s)를 세트(d_w, s_w)로 치환하였다[그림 9.4 참조]. 단위행렬은 한 세트를 다른 세트와 연관시킨다. 이는 완전히 그림 A4.7에서처럼 좌표계(x,y)를 (x′,y′)로 회전시키는 것과 비슷하다. x축과 y축을 따라 크기 1인 화살표(A와 B)를 생각하자. 이들 화살표는 표 A4.1의 행렬에 있는 4개의 엔트리에 의해서 (x′,y′) 좌표계에서 표현된다. 각 행과 열의 제곱의 합은 화살표 크기가 좌표계 회전에 의해서 변하기 않기 때문에 1이다. 또한 화살표들은 서로 연직이기 때문에 이를 나타내는 직교 관계식 즉, (0.8)(−0.6) + (0.6)(0.8) = 0 식이 성립한다. 이들은 단위행렬을 정의하는 관계식이다. 이러한 관계식이 주어지면 그 행렬은 하나의 매개변수, 회전각 θ에 의해 결정된다.

CKM 행렬의 경우에는 세트(d,s,b)를 세트(d_w, s_w, b_w)로 변환시킨다. 이는 3×3 행렬이 필요하다. 비슷하게 중성미자의 경우에는 약한 상태(weak state)(ν_e, ν_μ, ν_τ)에서 질량 상태(ν_1, ν_2, ν_3)로 바뀐다. 여기서도 제곱의 합과 직교 관계식 모두 성립한다. 이러한 조건들에 의해 단위행렬은 3개 매개변수에 의해 결정된다. 이는 3개 축이 있는 3차원 공간에서 회전과 비슷하게 생각할 수 있을 것이다.

앞서 언급한 바와 같이 장들(fields)은 복소수로 나타낼 수 있고, 일반적으로 단위행렬은 복소수로 표현 가능하다. 대부분의 경우 표 A4.3에서처럼 2차원 단위행렬에서는 3개의 독립적인 위상이 존재한다. 여기서 단위행렬은 세트(d,s)에서 세트(d_w, s_w)로 변환시키지만, 이들 위상들

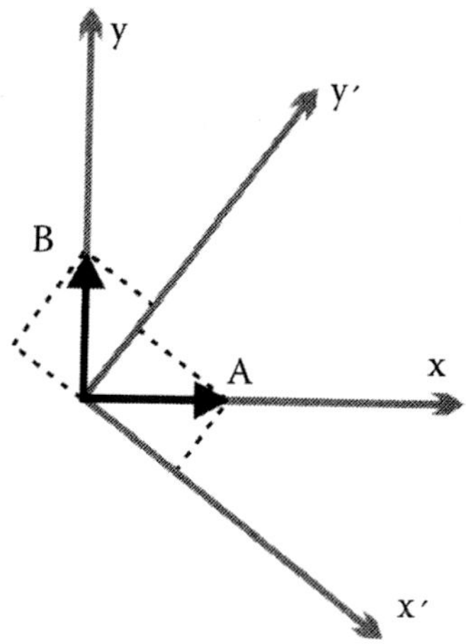

그림 A4.7 서로 회전된 두 개의 2차원 좌표계에서 두 벡터 A와 B 표현

은 어떤 물리적인 의미나 결과는 포함하지 않는다. 이유는 다음과 같다. 디랙(Dirac)은 상태 d에 해당하는 장의 위상을 어떤 물리적 결과에 영향을 주지 않고 바꿀 수 있다고 이야기하였다(부록 3 참조). 비록 모든 상태($d, s, d_{w,}$그리고s_w)를 똑 같은 위상만큼 변화시키더라도 어떤 물리적 변화는 없지만 이들 4개 상태 사이 상대적 위상 그대로 존재한다. 이를 이용하여 단위 혼합 행렬에서 3개 위상을 흡수할 수 있다. 이는 매우 중요한 결과이다. 단지 4개 쿼크(u,d,s,c)에 관한 이론에서는 CP 깨짐이 없다.

유사하게 표 A4.3에서는 일반적인 3차원 단위행렬에는 6개의 독립적인 위상이 존재한다. 그러나 이 행렬이 세트(d,s,b)에서 세트($d_{w,} s_{w,} b_w$)로의 변화를 기술한다면 이 문제에서 5개의 상대적 위상을 제거할 수 있다. 따라서 이러한 혼합을 기술하는 Cabibbo–Kobayashi–Maskawa 행렬은 단지 하나의 물리적 위상만 가지게 된다. 이 책의 C 부분에서 지적한 것처럼 이 위상은 표준 모형에서 CP 깨짐의 유일한 원인이다.

원래 Kobayashi와 Maskawa에 의해 제안된 이러한 CP 깨짐에 대한 기구(mechanism)는 21세기 초기 B 공장에서 실험적으로 증명된 이후, 2008년 노벨물리학상이 수여되었다.

부록 5.
특수 상대성 이론에서 에너지와 운동량 보존과 불확정성 원리

특수 상대성에서 입자의 에너지 E는 다음과 같다.

$$E^2 = c^2p^2 + m^2c^4 \tag{A5.1}$$

여기서 p 는 운동량, m은 질량, c 는 빛의 속도이다. 이것을 에너지-운동량-질량 관계식이라고 한다. 정지 상태에 있는 입자에 대해, p=0 이고, 다음 유명한 아인슈타인의 식을 얻을 수 있다.

$$E = mc^2$$

이는 대략적으로 질량이 에너지의 또 다른 표현이라는 것이다. 천천히 움직이는 질량이 있는 입자에 대해 A5.1 식은 다음과 같이 근사적으로 쓸 수 있다.

$$E = mc^2 + \frac{p^2}{2m} \tag{A5.2}$$

A5.2 식이 A5.1 의 좋은 근사라는 것을 살펴보기 위해서는 A5.2 식을 제곱한 후 p^4 항은 제거하면 된다. p=mv 로 쓰면 (여기서 v 는 입자

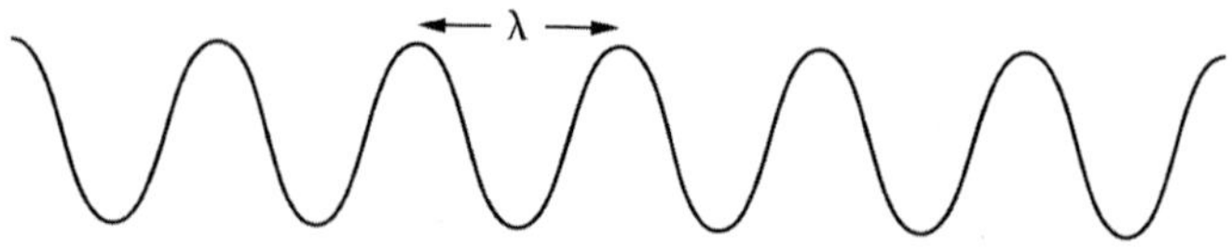

그림 A5.1 어느 시각의 파동의 순간 사진. 여기서 파의 모든 것을 다 그릴 순 없다; 파는 왼쪽 무한대에서 출발하고 오른쪽 무한대에서 끝난다. 두 연속적인 꼭대기 (crest)사이 거리를 파장으로 부르고 그리스 문자 λ(람다)로 표현한다.

의 속도), A5.2 식의 두 번째 항은 ½ mv^2 이 되며 이것은 고등학교 물리에서 배운 운동 에너지에 대한 식이다.

광자와 같이 $m=0$인 질량이 없는 입자에 대해서는 식 A5.1는 다음과 같이 된다.

$$E = c\,p \tag{A5.3}$$

에너지와 운동량 사이의 관계는 전자기파에 대한 고전 물리학에서는 성립한다.[5] 질량이 매우 작은 중성미자의 경우 다음과 같이 근사적으로 쓸 수 있다.

$$E = cp + \frac{m^2 p^4}{2\,c\,p} \tag{A5.4}$$

위에서처럼 m^4 항을 무시하면 식 A5.4가 식 A5.1과 일치한다는 것을 확인할 수 있다.[6]

중성미자의 진동을 고려하면, 운동량이 p 인 두 중성미자 v_1 과 v_2 사이의 에너지 차는 식 A5.4로부터

5 사실, 고전 전자기학은 특수 상대성에 대한 원천이다.

6 질량이 매우 작기 때문에 분모에서 p 는 두 중성미자의 평균 에너지 E 로 치환된다.

$$E_2 - E_1 = \frac{(m_2^2 - m_1^2)c^4}{2cp} \tag{A5.5}$$

가 된다. 중성미자를 파동으로 취급하면 그 진동수는 $f = E/h$가 된다. 여기서 h 는 플랑크 상수이다. v_1 과 v_2 사이의 시간에 따른 위상차는 다음과 같이 결정된다.

$$(E_2 - E_1)\frac{t}{h} = \frac{(m_2^2 - m_1^2)c^4}{2cp}\frac{t}{h} \tag{A5.6}$$

그림 16.4에서 위상차를 시간의 함수로서 그려놓았다. 중성미자는 조합 $(v_1 + v_2)$으로 시작한다. 시간이 t_1이 되면 상태는 $(v_2 - v_1)$ 이다. 나중 시간 t_2 에서 상태는 다시 $(v_1 + v_2)$ 이 된다. 따라서 ct_2는 진동의 파장이다.

그림 A5.2 어느 시각 유한 파동의 순간 사진

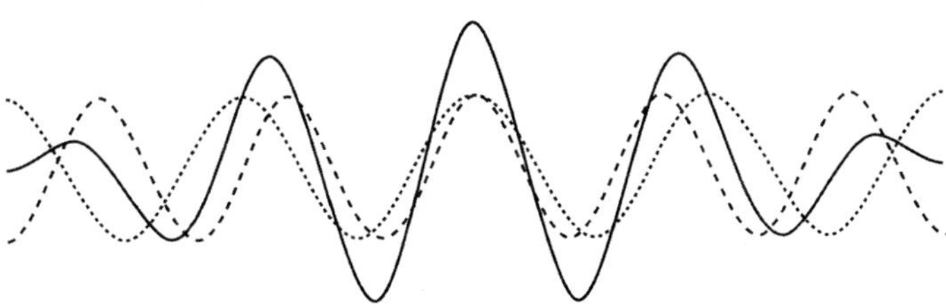

그림 A5.3 약간 다른 파장의 두 파의 중첩. 두 파는 점선과 막대선으로 나타내었다. 이들의 합은 검은 실선으로 표시하였다.

파동 입자가 여전히 위치가 지정될 필요가 있다는 근본적인 문제가 있다. 분명한 운동량 p 를 갖는 파동은 파장이 h/p 이며 무한한 파를 나타낸다. 오른쪽으로 움직이는 파를 고려해 보자. 그림 A5.1에서 보았던 주어진 시간에서의 순간 사진을 취해 보자. x의 함수로서 파의 진폭는 다음과 같이 주어진다.

$$\psi = Asin(2\pi x/\lambda) \tag{A5.7}$$

이 함수는 영원히 지속된다. 이것은 잘 정의된 파장을 갖고 있는 이상적인 파이다. 시작도 없고 끝도 없다. 실제 파는 유한한 크기를 가지고 있다. 벨을 누르면 파가 시작되고, 벨 누르기를 멈추면 파는 끝난다. 그러한 유한한 파(x 축 한 방향으로)의 진폭는 그림 A5.2와 같이 보인다. 유한 파의 파동을 소위 파속(wave packet) 에 의해 나타낸다. 파속을 구성하는 방법은 한 세트의 이상 파를 조합하는 것이다. 식 A5.7에 의해 주어진 것처럼 각각 파장과 위상이 조금씩 다르기 때문에 한 세트의 파장은 λ_0부터 $\lambda_0 + \Delta\lambda$ 까지의 영역을 아우른다. 아이디어는 그림 A5.3에 나타내었는데, 파장이 약간 다른 두 파가 중첩되어 있다. 점선과 막대선으로 나타낸 두 파의 합은 실선이다. 중심 가까이에서 두 파는 보간 간섭을 한다. 반면에 그림의 양쪽 끝에서 두 파는 상쇄간섭을 하여 서로 상쇄된다. 파장의 영역 $\Delta\lambda$가 더 작을수록 상쇄 간섭이 일어나기 전 파속의 길이 $\overline{X}$는 더 길다.

만일 그림 A5.2처럼 두 파장만 있다면 잠깐 동안만 보강 간섭이 있을 것이다. 이 현상은 맥놀이로 알려져 있으며 음악에서 두 개의 거의 동등한 음을 동시에 연주할 때와 유사하다. 그러나 λ_0부터 $\lambda_0 + \Delta\lambda$ 까지 간격의 모든 파장을 조합하면, 길이 $\overline{X}$ 밖의 모든 영역에서는 상쇄 간섭이 있다.

$\overline{X}$ 는 얼마나 길까? 상쇄 간섭을 얻기 위해 거리 x를 어느 쪽으로나 다음과 같이 가야 한다.

$$\frac{2\pi x}{\lambda + \Delta\lambda} = \frac{2\pi x}{\lambda} - \pi \qquad \text{(A5.8)}$$

만일 $\Delta\lambda$가 λ보다 훨씬 더 작다면, 식 A5.8은 근사적으로 다음과 같이 쓸 수 있다.

$$x = \frac{\lambda^2}{2\Delta\lambda} \qquad \text{(A5.9)}$$

이는 양쪽 방향에서 일어나기 때문에 2를 곱하였다. 따라서 $\overline{X}$ 는 다음과 같이 계산할 수 있다.

$$\overline{X} = \frac{\lambda^2}{\Delta\lambda} = \lambda\left(\frac{\lambda}{\Delta\lambda}\right) \qquad \text{(A5.10)}$$

이 식을 고찰하는 한 가지 방법은 다음과 같다. 여러분이 한 싸이클(x는 λ 만큼 증가하므로 $2\pi x/\lambda$는 2π만큼 증가한다)을 가는 시간에, 그림에서 두 파는 $\Delta\lambda/\lambda$ 만큼 위상이 빗어난다. 따라서 전체적으로는 $n = \lambda/\Delta\lambda$일 때 n 싸이클에 대해 위상이 벗어난다. 이는 x의 변화가 $n\lambda = \lambda^2/\Delta\lambda$ 정도로 나타난다는 것이다.

요약하면, 특정 길이로 유한한 파는 다른 파장의 파의 중첩으로 고려될 수 있다. 파가 모두 다 오른쪽으로 움직인다면 유한한 길이의 전체 파속은 오른쪽으로 움직인다. 파속의 길이가 더 짧을수록 중첩이 되어야 하는 파장의 영역은 더 길어져야 한다.

파속의 운동량이 p_0라면, 그 파장은 $\lambda = h/p_0$이 되고 그 진폭는 다음과 같다.

$$\psi = Asin(2\pi p_0 x/h) \quad \text{(A5.11)}$$

이것은 무한 길이의 파이다. 입자를 $\overline{X}$ 길이의 영역 안으로 국한시키기 위해 다른 파장이 중첩되는 파속를 구성해야 한다. 이는 운동량이 다르다는 것을 의미한다. λ와 p는 선형 관계이므로 λ가 조금 변하면 p도 다음과 같이 조금 변한다.

$$\frac{\triangle\lambda}{\lambda} = \frac{\triangle p}{p} \quad \text{(A5.12)}$$

이것을 식 A5.10에 대입하면

$$\overline{X} = \lambda\left(\frac{p}{\triangle p}\right) \quad \text{(A5.13)}$$

가 된다. $\lambda = h/p$를 이용하고, $\overline{X} = \triangle x$로 놓으면,

$$\triangle x \triangle p = h \quad \text{(A5.14)}$$

를 얻게 된다. 이것이 바로 유명한 하이젠버그의 불확정성 원리이다. 이것은 차수 크기(order magnitude) 관계이다. 이 식에서 중요한 점은 위치를 더 정확하게 지정하려고 하면 할수록 운동량은 더 불확실해 진다는 것이다. 식 A5.14는 보통 $\triangle x \triangle p \geq h/2\pi$로 나타낸다.

식 A5.14는 입자가 확률과 관련된 파라고 기술한 양자역학으로부터 도출한 결과임을 상기하자. 이러한 기술은 핵심적인 단계이다. 일단 기술되면, 양자 역학적 파 입자는 식 A5.14를 따라야 한다.

입자를 파속으로 표현한다고 생각하면, 입자의 위치나 운동량을 정

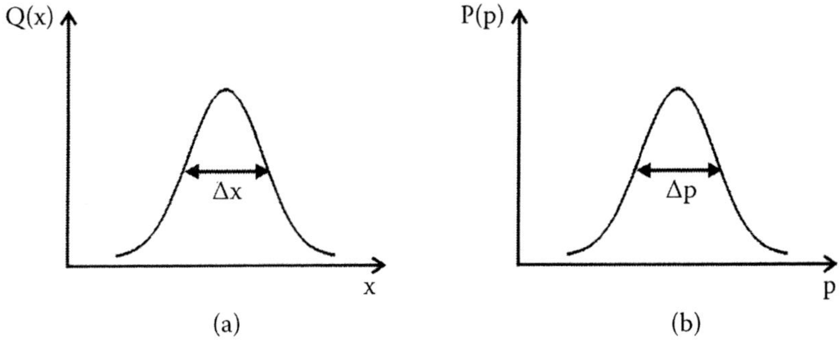

그림 5.4 (a) x 와 $x+\triangle x$ 사이에서 입자를 발견할 확률에 대한 곡선 $Q(x)$ (b) p 와 $p+\triangle p$ 사이의 운동량을 가질 확률에 대한 곡선 $P(p)$.

확하게 예측할 수 없다. 위치에 대한 확률 분포와 운동량에 대한 확률 분포가 있다. 그림 A5.4에는 입자를 x 와 $x+\triangle x$ 사이에서 발견할 확률에 대한 곡선 $Q(x)$와 운동량에 대해서도 비슷한 곡선 $P(p)$를 보여주었다. $Q(x)$의 너비는 대략 $\triangle x$ 이며, $P(p)$에 대한 너비는 대략 $\triangle p$이다. 따라서 식 A5.14가 만족한다.

중성미자 진동을 분석하는데 있어서, 중성미자를 정확한 운동량을 갖고 있다기보다는 파속으로 생성된다고 생각해야 한다. 그러나 실제로는 이렇게 하더라도 우리가 보여주었던 간단한 분석의 결과를 변화시키지는 않는다.

파동을 공간상에서 변화한다고 생각하는 대신 E/h의 진동수(f)를 가진 시간의 함수로 생각할 수 있다. 여기서 E는 에너지이다. 위에서 논의한 바와 같은 방법으로 다음과 같은 불확정성 원리에 대한 또 다른 식을 얻을 수 있다.

$$\triangle E \Delta t \geq h/2\pi \quad \text{(A5.15)}$$

관찰을 시간 $\triangle t$로 제한하면 에너지의 불확실성은 $\triangle E$ 가 된다.

이 식에 대한 응용 중 하나가 붕괴 입자에 대한 것이다. 입자는 붕괴 시간 τ 에 의해 측정된 제한된 시간에서만 존재한다. 따라서 에너지에 대한 불확실성이 있다. 붕괴 입자가 정지 상태에 있다고 가정하면 $E = mc^2$ 이므로 이는 질량의 불확실성을 의미한다. 따라서 식 A5.15를 적용하면

$$\Delta(mc^2) \geq h/2\pi\tau \tag{A5.16}$$

가 된다. $\Delta(mc^2)$를 입자 붕괴의 너비라고 한다. 6장에서 논의한 ψ (psi) 입자의 예에서 에너지는 간격을 아우르는 J/psi 를 생성하기 위해 필요한 에너지임을 그림 6.5에서 살펴보았다. 우리가 곡선의 피크를 J/psi 의 질량이라고 부르는 반면, 피크 주위로의 퍼짐은 붕괴의 너비를 나타낸다. 이것을 질량의 불확정성으로 여길 수 있다. 이 경우 J/psi 의 시간이 매우 짧아 (즉 10−18 초보다 더 짧아) 너비는 오히려 크다.

유가와(Yukawa)에 의해 최초로 지적된 것처럼 (5장에서 논의한 바와 같이) 상호작용의 영역 R 은 상호작용하는 입자들 사이에서 교환되는 가상 입자의 질량 M 에 의존한다. 질량 M 이 더 클수록 영역 R 은 더 짧아진다. 즉 상호작용이 유효한 거리가 더 짧아진다. 더 정확하게 말하자면 상호작용은 거리의 지수 함수로 감소한다, 따라서 R 보다 작은 거리에서는 매우 강하지만 R 보다 훨씬 먼 거리에서는 매우 약하다. Gian−Carlo Wick는 식 A5.15의 불확정성 관계를 이용하여 영역 R을 정성적으로 이해하였다. 정지 상태에서 상호작용하는 입자를 고려하면 질량 M을 가진 가상 입자의 생성은 $\Delta E = Mc^2$ 양만큼 에너지 보존을 벗어난다. 이것은 h/Mc^2 의 정도의 시간 Δt 에 대해서만 일어날 수 있음을 의미한다. Δt 시간 동안에 질량 M을 가진 입자는 기껏해야 다음의 거리 R 만큼만 움직일 수 있다.

$$R = c\Delta t = h/Mc \tag{A5.17}$$

이것이 원래 유가와(Yukawa) 이론에 의해 주어진 영역이다. 파이온은 약 140 MeV의 질량을 가지고 있으므로(양성자 질량의 1/7 정도) R은 약 10^{-13} cm 이다. 약한 상호작용의 경우에 대해 교환된 가상 입자는 질량 80 Gev 인 W 보손의 영역은 10^{-16} cm 정도이다. 약한 상호작용에 대한 페르미의 고유 이론에서 그는 상호작용이 점에서 일어난다고 가정하였다. 이는 완벽하리만치 알맞은 근사이다. W 보손의 질량은 단지 고에너지 과정만을 보여준다.

찾아보기

ㄹ

ㅁ

ㅂ

ㅅ

ㅇ

ㅈ

ㅊ

ㅋ

ㅌ

ㅍ

ㅎ

B

C

D

X

Y

Z